建筑规划·设计译丛

体育设施

● 编辑委员长
谷口汎邦
● 编辑主任
服部纪和
● 执笔委员
西田达生
小笹　彻　　岩本光司
白川裕信　　高井启明
松冈俊之　　樫村俊也
吉田克之　　大宫由起夫
日野忠胤　　西方　澄
● 翻译
陶新中
牛清山

中国建筑工业出版社

穹顶　　体育馆　　室内专用比赛设施

造型

白龙体育馆

东京代代木国立综合体育馆

东京武木

策划

大跨度结构

东京体育馆(穹顶)

环境

福冈体育馆

酒田市国体纪念体育馆

武库川学院游泳馆（开闭式屋顶

技术

横滨室内比赛场

东京辰巳国际游泳馆

功能

千叶市打濑小学

室外专用比赛设施	室内非比赛用设施	大型室内娱乐设施	利用自然环境的设施

慕尼黑奥林匹克体育场

太阳之乡体育乐园

拉勒波特室内滑雪馆（穹顶）

茨城县立鹿岛足球运动场

东平尾公园　博多之森球场

王禅寺温水游泳馆

中泽庄园“大浴场”

大馆树海体育馆

长野市奥林匹克室内比赛场（波浪滑冰馆）

大馆树海体育馆

长野市奥林匹克室内比赛场
（波浪滑冰馆）

建 筑 规 划 · 设 计 译 丛

- 集合住宅小区
- 多层集合住宅
- 高层 · 超高层集合住宅
- 住宅 Ⅰ
- 住宅 Ⅱ
- 办公楼
- 超高层办公楼
- 宾馆 · 旅馆
- 商业设施
- 建筑外部空间
- 城市再开发
- 医疗设施
- 体育设施

序　　言

1 规划、设计的方法

建筑具有复杂的功能，表现出多种不同的形态。进行建筑规划与设计的创作过程，一般是按照如下程序进行的。

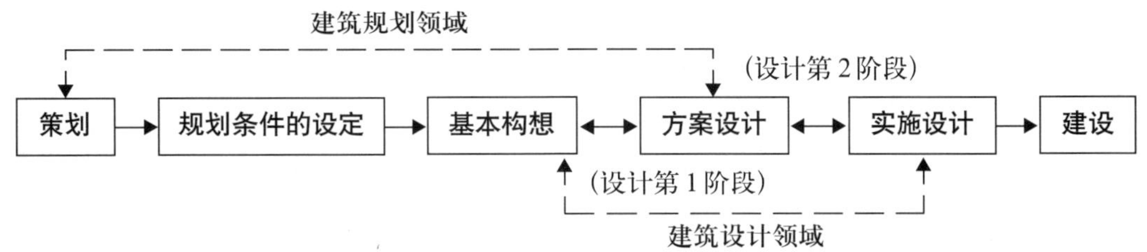

在这一设计程序之中，策划是要将包括建筑的主要使用功能在内的，建筑最基本的作用和目的，作为规划设计的目标明确下来。过去，这一阶段的内容主要是由建设方提出的，但最近在前期策划阶段，由设计人员参与以追求某种理想的情况逐渐多了起来。建筑的功能确定以后，在进行设计之前还要对各种规划设计条件进行梳理和检讨，其中既包括与建筑相关的社会经济背景、用地条件，也包括从使用者角度出发的社会需求和物理、心理需求。此外，还应该包括建筑技术条件等等。

这些条件并没有明确的主次之分，在不同的场合，各种条件相互矛盾的情况也不少。将这些条件作为设计目标，“如何进行选择，分析、评价这些应该优先考虑的条件”的过程就是规划设计条件的确认。此后，将这些条件综合在一起，形成具体的建筑形态，则是建筑设计的第一步基本构想和方案设计(将用地利用规划、外部环境规划、各层平面设计、剖面设计、立面设计等图纸化)。当然，方案设计是与基本构想连在一起的。作为建筑设计的第1阶段，方案设计与基本构想之间存在相互调整补充，而建筑设计的第2阶段则是与实施设计相联动的。

建筑规划与建筑设计具有这种交错重叠进行的特征。对于已建成的建筑的评价，即便说是依赖于这种基本规划与方案设计所具有的高度计划性和高设计密度也并不过分。

2 丛书编著的目的

这套《建筑规划 · 设计丛书》的编辑有两个意图。其一是展现建筑规划的推进方法，使以各种建筑物为对象的建筑规划基础知识的学习变得容易理解。在本丛书中，作为建筑设计前提的各种规划条件下，将最基本的主要内容加以一一列举，并希望将其内容提升到建筑规划学的高度来加以重视。

其二是为了学习设计的第1阶段建筑规划而策划的。以建筑学专业的初学者，以及想要学习设计制图的人为对象，为了能够给他们提供以建筑规划的基础知识作为根据的基本构想上的训练，尝试着提供多种多样的信息。大学和建筑专科学校出了设计题目之后，从收集资料到整理、设计成图的学习过程，就是这里所指的方案设计(基本构想)阶段。因此，本丛书将有助于建筑设计基础知识的学习和设计思维方法的训练，并可充分地加以灵活运用。

3 内容和目标

本丛书的内容主要是为了希望取得注册建筑师资格的人的需要，对于建筑规划和建筑设计制图具有很大的帮助。我认为在知识获得上下功夫就能得到正确的判断(智慧)，在技术上集中精力则会增进技巧，由此而完成建筑设计。

此外，本丛书为了提高建筑设计的一般素养，还另外编撰了一些汇集最新信息的专集，如果本丛书能够对综合性的知识和技术训练有所裨益的话，丛书的编者们都会为此而感到高兴。

4 编辑与作者

本丛书的整体策划和组织工作由编辑委员会负责，各分册的作者都经过了编辑委员会的严格挑选，而且还特地邀请了从事设计和策划的专家参加，请他们以容易理解的方式介绍有关方面的最新信息。

5 致谢

本丛书各册中所刊载的最新的资料及信息，都是通过众多参与者的协助和支持才得以完成的。在此，对全体参加本丛书编辑工作的人员致以衷心的谢意！

谷口汎邦

◇编辑委员会◇　(1998年5月1日)

〔编辑委员长〕　谷口　汎邦（武藏工业大学教授　东京工业大学名誉教授）

〔编辑委员〕　(按日文字母顺序排列)

荻野郁太郎（荻建筑环境、石本建筑事务所）
志水　英树（东京理科大学教授）
白滨　谦一（神奈川大学名誉教授）
仙田　满（东京工业大学教授）
高木　干朗（神奈川大学副教授）
藤井　修二（东京工业大学教授）
藤江　澄夫（清水建设常务董事　设计本部本部长）

〔专业委员〕

天野　克也（武藏工业大学教授）
有田　桂吉（石本建筑事务所常务董事）
小泉　信一（奥村组　常务董事）
佐佐木雄二（佐佐木雄二设计室）
铃木歌治郎（鹿岛建设设计与工程总事业本部副本部长）
伊达　美德（伊达计划文化研究所所长）
服部　纪和（竹中工务店董事　设计负责人）
三栖　邦博（日建设计常务董事）
无漏田芳信（福山大学教授）
森保　洋之（广岛工业大学教授）
山口　胜巳（武藏工业大学专职讲师）

《体育设施》前言

“体育”最早起源于史前时代的狩猎和战争，是随着人类社会的发展而发展起来的，它展示了人类向大自然挑战时体魄的强健与健美。可以说体育的舞台和场地就是大自然中的原野，就是大自然中的平原与高山、大海与河流。“体育设施”也源自于大自然，它最初的“建筑”就是设有观众席的比赛场。由于人们要求在理想的自然条件——即可以容纳众多观众，更为宽敞、更为明亮的空间条件下进行比赛，于是就产生了大构架技术和环境控制技术，这种超大规模的建筑物就成为了都市的纪念性和标志性建筑。

无论是古罗马的大斗兽场，还是现代的奥林匹克体育场和穹顶式的大型场馆，这些都是“体育设施”。另外，像我们身边的小学体育馆以及体育运动俱乐部也都属于“体育设施”的范畴。由于体育设施的规模、比赛项目和使用目的的不同，所以实际上它所涉及的范围是非常广泛的，这就是体育设施的特点。本套丛书不仅收集了体育设施和规模的实际案例，而且还力图通过其中的分册将整套丛书贯穿起来。本书是按照设施和学科分类，从以下三个方面进行编写的。

□造型：从空间设计的角度出发，将体育馆乃至大型室内比赛场（穹顶）设计成一个不仅可以反映出时代技术的结构美、具有观众与运动员融为一体和身临其境感的氛围，而且还将成为城市中的标志性建筑及自然界中亮丽风景线的建筑物。

□策划：以可在舒适良好的条件下进行比赛的环境、节能、安全等技术为中心，以设施的用途与功能及其支撑技术为主体展开。

□功能：无论是公营建筑物还是民营建筑物，一个出色的建筑物可以使人在使用的过程中心情舒畅，在运营时顺畅无阻。因此，我们应将着眼点放在如何才能制定出一个对于使用者来说具有魅力的规划、设计和运营方案。

根据上述要点，本书将重点放在了在实施实际项目时的设计意图、构思和技术方面，并在“建筑工程概况”中广泛收集了大量的案例，以供读者参考。

本书在编写的过程中，业主、设计人员和施工人员曾提供了大量的重要作品与数据资料，在此表示衷心的感谢。

服部纪和

1998年4月

◇**执笔委员会**◇

[**编辑主任**] 服部 纪和（竹中工务店董事 设计负责人）

[**执笔委员**] 西田 达生

小笹 彻 岩本 光司

白川 裕信 高井 启明

松冈 俊之 樫村 俊也

吉田 克之 大宫由起夫

日野 忠胤 西方 澄

竹中工务店设计部

◇**协作、资料提供**◇（按日文字母顺序排列，略去敬称）

I.N.A.新建筑研究所 阿尔科姆 石本建筑事务所

伊东丰雄建筑设计事务所 NKK综合城市开发事业部

大阪市民生局障碍福利科 鹿岛设计

神谷 · 庄司计划设计事务所 观光规划设计社

久米设计 清水建设 昭和设计 西勒坎斯

仙田满+环境设计研究所 大建设计 竹中工务店

谷口建筑设计研究所 丹下健三 · 城市 · 建筑设计研究所

长野市政府奥林匹克局设施科 日建设计

菲尼克斯里佐特 槙综合计划事务所 松田平田

山下设计 山本理显设计厂 类设计室

六角鬼丈计划工作室

（摄影协助）

I.P.P 青山贤三 石元泰博 上田宏（GA photographers）

冈田泰治 川澄建筑摄影事务所 共同通讯社

金城俊明 国际摄影 斋藤SADAMU 彰国社摄影部

新建筑社摄影部 J · 里格夫特 大成建设（花村哲也）

竹中工务店 日经建筑摄影部

日本大学斋藤公男研究室 野口毅 樋口尚俊 藤塚光政

松村芳治 三岛叡（日经BP社） 村井修

森日出夫 门马金昭 和木通（彰国社） 渡边摄影室

目　　录

●工程概况

建筑工程概况

运动场地与设备

概要

体育的历史

1. 奥林匹亚

19世纪后半叶，在以英国为中心的西欧近代社会中有人提出了“现代体育”的概念，并提议为发掘人体潜能而将世界最大的体育赛事——近代奥林匹克运动会作为一项制度固定下来。该提议一经提出，立刻得到了一些国家的响应。到了20世纪，奥林匹克运动会已成为表现一个国家国民思想体系和国力的场所。在1936年柏林举办的奥林匹克运动会上，这种“国家的体育”或“现代派体育”的形式被固定下来并延续至今。传递圣火的仪式也是在这次奥林匹克运动会上开始的。此外，由雷尼·里芬施塔尔监制拍摄的记录影片“奥林匹亚”在用一种类似于神话般的表现手法再现了古希腊体育赛事的同时，还从今后体育与媒体的关系这一意义上反映了体育的过去与未来。

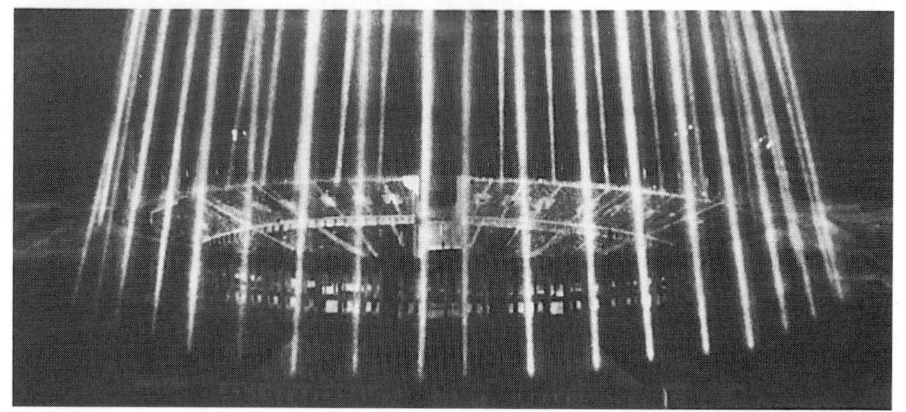

电影“奥林匹亚”

2. 体育的起源

最早的体育活动出现在狩猎、祭神与战争中。早期人类经过了100多万年的漫长岁月后，于1万年前从狩猎时代进入农耕时代，开始出现了祭神与战争。当时的体育并不是独立存在的，只是融于这些活动当中。古代的奥林匹克运动会是在以宙斯的神殿为中心的奥林匹亚举办的一种祭神仪式，每4年的夏天举办一次。古罗马的大斗兽场就是建造在城市中的狩猎场。在古代的波斯、埃及和中国，都可以看到马球、曲棍球和足球的原始形态。在这些竞技运动中，导致竞技者死亡的事件并不少见，可以说体育与战争是密不可分的。

古代奥林匹克运动会田径运动场入口

古希腊的浮雕

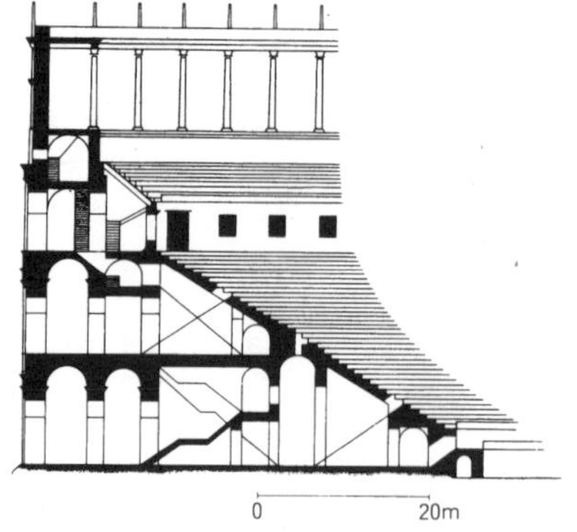

古罗马的大斗兽场看台剖面图

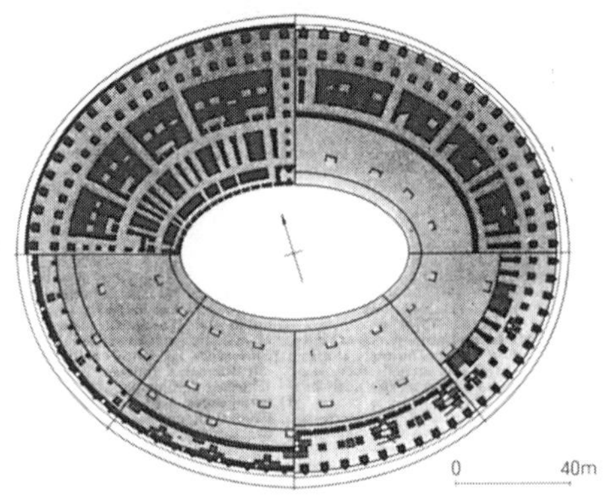

古罗马的大斗兽场平面图

另外，从日本传统的体育运动中也可以列举出许多与近代奥林匹克运动会相类似的项目，如柔道、相扑、剑术、射箭、空手道、日本式游泳等。这些项目的共同特点就是它们都是一种综合性的运动。体育具有一种祭神性、武术的实用性与精神性，以及表现这些美感的艺术性和偶尔表现出来的艺术性等。我们可以看出，近代之前的体育只是作为生活中的一部分而存在的。

3. 现代体育

到了19世纪，西欧的一些启蒙思想家提出了体育的概念并将其作为一项制度固定下来。进入20世纪后，由于美国大众消费社会的发展，体育发生了巨大的变化。这种变化主要是由于与媒体，特别是与影像的结合而引起的。随后就出现了体育商业化和选手职业化。这意味着体育这种身体文化在大众文化产业化中已经占有一席之地，它开始作为社会的要素之一以不同于以往的方式开展起来。与此同时，体育运动快速向室内化发展，目前已有许多体育项目都可以在室内进行。估计在不久的将来几乎所有的体育项目也都可以在人工创建的环境中进行了。

江户时代的相扑画（浮世绘画家写乐）

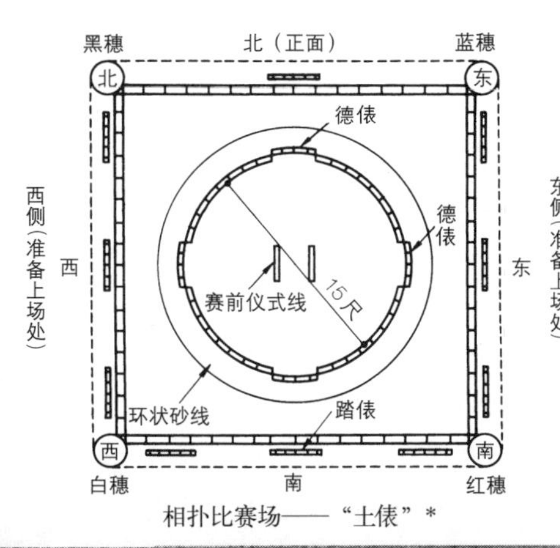

相扑比赛场——“土俵”*

莲华王院三十三间堂（每年1月15日在三十三间堂前举行射箭比武）

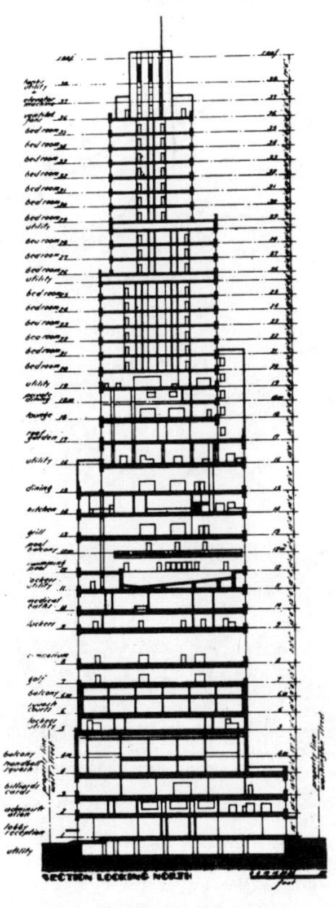
商业区会员制体育俱乐部（1931年出现在纽约摩天大楼的体育俱乐部）

“梦幻”篮球队

东京体育馆（穹顶）

*相扑比赛在40～60cm高、727cm见方、四边斜度为40°～50°的土台（日本称为“土俵”）上进行。土台中央比赛场地是圆形的，直径为455cm，场地北面为正面。场上有顶篷，四角悬挂黑（西北）、蓝（东北）、红（东南）、白（西南）4种颜色的彩布，象征四季。——译者注

概要

现代体育设施

1. 构架

现代的体育建筑是从20世纪50年代到60年代开始出现的。它以被称为结构表现主义的构架技术为背景所采取的设计手法迎来了初期发展的高峰。P·L·奈尔维等人设计的一系列RC结构——大跨度空间结构的框架式建筑和丹下健三利用高强度吊顶结构建造的国立室内综合体育馆等为代表的建筑，通过钢筋混凝土所产生的结构美的手法表现了20世纪近代建筑所要求的抽象性与标志性。他们在创造出以往建筑中未曾有过的、全新的造型与空间的同时，还使多种比赛项目可在室内这种人工环境中进行。

罗马小体育宫
P·L·奈尔维
意大利罗马
1959年

东京代代木国立综合体育馆
丹下健三
东京涩谷
1964年

2. 材料

20世纪70年代以后，由于建筑材料领域的技术革新，大跨度结构技术在向轻型化、大型化发展的同时，开始出现了体现材料本身特性的结构与设计。其中薄膜材料实现实用化后，因其重量轻、形状可以变化、采光性好等特性而产生了悬索结构的高自由度造型和充气结构等不同于以往构思的结构造型，开创了一个崭新的领域。此外，木制结构的桁架与格构壳体的拱形结构及穹顶结构也开始出现。结构材料的轻型化与天然材料结合在一起，产生了各种不同造型的构架。

慕尼黑奥林匹克体育馆
F·奥特
德国慕尼黑
1972年

小国町市民体育场
叶祥荣
熊本小国町
1988年

（摄影：新建筑摄影部）

3. 策划

最近体育设施中的一大特点就是策划方案的可变性与综合性。建筑物的智能化不仅实现了屋顶构架的开闭和多用途等的可变性，而且还因文化、娱乐、休闲等各种不同用途设施群的综合化，使这种代表城市水平的核心设施开始超越了传统的体育设施概念。它在反映体育领域快速发展变化的同时，还意味着在体育设施的建设中，随着模拟自然环境的室内滑雪场与长夏海滨等体育设施的出现，自然与人工相结合的设计理念正在形成。

（摄影：新建筑摄影部）

拉勒波特室内滑雪馆（穹顶）
鹿岛设计
千叶县船桥市
1993 年

鹰之乡
竹中工务店＋C·贝利
福冈县福冈市
1995 年

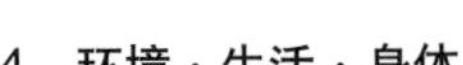

4. 环境·生活·身体

今后体育设施的设计在超大型化、综合化方面，还应从环境的角度出发重新审视它给自然、城市，以及整个社会带来的影响。可以说修建在石山当中的建筑物、冬季奥运会的冰球场，以及多米尼克·佩罗设计的柏林2000年规划馆等，都是那些力图成为自然界中景观的体育设施今后发展方向的样板。

另一方面，由于社会的成熟化，扎根于不同地区与日常生活中的体育运动已成为孩子、老人和残疾人等所有人生活的一部分，它给人们带来了欢乐。我们应将这种体育环境与系统作为社会生活中不可缺少的基础设施加以配备。另外，我们还可以看到一种从艺术等领域出发重新捕捉体育运动给人们带来艺术感受的动向，这可能会给今后的体育概念和形式带来一定的影响。

养老天命扭转地
荒川修作
岐阜县养老町
1995 年

柏林 2000 规划
多米尼克·佩罗
德国柏林
2000 年

概要

规划

构思　造型

策划

功能

工程概况　建筑工程概况

运动场地与设备

规划

体育设施体系

1. “体育”一词的来源

“体育”一词源于拉丁语，进入14世纪后被翻译成英语，16世纪前后简化为Sporte。体育最初的意思是“非生产性的体力活动”，后逐渐演化为“为游玩或消遣而在户外舒展筋骨的愉快活动”，即“游戏加运动”。近代体育在各国普及并被固定下来后，“体育”一词则泛指“竞技运动”，并被作为国际术语固定下来。

日本政府于1961年颁布了《体育法》。在《体育法》中将“体育”一词定义为“是一种竞技运动与健身活动（也包括野营活动及其他野外活动），是为追求身心健康发展而展开的运动。群众性的体育运动也具有教育的作用”。

此外，欧洲“体育运动理事会”在1975年颁布的《大众体育宪章》中，将体育运动分为“竞技性游戏活动、野外活动（旅行）、表演性运动和调整运动”四种类型，其中也包括体育舞蹈，其范围非常广泛。

体育因其内容、规则、人数、使用器械及参赛者水平的不同，可以分为各种不同的比赛项目和级别，并已为多数人所接受（参见表1）。

在进行体育运动的场所中，应建造适于该项比赛的赛场，能够满足参赛者与观众都能感受到竞技体育激烈气氛的要求。

虽然体育设施具有各种不同的形态，但可以说它们是按照基本满足与之相关的人员——“参赛者”、“观看者”、“组织者”所要求的空间与环境的统一形式发展，并形成体系化的（参见图1、表2）。

表1 运动中的动作与项目之间的关系

动作 \ 项目	棒球	网球	羽毛球	乒乓球	跳远	跳高	排球	射击	游泳	足球	橄榄球	投标枪	划船	滑雪	滑冰	剑道	柔道	相扑	摔跤	保龄球	马拉松
接	○									○	○										
击	○	○	○	○			○														
游									○												
格斗																	○	○	○		
踢										○	○										
划													○								
滚	○																			○	
滑行														○	○						
互击																○			○		
刺																○					
跳					○	○	○							○	○						
投掷	○										○	○					○	○	○		
瞄准								○													
跑	○				○					○	○										○

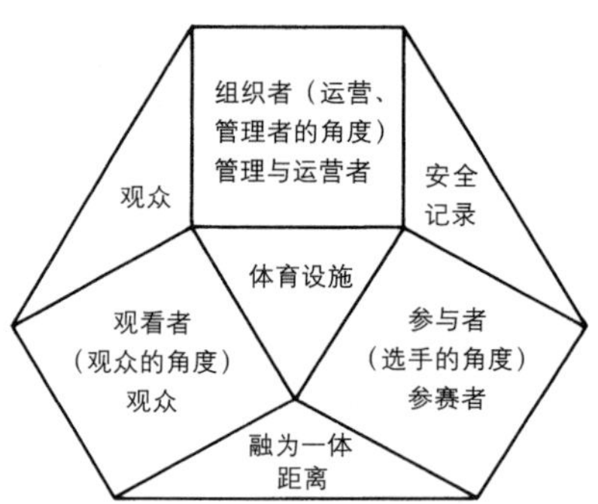

图1 设施相关人员与设计规划图

表2 设施相关人员与设计规划表

设计规划的理念 \ 与设施有关者	参与者 参赛者 Player	观看者 观众 Spectator	组织者 管理·运营 Operation
规划 Plan	●新手～老将 ●创造一个可充分发挥参赛者水平（更快、更高、更强）、使参赛者心情舒畅的理想环境 ●实现城市滑雪和室内冲浪	●便于观看、可以产生激动、兴奋感 ●犹如置身剧场 ●运动场就是舞台	●区域的会展效应、人群 ●商业性、赌博性 ●设施对社会开放，活性化 ●城市、休闲设施 ●不给周边地区带来压力 ●设施隐蔽（埋入式）
计划 Design	●设施符合国际标准 ●无影灯赛场 ●全天候 ●制定赛事日程 ●附属设施完备 ●建有各种不同斜面的地面	●具有与参赛者融为一体的身临其境感 ●观众观看视线（视觉环境） ●观众席上面安有顶篷 ●音响、显示屏、观众等信息 ●可容纳众多的观众 ●观众可以边吃边观战	●设施、比赛场馆具有多种功能 ●为综合体设施，可供市民使用 ●设计成美观的标志性建筑 ●不改变日程 ●利用余热和太阳能 ●节能、节电、节水 ●疏导、紧急疏散 ●利用人造地基、山、半地下
技术 Technology	●功能、耐久、可靠性 ●人造波浪装置（可以进行室内冲浪） ●配有可以产生优质雪的造雪装置 ●采用透光大屋顶（薄膜结构屋面、开闭式屋顶） ●采用防晒仿草坪（草坪活性技术） ●采用不影响速度的跑道 ●采用活动地面、多功能地面系统 ●9分道	●观众席处不得建有柱子 ●采用3层观众席和自动扶梯、坡道 ●大型电子显示屏装置、助威声的回声装置 ●活动坐椅、高阶观众席 ●研钵式看台	●人工环境（采暖、光线、音响）装置 ●余热再利用装置 ●水质的净化管理 ●消除水波，减少水的阻力 ●人工比赛环境

2. 体育设施的种类

体育是随着人类社会的发展而产生和发展的。由于体育的种类很多，所以我们很难对其一概而论。根据体育的目的和特点，大致可以分为以下四个方面。

①游戏、比赛性的竞技运动;

②在学校、社会开展的群众性体育运动与训练;

③休闲、娱乐性的体育运动;

④以锻炼身体、美容、教育等为目的的体育运动。

体育设施通常是指“进行体育运动的常设设施”，但也包括临时用于体育活动或比赛的道路、海洋、高山等，我们将“在大范围内进行各种活动的场所”统称为体育设施。

此外，根据体育项目的不同，又可以大致分为室外设施和室内设施两种。这些设施分别具有与各种不同体育项目相适应的功能。但在最近，随着科学技术的不断进步，自然环境与人工环境的界限的区别就不太明显了，出现了许多多用途、多目的、全天候的体育设施。

图2中的体育设施是按不同的体育项目进行分类，并在考虑了室内、外设施后加以统一的。本书的“计划篇”就是按照右表中的四大类编写的。

此外，主管体育设施的部门大致可分为学校、国都道府县市町村和民间三种。其中的许多设施都是综合性设施，从中可以看到设施的种类和综合性等不同特点（表3）。

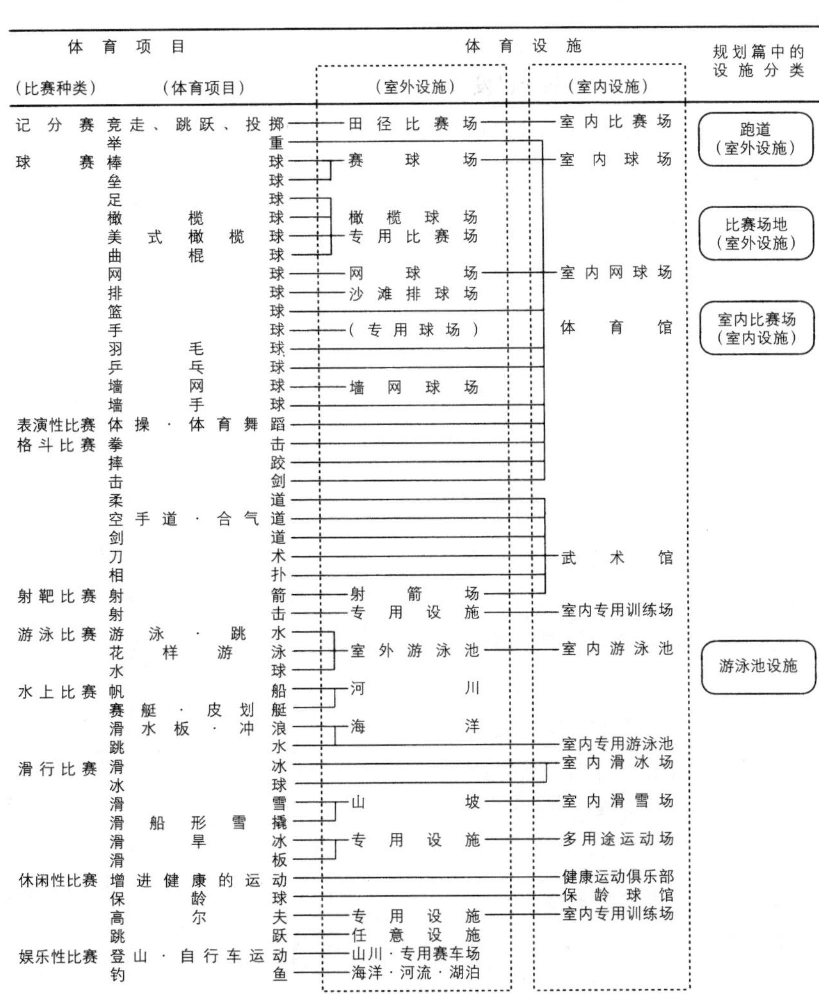

图2 体育的种类与设施的关系

表3 不同运营主管部门中的综合性体育设施

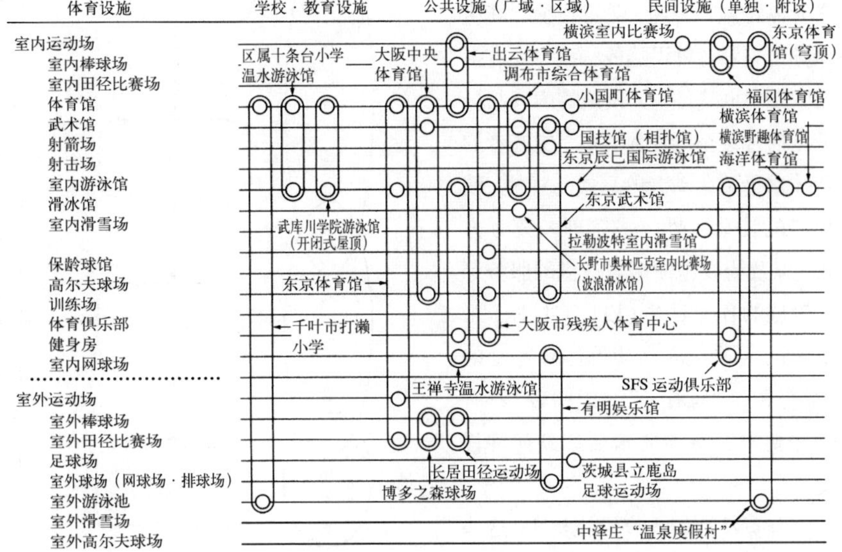

规划的目标

1. 社会变迁与体育设施

目前许多国家实行的都是每周5天工作日，所以原来的体育概念已发生了很大的变化，而且体育活动的范围也扩大到了竞技比赛、休闲及娱乐等各个方面。为能与之相适应，就要求体育设施的设备和空间要多样化。也就是说，体育的内涵不再仅仅局限于与以各种比赛规则为基本内容的比赛项目及竞技水平的较量，而要求是具有一种充实感、健康、任何人都可参与的大众化的活动。因此，能否保证促进体育活动所需服务水平的设备与空间就成为体育设施建设中的一项重要内容。

此外，在体育设施使用者范围不断扩大，以及必须对弱势群体和老年人加以考虑的同时，体育设施的使用目的不再是单一的，其本身已开始成为设定多种使用目的的综合性设施。

2. 规划——规划的目标

现代体育设施的规划与传统的体育设施相比，有很大的不同。从规划的目标来看，两者在必要的比赛空间与附属设备·附属空间、为参赛者提供的服务、为观众准备的设施、运动会筹办设施、管理·筹办设施、环境保护设施等各种设施的构成方面有很大区别。也就是说，设施的内容与标准是通过设施的使用目的、参赛者的竞技水平及运动会的形式与规模、使用者的社会属性，或管理及筹办方式，以及为设施使用者提供的服务等对设施的各种要求（设施的目标）来决定的。首先应当明确体育运动的“参赛者”、“观看者”、“组织者”都有哪些要求？每项要求要达到何种程度？

与竞技性的体育设施相比，这些

表4　体育设施法规一览表

1. 建筑	建筑基本法·建筑施工令·建筑施工规范 都、道、府、县建筑安全条例，指导纲要等 消防法·消防施工令·消防施工规范 都、道、府、县预防火灾条例 爱心建筑法 停车场法·都、道、府、县停车场条例 室外广告载体法
2. 城市规划方面	城市规划法·城市规划施工令·城市规划施工规范 城市开发法，土地规划法，国土资源利用法 城市公园法，自然公园法 航空法，电波法
3. 设备方面	电气法·自来水法·都道府县供水条例等 与建筑用地下水的开采规定有关的法规 下水道法·都道府县下水道条例等 公害对策基本法·都道府县防止公害条例等 防止大气污染法·防止水污染法 高压煤气禁用法·高压煤气安全规定 锅炉及压力容器安全规定 关于确保建筑物中环境美化的规定及其施工令
4. 管理方面及其他	影剧院法·影剧院施工令·都道府县影剧院条例 噪声规定，防止恶臭法，火药禁止令 关于废弃物处理及清理的规定·都道府县垃圾处理厂等 事务所卫生标准规则 劳动基本法 劳动安全卫生法·劳动安全卫生规定·吊篮安全规定·吊车安全规定 食品卫生法·食品卫生加工令 公共浴池法·公共浴池施工条例 公众卫生法 关于大型商场中零售业调整的规定 关于合理利用能源的规定

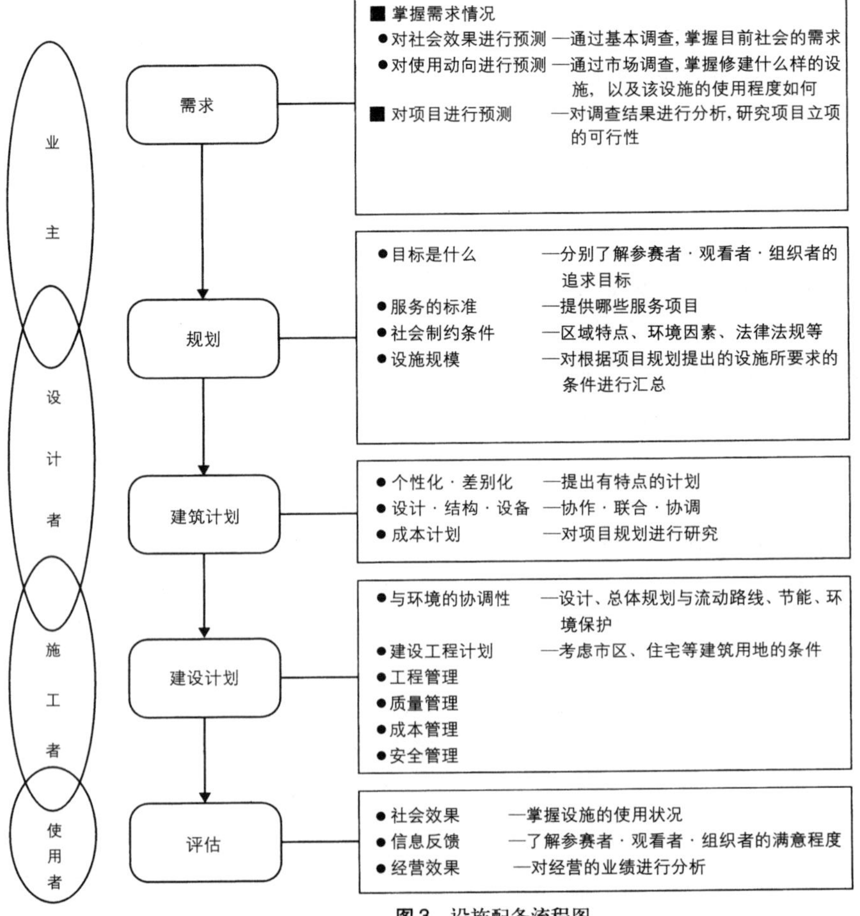

图3　设施配备流程图

在大众健身的体育设施（增强体质、休闲、娱乐）中尤为显著。另外，为能满足各种不同年龄段中不同社会属性的人、各种不同的体育经历者，以及各种不同的体育爱好者们对体育的要求，像以前那种仅建造竞技用比赛场馆就远远不够了。为此，就有必要对体育设施应当按照体育项目的需求进行规划，以及如何按设施配备流程图进行规划等问题加以充分的考虑。

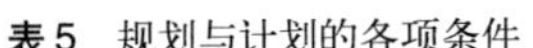

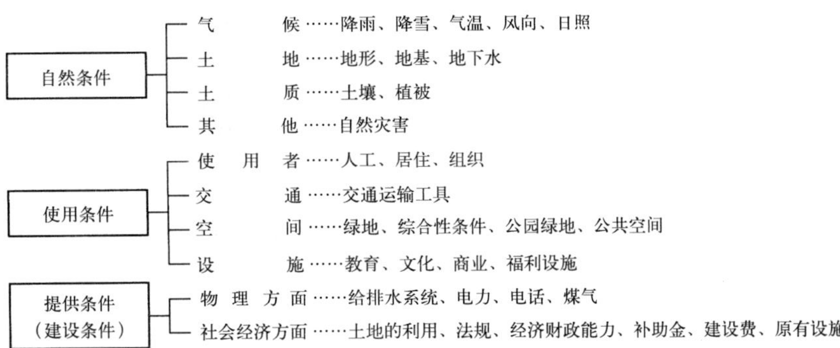

3. 基本计划

毫无疑问，我们应当对体育设施计划中那些与其他建筑计划相同的各种条件进行调查研究。不过普通体育设施的用途很广，它包括公共设施和普通设施各种不同的用途，而且需要研究的条件与调查的内容也很广泛。另外，从体育设施本身的特点来看，一般多为大型设施，对周边环境的影响也比其他类型的设施大得多，所以非常重要的一点就是应对体育设施建筑用地内外的交通、设备、法规、景观进行充分的考虑。例如对交通量就很难进行预测，在大型运动会的开幕式与闭幕式期间，不仅交通量集中，而且在时间方面、质的方面与量的方面的变动都很大，所以对这些进行初步调查是必不可少的。

另外，在大型设施中，为容纳众多观众而修建的大屋顶应具有一定的标志性，设计上要新颖，其空间造型要有一定的影响力。除此之外，体育设施的规划还应考虑到其影响范围的大小。

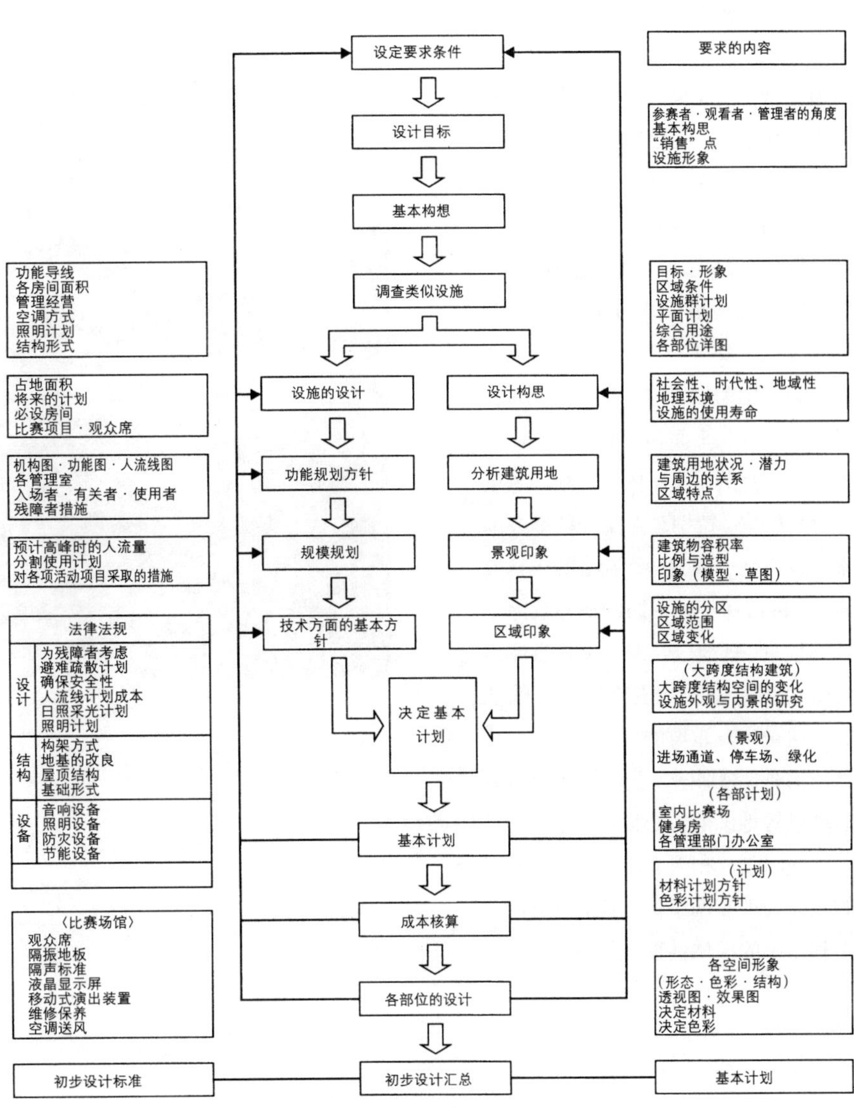

图4 从构思到基本计划流程图 / 体育馆

对建筑用地的总体规划与动线

1. 决定总体规划

正如右表所示，体育设施的总体规划就是由建筑用地的总体规划与动线中的各项条件所决定的。

建筑物的位置、朝向以及与周边环境的关系，都是以自然条件为中心进行规划的。特别是室外设施，因其直接受自然条件的影响，所以应特别加以注意。例如，像田径运动场及游泳场等室外设施，就应按南北为长轴、主看台位于西侧进行设计。这样设计的主要目的就是为了将西晒与迎面风的风力减少到最低限度。相反，像体育馆及室内游泳馆等，则应按东西为长轴，南北采光进行设置。为避免西晒和眩光，应尽量利用自然光采光。另外，为能更好地利用夏季的自然通风与换气，还应考虑风向因素。

因体育设施的各项功能分区将会受体育设施规格标准与规模的影响，所以大致可将其分为比赛设施、观众设施、管理设施、附属设施与停车场。我们应分别从平面和剖面上对它们在室外的相互关系及室内的动线计划进行分析研究。特别是对于那些举办国家一级或县一级大型运动会的体育设施，应能确保交通道路的畅通及停车场的数量、规模以及配有突发事件出现时可供紧急疏散避难用的开阔地等，这是十分重要的。

另外，对那些公共性的体育馆或运动场等地区的核心设施，应通过对各设施间以及和周边其他文化设施等的统一管理及网络化，形成一个具有高利用率的区域性设施体系。

表6　建筑用地使用规划的各项条件

总体规划	建筑物的位置与朝向（方位·风向）……便于比赛、便于观看 景观·轴线·标志性……造型设计 与周边环境的关系……与环境相协调（与地形相符）·眺望 与周边设施的关系……造型协调·功能配套·防止噪声的措施 分区（比赛设施·附属设施·管理设施·停车场·服务场所） 开阔地……前庭·广场·水池 将来计划……扩建的可能性
动线	道路……交通道路 人车分流……行人动线与停车场的关系、大型公共汽车是否可以通行 与周边设施统一管理……设施集团化管理（网络化） 制定参赛者·观看者·管理者（设施三要素）的动线计划 确定观众……有无观众、收费·免费 运动会、各种活动的集会……大量动线·灵活性 紧急疏散……人群疏导与开阔地·突发事件出现时的紧急疏散避难用设施

图5　博多之森体育公园总体规划

2. 不同设施主管部门的特点

①公共区域的体育设施是按照其规格标准布置在区域的中心地带，一般多用于各种体育比赛、庆典活动、传统纪念活动等各种不同的集会，所以应在保证道路畅通及停车场数量、规模的同时，还应具有针对各种不同集会采取不同措施的灵活性以及便于管理的总体规划和动线计划。

②学校的体育设施主要由运动场、体育馆和室外游泳池组成，将这三者进行有机的结合是非常重要的。最近发现有些学校为避免体育馆内光线昏暗，而将体育馆建在了学校的中心。但是，一般在对体育馆进行选址时应考虑到噪声对教学楼的影响、运动场的扬尘对游泳池的影响、体育馆主馆的位置、日照条件等各种因素，所以可考虑将其修建在便于管理的位置处。

③像福冈体育馆那种大型的集会设施，最基本的要求就是要确保交通道路的畅通及停车场的数量、规模，可保证安全的人车分流。特别是大型集会中突发事件发生时如何对大量人群进行疏导、疏散是防灾工作中最重要的要求。在正常情况下，应能够使观众通过简单明了的标识到达疏散地；而在紧急情况发生时，则应确保设有可在最短的时间内引导观众迅速疏散的紧急疏散路线和避难场地。另外，还应在许多附属设施中明确观众、运动员用通道和工作人员通道，以及检票管理等。

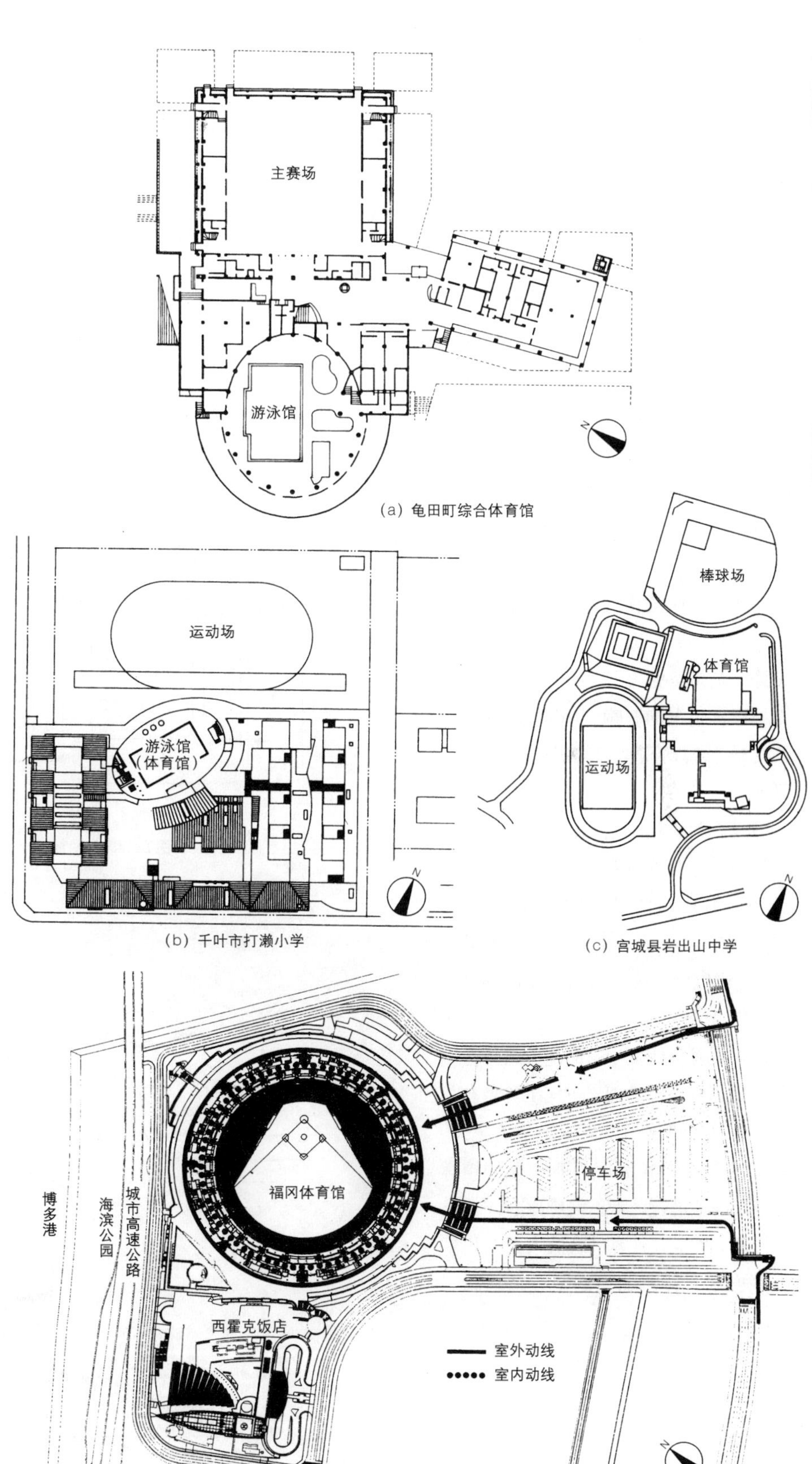

图6 总平面图

由功能·动线决定的空间

1. 总体规划·动线规划

一般，体育设施是由比赛·观赏·管理三个要素组成的。在进行规划时，为能充分发挥三要素的功能，重要的一点就是要对总体规划与动线进行规划。特别是根据1994年颁布的《爱心建筑法（便于老年人与残疾人使用的特定建筑物的建筑法)》的有关规定，有义务对特定设施制定具体的规划标准，并应对公共部分加以考虑。

动线规划应考虑以下三点：①日常使用时的动线；②举办运动会时的动线；③突发事件发生时的疏散路线。

①在平时的使用中，当使用不同功能的空间时，动线主要是受综合性设施，尤其是更衣室、厕所和上下行设施设置情况的影响，所以应对设施的规模、经营管理的方法进行充分的研究。

②在举办运动会时，可以将设施的利用者分为普通观众、经营管理人员、运动员、宣传报道人员、VIP（贵宾）和残疾人，使他们构成不同的动线，以确保经营管理人员和设施利用者的安全。

③突发事件发生时的疏散路线在动线规划中至关重要。一旦在聚集有大量人群的设施中发生了紧急情况，就有可能出现混乱。为能使人们镇定、有序地进行疏散，就应建有立体人行道、坡道、可容纳疏散人群的广场等安全、标志明显的紧急疏散路线。

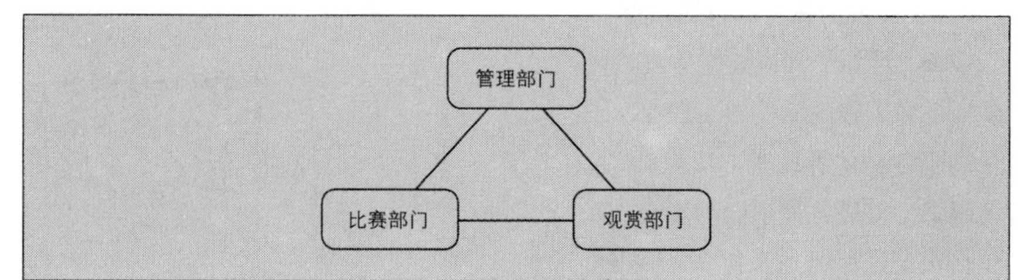

图7　体育设施的三要素

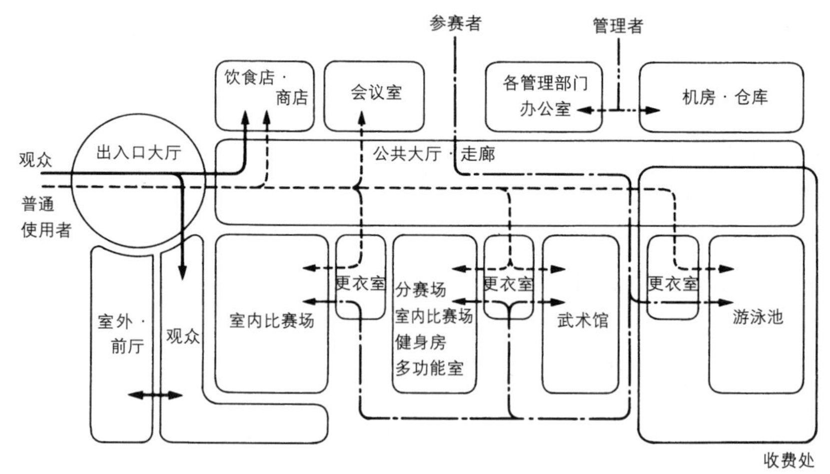

图8　综合体育馆中的动线示意图（平面）

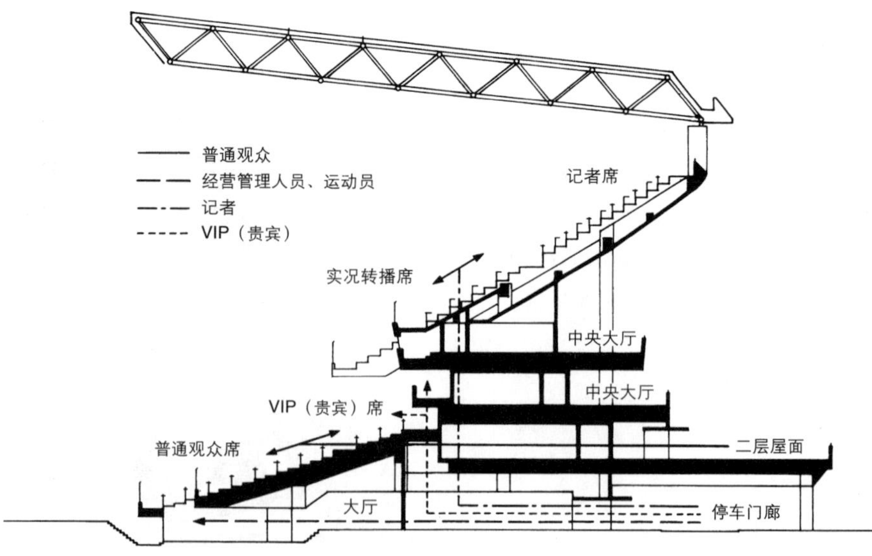

图9　室外比赛场中的动线示意图（剖面）

2. 空间的决定

体育与自然有着密切的关系，可以说现代体育设施的空间就是人类模仿自然界中的某些景物创造出来的。因此，虽然本来所开展的训练活动、娱乐性运动和某些体育活动在空间的规模与内容上并没有什么特殊规定，但当按照不同规划展开体育运动时，就要求体育设施的空间具有一定的规模与内容。

另外，体育空间的规模与内容也可以由体育项目和参赛者的水平决定。因专用体育设施、多功能体育设施或普通体育设施、比赛用体育设施的不同，对空间的要求也不同。

空间规模由各项规则的相关规定和安全、功能方面的必要内容所组成，必须留有充分的余量，这在设施规划中十分重要。当没有明确的规定时，就应从体育项目的特点方面来考虑安全性和舒适性并进行规划，这一点是很重要的。

棒球是室外体育运动的代表性项目之一。对于棒球馆的空间规模应如何计算，几乎没有有关击球的任何数据（击球的飞行距离、飞行高度等），但在用计算机模拟了以往最大级本垒打（1963年日本本垒打王选手的击球飞行距离为151m，美国本垒打王巴贝·鲁斯的击球飞行距离为178.9m）的记录后，通过对本垒打的击球轨迹数据进行概率计算后就可以确定屋顶的高度了。也就是说在东京体育馆（穹顶）中，当打出的本垒打的击球飞行距离为120～130m级时，球不会碰到体育馆的屋顶。

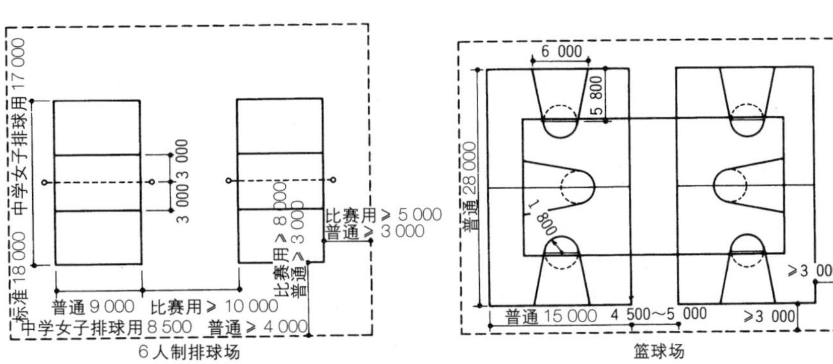

（a）平面图

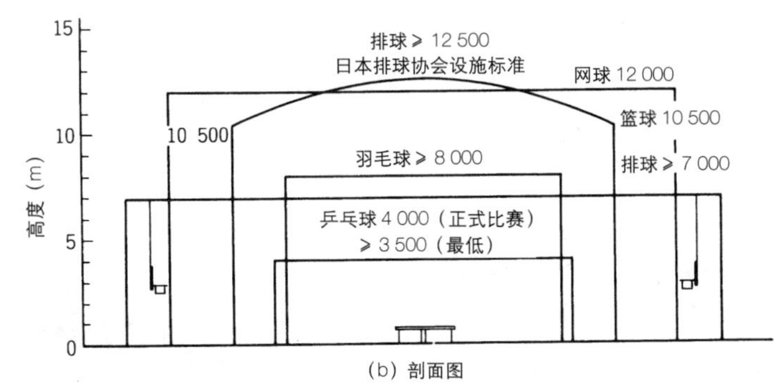

（b）剖面图

图10 比赛空间要求（单位：mm）

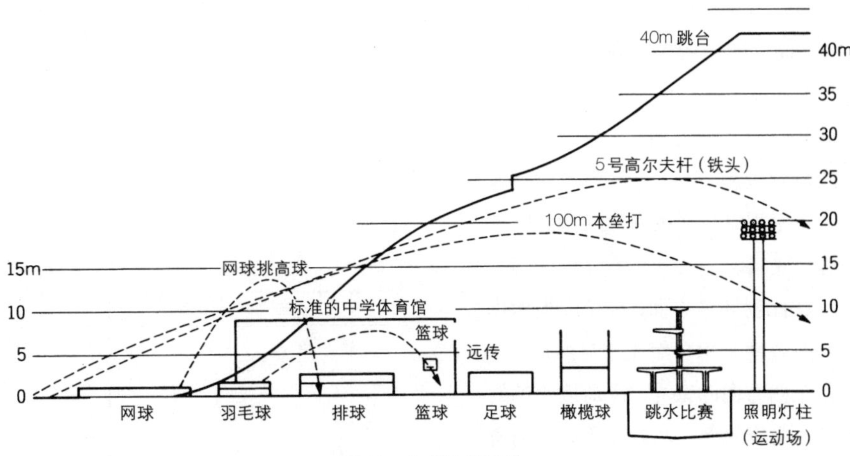

图11 体育比赛标准

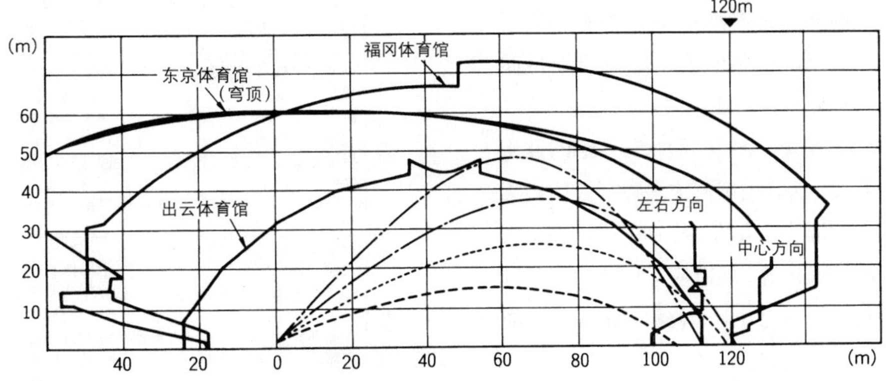

图12 穹顶体育馆中的模拟击球

体育馆等室内设施的设计

1．室内比赛场（体育馆）的设计

如果从室内设施中具有代表性的体育馆来看，就可以得知其构成是由所进行的体育项目、有无观众席以及附属设施的内容所决定的。通常情况下，体育馆应可以用于多项体育项目，但标准的体育设施往往是由篮球场的宽度和排球场的必要高度所决定的。这时体育馆的大小就由网球、排球场的平面活动场地与作为安全区域的过渡场地所决定，而体育馆顶棚的高度则需要对照明、扩音器等设备吊架的有效尺寸加以确认。

一般观众席多设置在室内比赛场两侧的更衣室或体育器械库上方（二层）。其他附属设施是否需要设置因设施标准与规模的不同而异，可根据表8所示的功能而定。标准体育馆的比赛场地约占整个体育馆面积的40%，而且即使考虑了观众席所占的面积后也有近一半的面积被用于附属设施和管理功能方面。此外，对于学校的体育设施，还应进一步考虑到兼作礼堂之用以及学校开放的相应管理措施。

在比赛环境方面，首先应当考虑如何有效地利用自然光与自然风。应避免东西方向的采光，特别是西侧的采光，而应从南、北方向采光。为避免因光线眩目而影响参赛者比赛以及对墙面的有效利用，距地面2.5m以下的墙壁上不得开有门窗，但在距地面较近处应设有通风口。

此外，空间的形状与音响的性质有关，而且因圆形或多边形等回声集中的形状及大跨度空间的设施会出现混响噪声等，所以应对设施的形状进行分析研究并对装修材料的吸声性能加以考虑。

表7　比赛场（体育馆）规划的基本项目

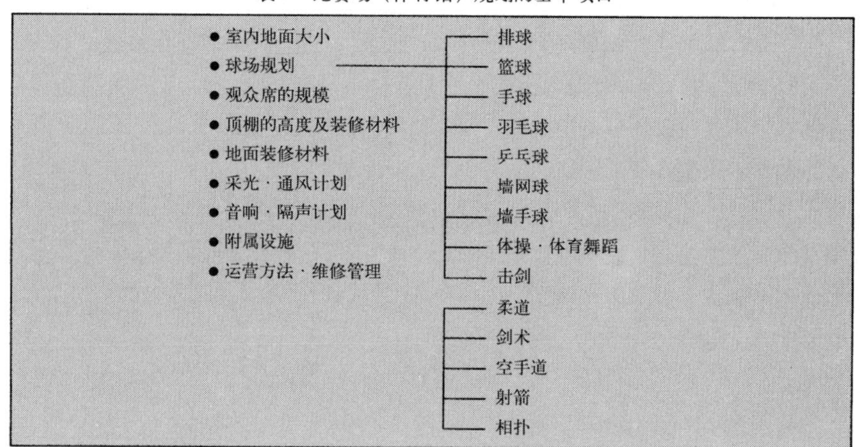

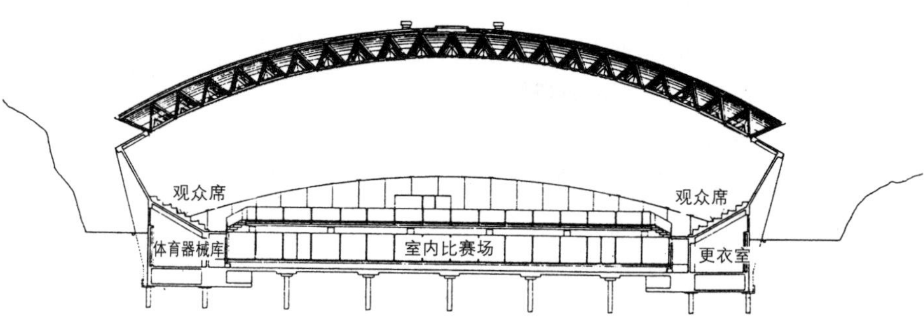

图13　体育馆标准剖面图

表8　体育馆的构成

	房间名称	摘要
比赛管理部门	运动室	主赛场、分赛场、武术馆、训练场、游泳池等
	大厅·休息厅	——
	更衣室·裁判员更衣室	在正式比赛期间，应确保每个参赛队都有单独的更衣室
	淋浴室·浴室（盥洗间）	游泳池旁应设有淋浴室，以供赛后冲洗之用
	厕所	因参赛者多携带运动器具进出，所以应保持厕所地面的清洁
	检查检测室·医务室	进行体育医学方面的各项检测。很多情况下，医务室也兼为观众服务
	教练员室·洽谈室	很多情况下，也兼作体育比赛监督室
	会议·研修室、图书·资料室	召开运动会工作人员会议、说明会、讲习会等
	召集室·待命室	有时也作赛前准备活动室之用
行政管理部门	办公室·接待室·会议室·馆长室·贵宾室	除需对进出办公室的人员进行监视外，还应对赛场、体育器械库及更衣室的进出情况进行监视
	值班室	多兼作夜间警卫休息室之用
	记录室、广播室	应设置在可看到赛场情况的地方
	报道室	因比赛规模的不同，报道内容的多寡也不同
	维修室	滑冰、游泳等应设有特殊设备。另外，还应设有停放冰道清理车的车场。配备维修人员工作间
观众服务部门	售票处·问讯处	——
	大厅、休息厅	中场休息时用于休息，散场时可用于短暂逗留，有助于安全
	餐厅·茶座·商店	因作为专用餐厅在经济效益方面较差，所以其平面应设计成也可供其他之用的形状
	普通观众席·记者席·贵宾席	应保证其具有良好的视线，并确保散场时的安全性
	广播席·电视转播席	设有专用房间。最好配备有电视转播车用的电缆接线口
	监视席	当设有大规模的观众席时，应设置警卫室
	灯光·音响控制席	当搭建演出舞台时，应配备灯光、音响控制席
	厕所	厕所的数量按可容纳人数计算

2．各部位的设计要求

对顶棚进行设计时，除应考虑顶棚被球撞击时的抗冲击性、隔热、隔声及吸声等因素外，还应考虑吊装在顶棚处的设备对球在空中的运行是否有影响。

对墙体进行设计时，则应采取防止球撞击到人、设备，以及开口部位（出入口、通风采光口）等安全措施，安装防护网及护栏等。此外，还应从安全的角度出发，尽量避免在墙面上有凸起物，并选择具有弹性及吸声性好的装饰材料。

在对地板进行设计时，要求地板应具有与各种体育项目相适应的弹性，而对于钢制地板等，则应对表面涂刷弹性涂料的活动地板的各种标准加以考虑。要求地板基本要具有一定的强度及耐久性、表面平整防滑，并具有吸声效果。

如上所述，在对观众席进行设计时一般采用2层固定座位，而若想使观众能产生与参赛者融为一体的感觉时最好采用一层固定席位，但当因空间所限时也可以采用活动坐椅的形式。对观众席的设计首先应遵守建筑法规中的安全条例，在确保观看视线的基础上再决定坡度的大小。一般一个席位的面积应包括通道及楼梯在内，约为0.45～0.6m²/人。

体育器械库的面积应为室内比赛场的（15±3）%，但若考虑到与各种新型体育项目相适应等问题，则可适当增大面积。

除此之外，作为附属设施除应设有更衣室、淋浴室外，还应配置教练员室、医务室、救护室、会议室、传达室、管理人员办公室及宣传报道用房间等。

此外，非常重要的一点就是还应考虑到残障者及贵宾席的需要。

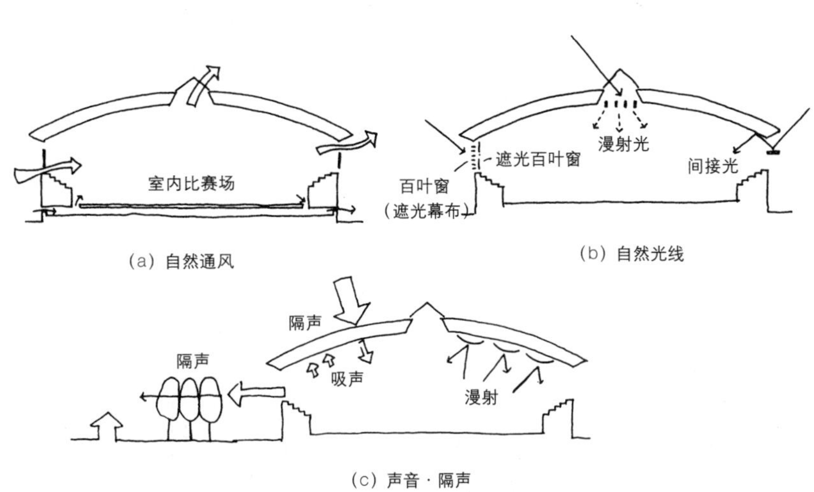

图14　体育馆环境设计示意图

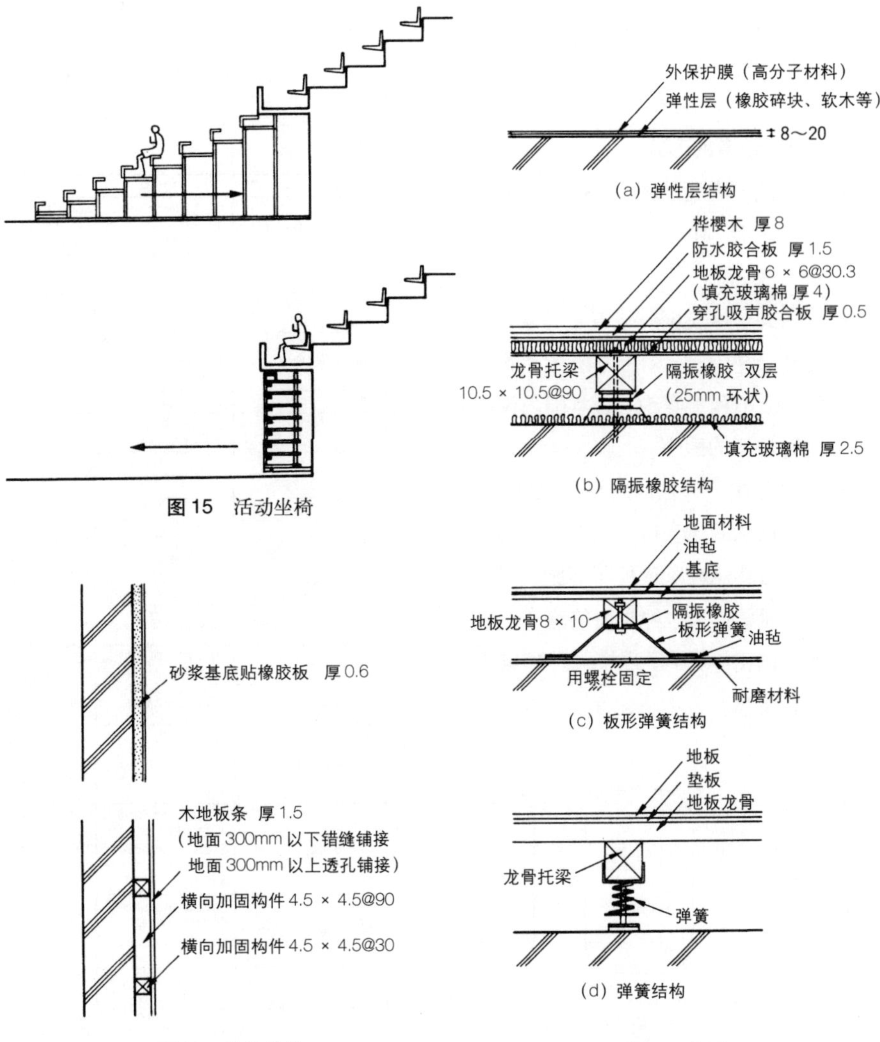

图15　活动坐椅

图16　墙体结构

图17　弹性地面结构

室外比赛设施的设计

1．跑道的类型与规格

一般室外比赛场除可用于田径比赛外还可用于足球、橄榄球等球赛，以及举办各种活动的集会或作为综合性比赛的主赛场等，其设计规模及标准多种多样。日本国内田径比赛场的统一标准以日本田径比赛协会制定的《标准田径运动场及长跑跑道与竞走跑道规定》为准。

2．田径运动场与足球场兼用

日本基本都是田径运动场与足球场二者兼用。其主要的问题就是：①足球运动场与跑道相互干扰；②看台与足球运动场的距离是否便于观看以及是否具有身临其境感等。对此应进行认真的研究。

3．跑道的形式

- 半圆式……便于赛跑、便于测量距离，是日本国内最常见的一种形状。
- 篮曲式……在同时设置足球场、橄榄球场的比赛场中具有一定的长处，但不利于赛跑。日本国内没有这种类型的跑道。
- 三圆心式……在同时设置足球场、橄榄球场的比赛场中具有一定的长处。虽然这种跑道便于赛跑，但不好测量距离。这种类型的跑道在日本国内很少见到，欧美一些国家内比较多见。

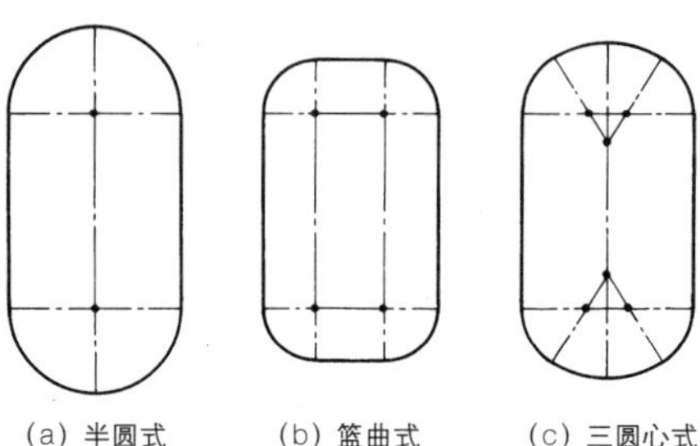

图 19　跑道的形状

表 9　室外比赛设施（运动场与跑道）规划的基本项目

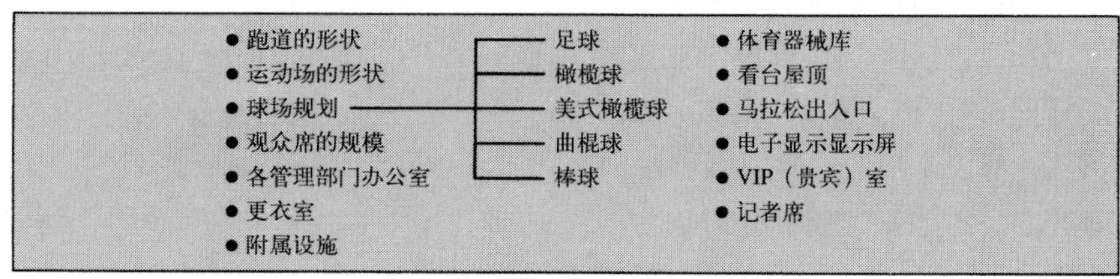

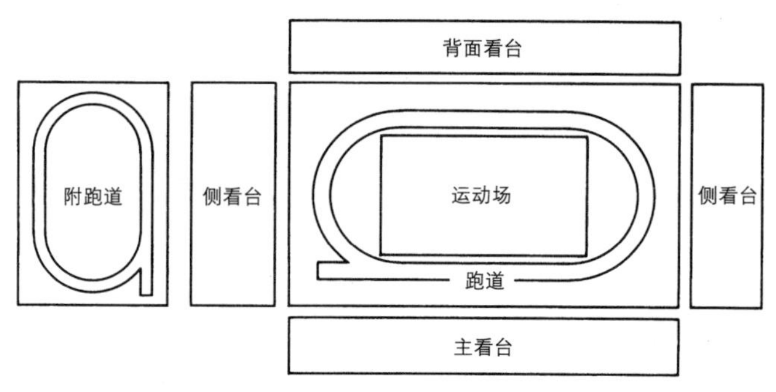

图 18　室外比赛场的基本布局

表 10　标准场地的种类（标准田径比赛场、长跑跑道、竞走跑道规定）

		第一种	第二种	第三种	第四种	第五种
周长		400m	400m	300m 或 400m	200 m、250 m、300 m、350 m 或 400 m	200 m、250 m、300 m、350 m 或 400 m
周长公差		1 / 10 000	1 / 10 000	各 40mm 以内	各 40mm 以内	各 40mm 以内
跑道	直道部分	宽 11.25m 9 分道 长 115 m 以上	宽 10 m (8 分道)以上 长 115 m 以上	宽 7.5 m (6 分道)以上 长 114 m 以上	宽 7.5 m (6 分道)以上 长 114 m 以上	宽 5 m (4 分道)以上 长 114 m 以上
	弯道部分	宽 11.25m 9 道	宽 10 m (8 道)以上	宽 7.5 m (6 分道)以上	宽 5 m (4 分道)以上	宽 5 m (4 分道)以上
3 000m 障碍跑设施（设置在跑道外侧）		设置	设置	可不设	可不设	可不设
标准长跑跑道		正如短跑跑道规划中规定的，最好有可以使用的跑道	同第一种	可不设	可不设	可不设
竞走跑道		最好设置	可不设	可不设	可不设	可不设
分赛场		全天候路面 400 m 跑道	最好设置	可不设	可不设	可不设
田赛项目场地		按标准规定的数目设置		一处以上，可省略其中部分		
		可兼作掷铁饼、掷链球场地				
可容纳人数		3 万人以上	1.5 万人以上	相应人数	相应人数	相应人数
更衣室		300 人以上	100 人以上	最好有可利用设备	可不设	可不设
训练场		第一种比赛场应配有 300m² 以上的训练场及雨天用跑道				
T & F 路面材料		第一种比赛场地面应为全天候铺设				
电气设备等的配管		当在第一种比赛场举办全国运动会或国际性运动会时，应铺设用于计算机终端设备等电源配线的电线管线				
体育器械库		第一种～第二种比赛场应设有 2 处以上的体育器械库，共 400m² 以上 第三种～第五种比赛场可按各比赛项目设置				
浴池或淋浴间		男、女各 2 处以上	男、女各一处以上	最好有可利用设备	可不设	可不设
比赛场洒、排水设备		下雨后可立即投入使用 常设 15 个以上的洒水龙头	下雨后可立即投入使用 常设8个以上的洒水龙头	可不设	可不设	可不设
比赛场边界		为防止比赛场荒废损坏或比赛时闲杂人员的出入，比赛场与场外之间应用牢固分界物隔开	为防止比赛场荒废损坏或比赛时闲杂人员的出入，比赛场与场外之间应用牢固分界物隔开	可不设	可不设	可不设
看台与跑道间的边界		应设有防止从看台进入比赛场的装置	可不设	可不设	可不设	可不设
比赛场举办运动会的标准		日本田径运动会、群众性体育运动会、日本学生田径运动会及其他国际性运动会等	团体举办的田径运动会、地区学生田径运动会、在地方举办的国际性运动会	团体间的田径对抗赛	对抗赛、邀请赛	校运动会、俱乐部间的对抗赛、邀请赛

（摘自《1996 年田径比赛场体育规则》）

4. 看台

一般因比赛场的规模较大，所以为确保散场安全，要求观众经过的出入口、楼梯、通道等具有一定的数量和宽度。此外，因比赛项目的范围较广，所以比赛场的平面形状及规模应按便于观看、适于比赛项目等条件进行设计。从看台的剖面形状看可分为单层看台、双层看台和2层以上的多层看台。

① 单层看台

- 结构简单，便于查找座位。
- 看台的坡度较缓，每个座位的视线都不会受到影响。

② 多层看台

- 看台的上层部分重叠，比赛场的外径尺寸减少，观众与运动场间的距离拉近，具有较好的临场感。
- 当采用双层看台时，因紧急疏散层设在上、下层看台之间，所以可以缩短疏散路线的距离，提高安全性与便利性。

为便于选手进出比赛场，保证比赛的顺利进行，一般看台前排的观众坐席往往都高于比赛场地。对此，虽然应对看台前排与赛场之间视距较大及看台坡度较陡等问题加以解决，但非常重要的一点就是在解决坡度等问题时应将观众与选手融为一体感以及临场感等因素考虑进去。

表11 比赛项目（奥林匹克运动会项目）

跑道比赛项目	赛　跑	100m、200 m、400 m、800 m、1 500 m、5 000 m、10 000 m
	跨 栏 跑	100 m、110 m、200 m、400 m
	障 碍 跑	3 000m
	接力赛跑	400 m、800 m、1 600 m
运动场比赛项目	跳　跃	跳远、跳高、三级跳远、撑竿跳
	投　掷	推铅球、掷铁饼、投标枪、掷链球
	全能比赛项目	五项全能、十项全能
道路比赛项目	竞　走	20 000 m、50 000 m
	马 拉 松	42.195 km

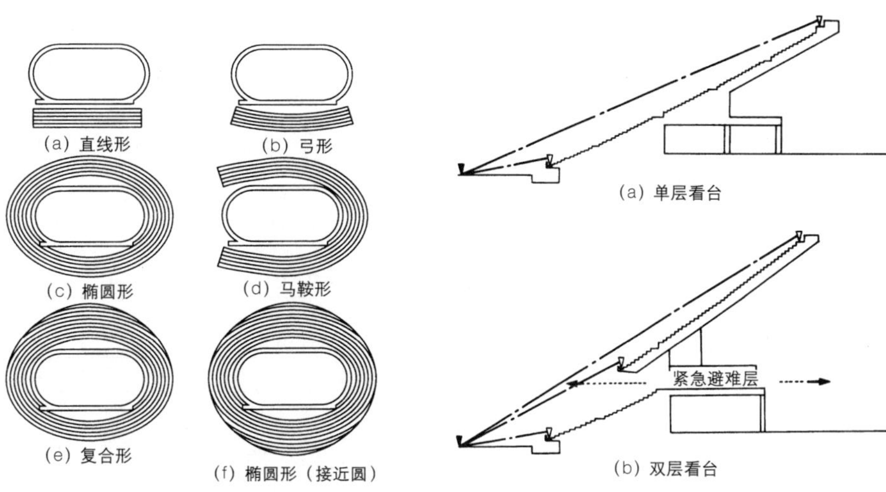

图20 看台的平面形状

图21 看台的剖面形状

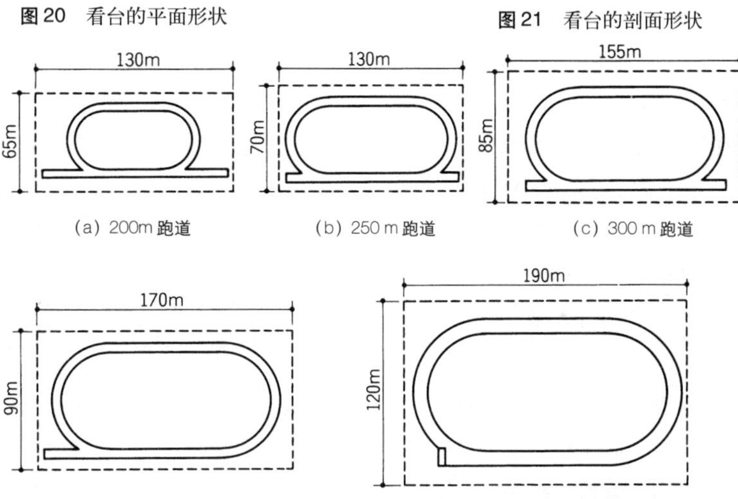

图22 跑道的种类

种类	跑鞋阻力	弹性	颜色	耐久性	耐药蚀性	耐水性	维修难易程度	建设费	维修费 短期	维修费 长期
灰渣	干燥时：大，潮湿时：小	干燥时：大，潮湿时：小	土砂色	小	大	小	易	少	少	多
特制陶土材料	干燥时：大，潮湿时：中	干燥时：大，潮湿时：中	红褐色	小	大	中	易	中	中	多
沥青	平时大	平时大	容易着色	中	小	大	难	多	少	多
合成树脂	平时大	平时大	多种颜色	大	小	最大	难	最多	少	少

表层（灰渣、火山石6、粘土4）　草皮
40～80
60～100　灰渣与火山砾石（细）
100　灰渣与火山砾石（粗）
150～200　砾石与碎石
(a) 铺撒灰渣

表层（特制陶土材料）
40～80
60～100　灰渣与火山砾石（细）
100～150　灰渣与火山砾石（粗）
150～200　砾石与碎石
(b) 铺撒特制陶土材料

超大跑道与彩色跑道密粒度沥青混凝土　掺有橡胶与有机物的沥青弹性材料
15～25
30
40　粗粒度沥青混凝土
100　粒度调整碎石 直径≤3
150～200　混砂碎石直径 ≤4
(c) 铺设沥青（全面铺设）

面层　聚氨酯面层
13～18
70～120　混凝土或沥青混凝土（二层）
100　粒度调整碎石 直径≤3
150～200　混砂碎石直径 ≤4
(d) 铺设合成树脂（全面铺设）

图23 跑道及助跑道的结构与特性（单位：mm）

游泳池设施的设计

1. 游泳池的设计

游泳池的种类很多，分为比赛池、跳水池、水球比赛池、花样游泳比赛池、练习池、徒步用游泳池、回流式游泳池、人造波浪游泳池和医疗用游泳池。各种不同类型的游泳池因用途的不同，其形状也各不相同。特别是比赛池，其尺寸和性能应按照日本游泳协会的规定修建（表12）。

游泳池的水深标准因服务对象的不同而异，国际标准游泳池的水深为1.4m以上，普通游泳池水深为1.2m以上，中、小学游泳池水深为1.0m以上。最近发现不少单位为使游泳池能服务于不同的年龄段或不同的使用人群，采用了可以调节水深（升降池底）的游泳池。另外，跳水池的水深最深可达5m，水球比赛池的水深为1.8m，花样游泳比赛池的水深为3m以上。

游泳池主要是由游泳池、游泳池池畔、更衣室及各种冲洗设备的辅助设施、管理设施、循环过滤装置等机房所组成。其中，非常重要的一点就是区域规划是否能够便于监督、管理更衣室的进出及冲洗设备的使用。

游泳池池畔部分主要是用于游泳前的准备活动、休息及日光浴，其大小应按2m²/人以上设计。一般游泳者与休息者的比例应为1:2～1:3左右，为防止出现拥挤，游泳池池畔的面积至少应与游泳池水面的面积相同。一般情况下，在对外开放的游泳场馆中，游泳池池畔与看台相比，应优先考虑游泳池池畔的面积。在举办游泳比赛时，往往将其用作临时看台。

表12　比赛池标准规格

项目		普通规格		设施标准	
		25m池	50m池	FINA比赛级[2]	国际·全国比赛级
长度	公称[1](m)	25.01 (25.00)	50.01 (50.00)	50.01 (50.00)	50.01 (50.00)
	误差范围(mm)	+0～10		+0～10	+0～10
宽度	泳道数	≥5	≥7	8或10	≥8
	泳道宽(m)	2.0～2.5		2.5	2.5
	泳道外余量(m)	0.5～泳道宽×0.5		0.5	0.5～泳道宽×0.5
	总宽(m)	≥11.0	≥15.0	≥21.0	≥21.0
休息架或用于休息的凹入式停靠处		没有规定	没有规定	水深超过1.2m时可按宽0.1～0.15设置	没有规定
水深(m)		≥1.0	≥1.2	≥1.8（可调水深）	最好≥1.4
看台	面积(m×m)	≥0.4×0.4		≥0.5×0.5	≥0.5×0.5
	高度(m)	(0.35～)0.5～0.75	0.5～0.75	0.5～0.75	0.5～0.75
	倾斜度	≤10°（一般≤3°）		≤10°	≤10°

1）指可在一侧安装触摸板时的尺寸。（　）内的数值是指装有固定式自动计时装置时的尺寸
2）FINA：Federation International Natation Amateur（国际游泳协会）

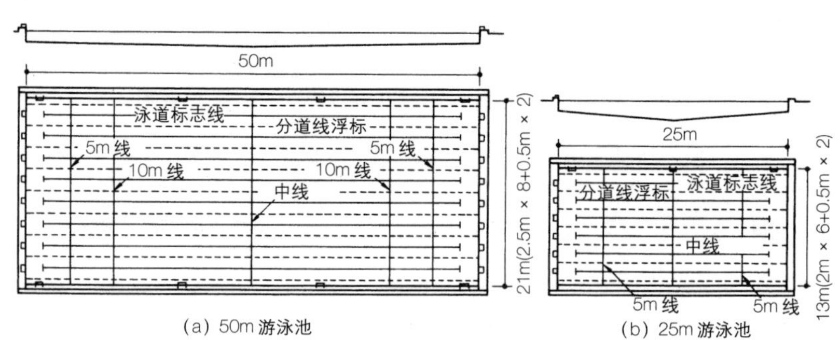

（a）50m游泳池　　（b）25m游泳池

图24　游泳池的基本形状

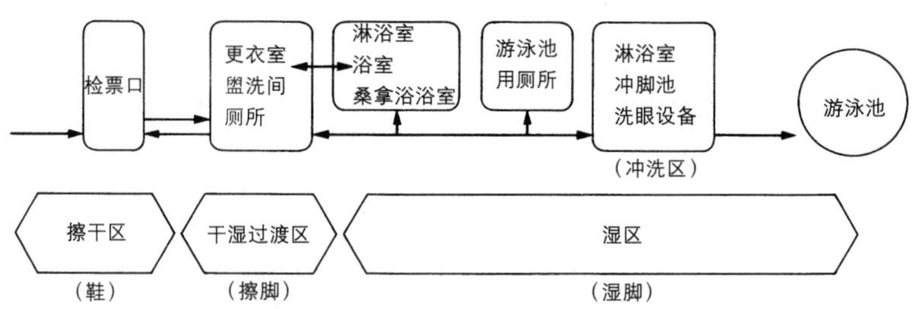

图25　游泳池更衣室周边功能区示意图

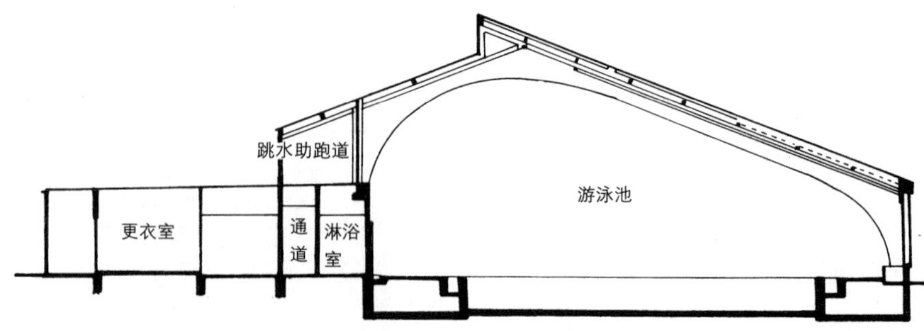

图26　游泳池设施的基本剖面图

2. 各部位的设计要求

游泳池的池底应有用于排水的坡度，特别是室外游泳池，因受地基的影响较大，所以应选择对称型的池底。中、小学校的游泳池应避免水深变化过大，并应在游泳池的侧面设置入水梯。另外，也有的游泳池是跳水和游泳兼用。但从安全的角度出发，游泳池最好不要采用这种形式。

为能及时清理漂浮在水面上的污物及消除水波的影响，游泳池的侧面应设有溢流槽。根据其形状的不同，溢流槽可分为若干种（参见图30）。对于比赛池，也有在其两端泳道的外侧留有 0.5 ~ 1.0m 余量的。

游泳池池畔的地面应具有耐水性，防滑且不粗糙，并尽量避免出现高差。墙面不得有凸起物，墙壁的阳角处应做成倒角。

游泳馆内的采光最好选择自然光采光方式。考虑到水面反射光对裁判员和监督者的影响，可根据情况设置活动百叶板或遮光幕布。另外，跳水池应考虑跳台的方向，以防日光直接照射到参赛者。

因室内游泳池池水中含有用于杀菌的次氯酸钠的残留氯化物，所以在将热损失控制在最低限度的同时，应对室内进行通风换气（当屋顶构架为外露式时，为防止因氯气的腐蚀而产生蚀斑，也有采用木制结构屋顶的）。

游泳馆顶棚的高度受跳台高度的影响。一般在经济条件允许的情况下，可根据室内空间的容量和能源消耗量将其加高。另外，顶棚应选用吸声、隔热、耐水性好的材料。

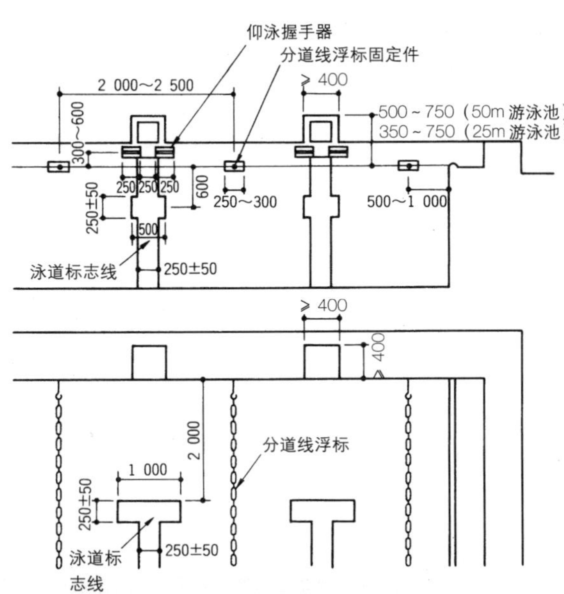

图 27　比赛用游泳池的跳台 · 泳道标志线

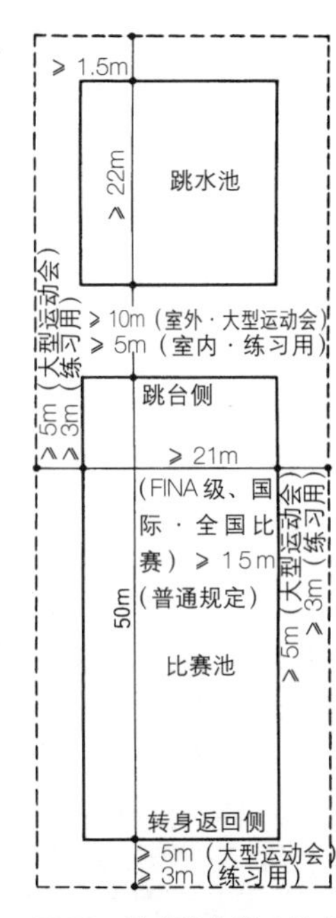

图 28　比赛池与跳水池的组合形式

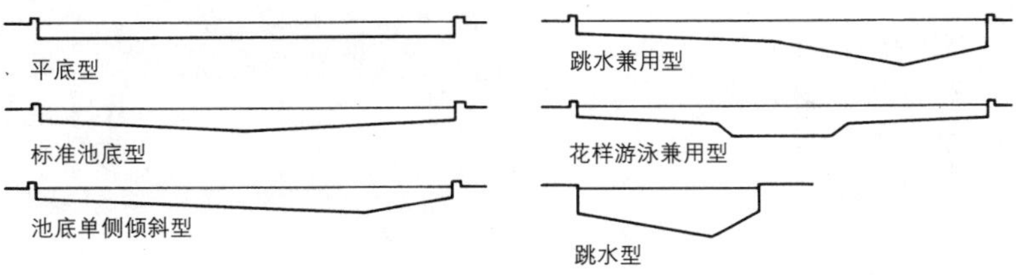

图 29　游泳池剖面图

（a）芬兰型

具有一定坡度的溢流槽表面由极细的波纹状浅沟组成，可快速消除游泳池内产生的水波。溢出的水流入四周的沟槽后被排放出去

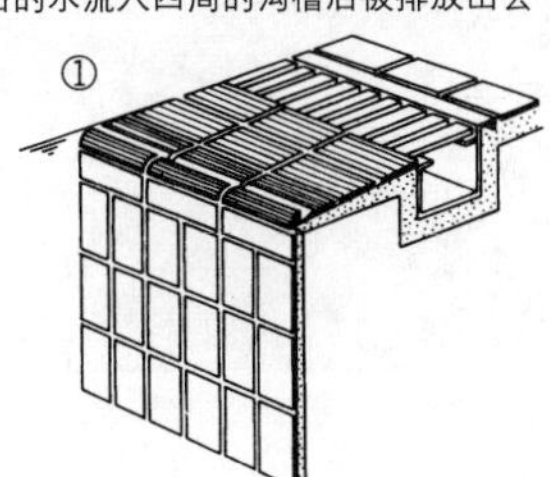

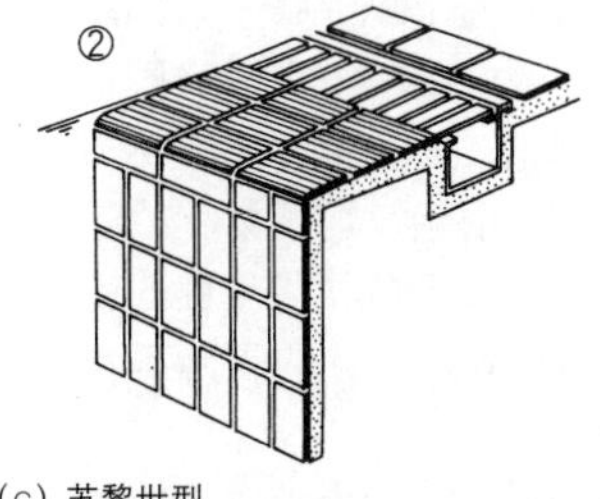

（b）比斯巴登型

与水面接触的扶手采用的是釉面瓷砖，所以漂浮在水面上的污物不易被沾附在上面，且便于清扫。扶手与排水口为整体结构

（c）苏黎世型

游泳池的扶手部分凸起，将其表面设计为具有防滑作用的凹凸条纹状。因这种溢流槽最初被用于苏黎世一带，故以苏黎世一词命名

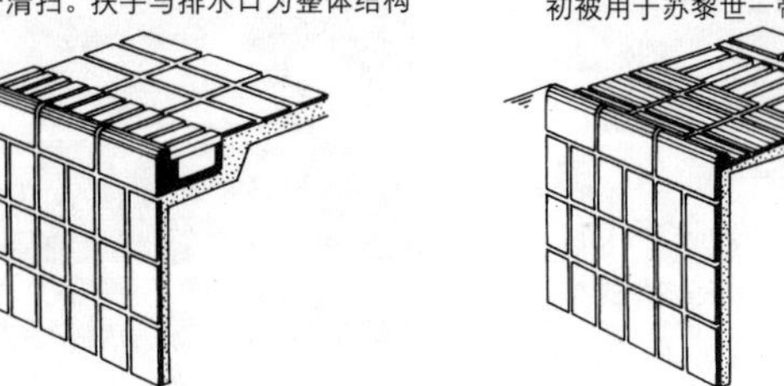

图 30　溢流槽的种类

规划

框架结构规划 1

1. 框架结构在体育设施中的发展过程

一般的体育设施都是不设柱子的大跨度建筑，因此就需要对大跨度建筑中屋顶的技术问题加以研究。到目前为止，技术人员的创造力推动了结构技术与材料的发展，从而实现了许多不同类型的大跨度空间结构。

大跨度的空间结构大致包括以下几种类型：①拱形与壳体屋顶结构；②桁架与空间框架屋顶结构；③张力结构。

①拱形与壳体屋顶结构：这是一种在古罗马万神庙等建筑物中经常看到的结构形式。该结构主要用水泥或混凝土制做而成，例如，1935年由特罗哈设计的马德里体育场就非常有名。

1957~1960年，奈尔维为1960年在罗马举办的奥运会作了一个大体育馆和小体育馆的结构设计。奈尔维在进行设计时，从施工的合理性出发采用了预制构件结构。预制构件拼装的落地穹顶由许多几何图形组成，非常漂亮。由此可以看出当时高超的技术水平。

伊斯勒设计的现浇混凝土壳体屋顶结构的造型是通过逆向吊装施工法实现的。从1972年建造的夏蒙尼体育馆等建筑物中就可以看到其自由奔放造型的设计风格。

②桁架与空间框架屋顶结构：随着钢铁构件的出现，覆盖大空间结构的屋顶造型发生了很大的变化，出现了许多桁架结构的屋顶。之后又因电子计算机技术的飞速发展与工业化施工方法的推进，框架及穹顶结构的建设也得以实现。其中最具代表性的就是坎德拉于1968年设计的墨西哥奥林匹克体育馆。

③张力结构：随着力学技术的不断发展和薄膜材料、缆索材料的普及，张拉结构的屋顶也越来越多。1970年弗林奥特设计的慕尼黑奥林匹克体育场，就是通过悬索结构展现出了一种全新的造型。1964年，日本的丹下健三与坪井善胜设计的东京代代木国立综合体育馆采用的也是悬索结构。进而在1988年日本东京体育馆（穹顶）采用了大型充气薄膜结构，实现了轻巧柔软的大跨度空间。

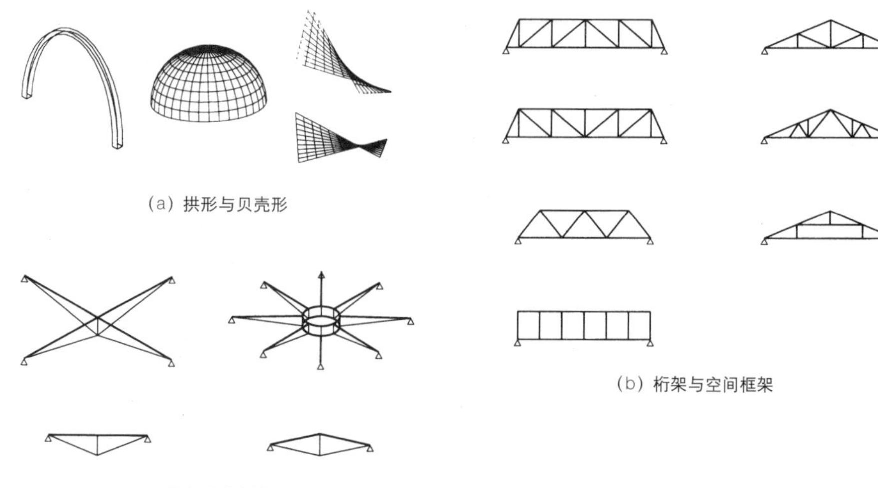
(a) 拱形与贝壳形

(b) 桁架与空间框架

(c) 张力结构

图31 空间结构的结构类型

马德里体育场

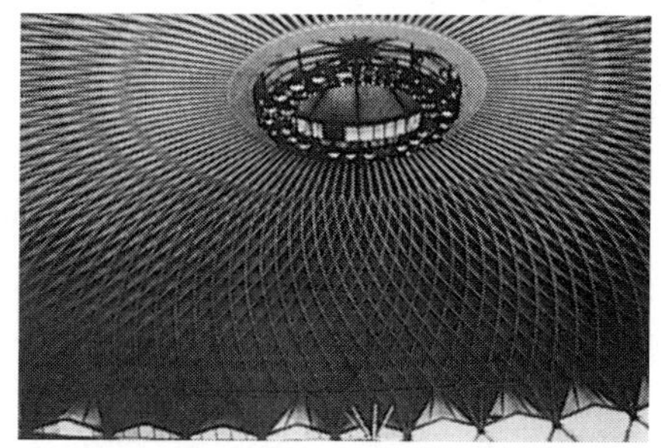
罗马的大体育馆

夏蒙尼体育馆

墨西哥奥林匹克体育馆（穹顶）

慕尼黑奥林匹克体育场

东京代代木国立综合体育馆

图32 空间结构的设计实例

2. 屋顶（顶部）框架的结构计划

(1) 荷载设计体系

在框架结构迅速发展及其安全性、功能性得以发挥的过程中，也包含了材料的强度与加工精度等的误差。其中荷载误差的变化最大，如何合理地设计荷载就成了确保安全的关键因素。

一般情况下，所谓设计多指对造型的规划设计，但对荷载也应当加以设计。

① 自重：一般在体育设施中，最小的跨度也要在20m以上。所以如何减少其本身的自重和装修造成的荷载就成了结构规划中的主要问题，并成为确保建筑物的安全性与经济性的重要因素。

② 积雪带来的荷载：在多雪地区，了解掌握积雪造成的荷载是十分重要的。对于那些纳入规划的区域，应调查了解过去有关降雪的相关数据资料，并配备融雪装置或对可能出现的降雪设计荷载。

③ 地震带来的荷载：一般静态地震荷载的计算公式为基底剪力系数乘以0.2。这是将建筑物重量的0.2倍荷载作为侧向力加以考虑的。

另外在采用大跨度结构的屋顶框架时，应考虑到水平方向的受力情况，并对垂直方向的受力情况进行分析。

④ 风力带来的荷载：采用轻型屋顶虽然可以减轻垂直方向的荷载，但有时却不利于抗风。因此，应根据需要通过风洞试验对风力所造成的荷载进行分析。

⑤ 温度带来的荷载：在大型体育设施中，日温差与年温差将会使框架结构产生很大的热应力。因此，体育设施的屋顶就应采用可防止因温度造成变形的支承方法。如在支承部位增设减少地震力的黏性减震器，安装随温度而变化的滚轴。

表 13　通过屋顶坡度降低积雪荷载（大馆树海体育馆）

30° ～40°	40° ～50°	50° ～60°
0.75	0.5	0.25

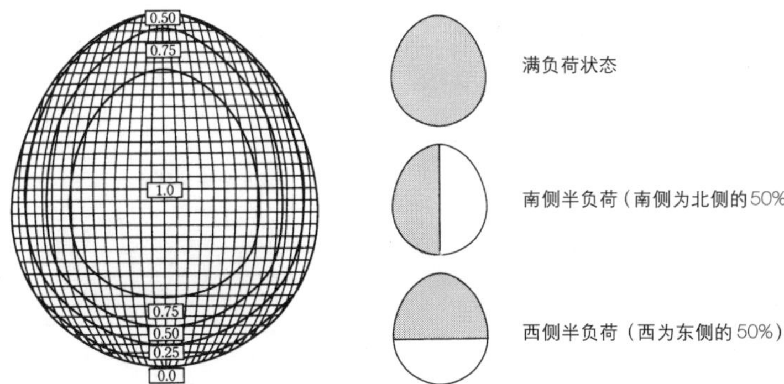

图 33　积雪设计荷载的分布（大馆树海体育馆）

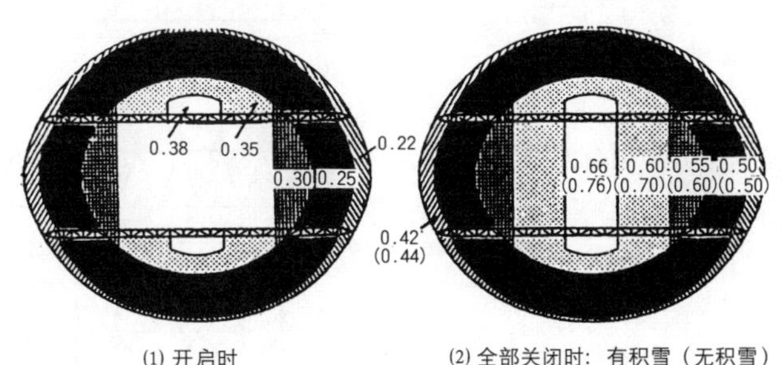

图 34　水平方向的震度（小松体育馆）

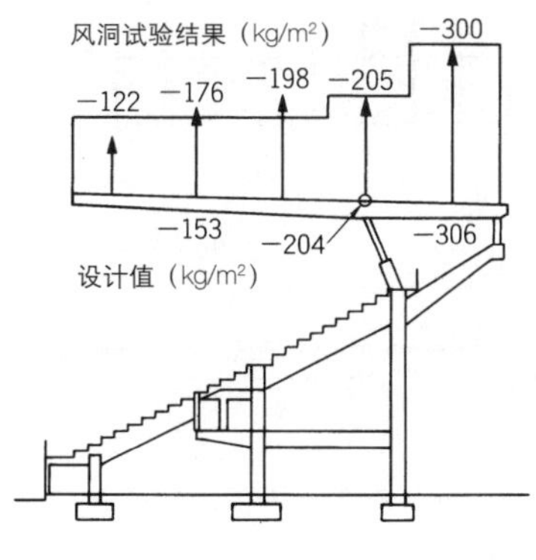

图 35　风洞试验结果（鹿岛足球运动场）

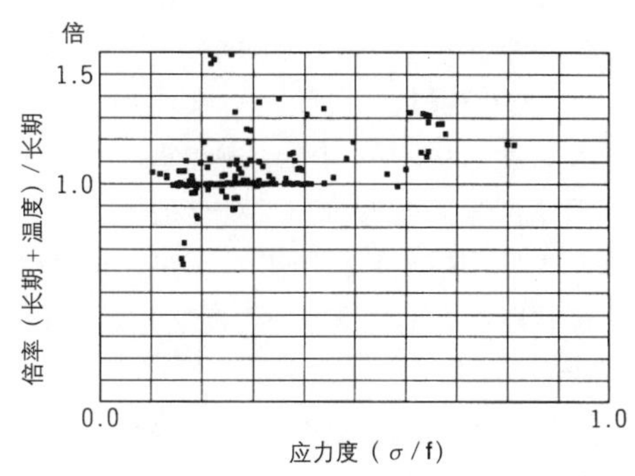

图 37　温度应力的变化（名古屋体育馆）

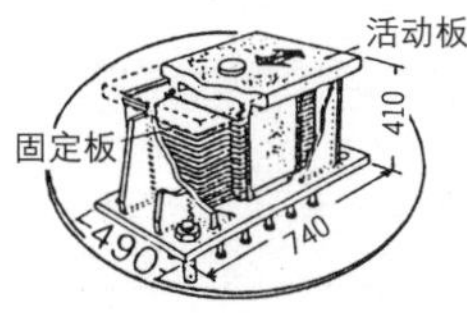

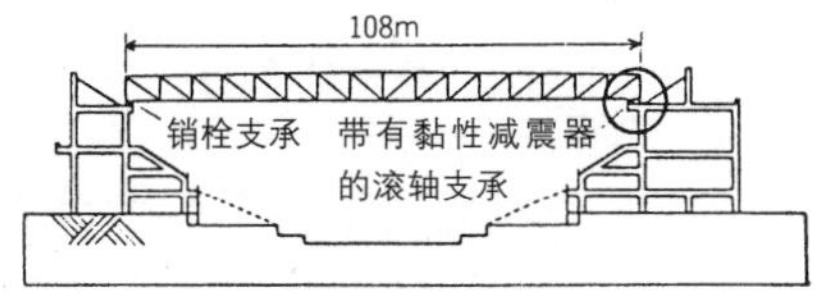

图 36　桁架端部支承例

规划

框架结构规划　2

(2) 屋顶框架

由于功能上的要求，体育设施多采用没有柱子的大跨度结构空间，而各体育设施所需的跨度则因比赛项目的不同而异。例如，武术馆为20m、大型体育设施为50m、棒球馆为120m。其跨度的弦高分别为10m、20m和60m。

在结构方面可考虑采用钢筋混凝土结构及钢结构。如果从跨度上考虑的话，那么只要在隔声及防震方面没有特殊要求，一般往往采用钢结构形式。

因此，如果建筑物的跨度为20m，就可以采用单梁形式。当屋顶为钢结构时，梁的高度为跨度的1/20，即跨度为20m时，梁高为1m。除此之外，当为其他情况时，如框架为平面形状时应采用桁架梁，而屋顶等为拱起形状时则应采用拱式或壳体屋顶结构。但是，若采用拱式或壳体屋顶结构，下部结构则应能适应于来自上方的侧向力。

当为多层建筑或综合性建筑时，设施中的上、下层柱子应处于同一垂直线上。当不得不采用大跨度的梁来承托上一层的柱子时，就应当加大梁（桁架）的高度，而且对于梁高以及桁架层的功能与设计性等应在设计上进行适当的调整。

(3) 防止变形

大跨度结构的屋顶与地板在重力作用下产生的变形量应按跨度的1/300～1/500进行设计。所以，平屋顶的预制板应采用向上弯曲（反挠）的形状。

为防止地震引起层间变形，应按建筑物在使用寿命期间遇有1～2次一定程度地震时跨度的1/200，遇到有特大地震时跨度的1/100进行设计。

此外，若风力荷载造成的变形与装饰材料无关，则可将层间变形的角度放宽到1/120。

在考虑框架安全性的同时，还应考虑到装饰材料的变形、设备的功能以及受灾后的修复等问题。

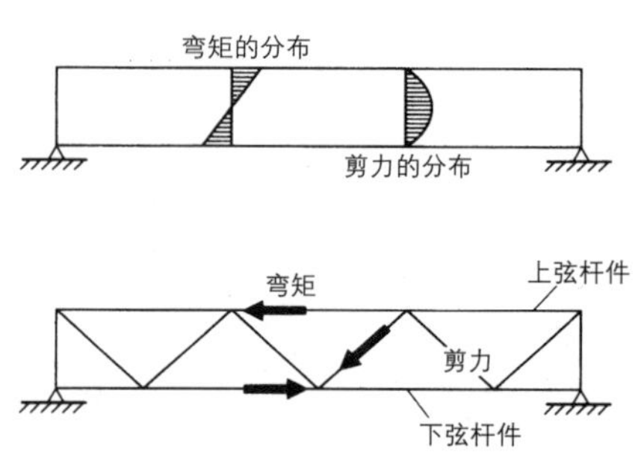

图38　作用于梁的各种力

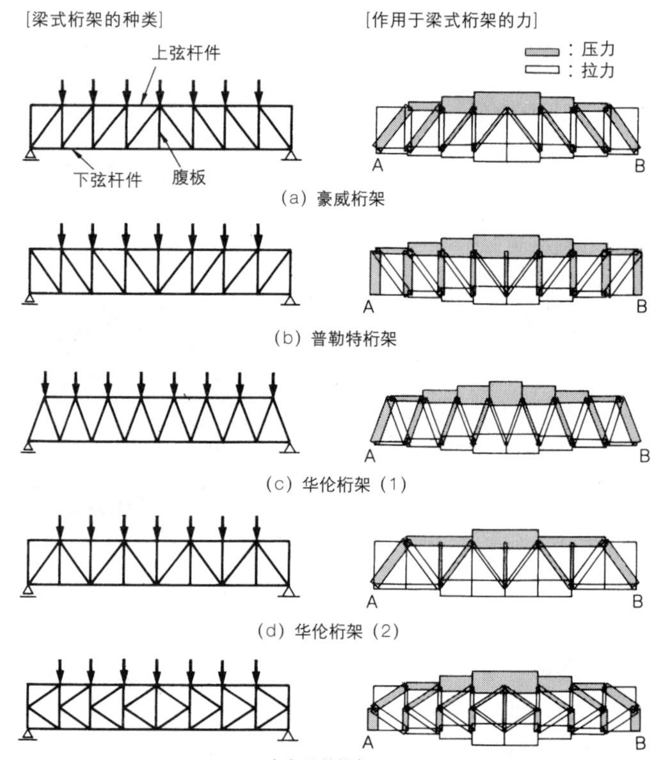

图39　梁桁架的种类与力的传递

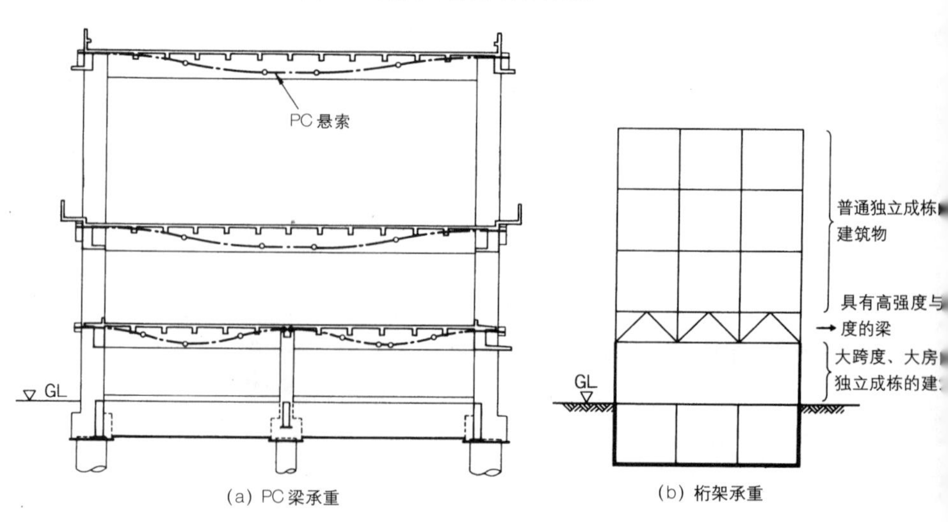

图40　多层体育馆

3. 底部框架结构规划

即使顶部框架采用的是轻质结构，其下面的主体也应是可支承上面框架的坚固的刚体。

在对下部主体进行研究时，非常重要的一个内容就是如何对长期存在的侧向力及悬索的张力、地震时产生的横向力及拉力等进行处理。作为合理的处理方法，有利用压缩环与张力环进行处理，或将基础梁埋入地下等方法。为能有效地利用杆件断面，这些方法并不是通过应力的弯曲，而是尽可能通过轴向力进行处理的。

当支承下部结构的基础结构采用的是扩展基础时，应根据不同种类的地基对其不同的沉降加以研究。特别是当建筑物的平面规模较大或建筑用地内地基特性变化较大时更应加以注意。

4. 采用合理的施工方法，并在施工过程中进行研究

在建造大跨度结构的建筑物时，十分重要的一点就是在设计阶段就应考虑到如何进行施工。所以为使其经济性与安全性能真正得到保证，在设计阶段就需要考虑到与建筑物特点相一致的、合理的框架构筑方法。如上推法、顶升法、移动法及伸缩穹顶法。

此外，当建筑物的屋顶为大跨度穹顶时，因杆件之间的节点复杂，不易制作，所以可以采用铸钢节点等方法，以简化其结合部位的施工。

一般情况下，对框架构筑的分析多放在完成阶段进行。但是当采用的是大跨度结构时，因临时框架的应力与实际完成框架的应力变化很大，所以应对正式施工的方法及施工流程进行分析研究。

另外，观众席的阶梯部分及下面支承阶梯的框架部分往往采用的是相同的杆件，所以可以采用预制件等工业化制作方法。当作业场地较大时，可以在现场加工制作。这对工程的施工及搬运都十分有利。

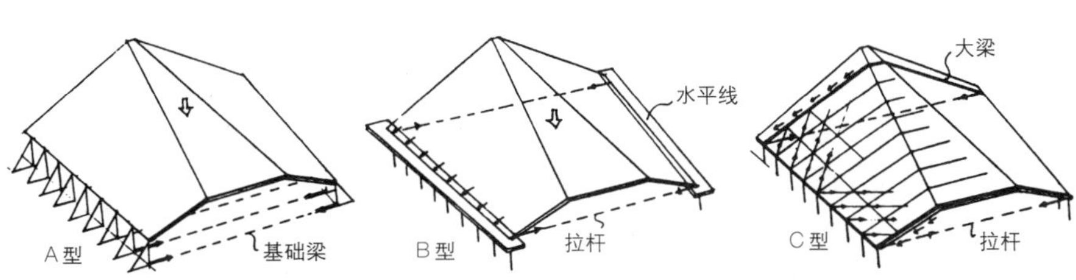

图41 侧向力的处理方向（下关、秋田、茨城体育馆）

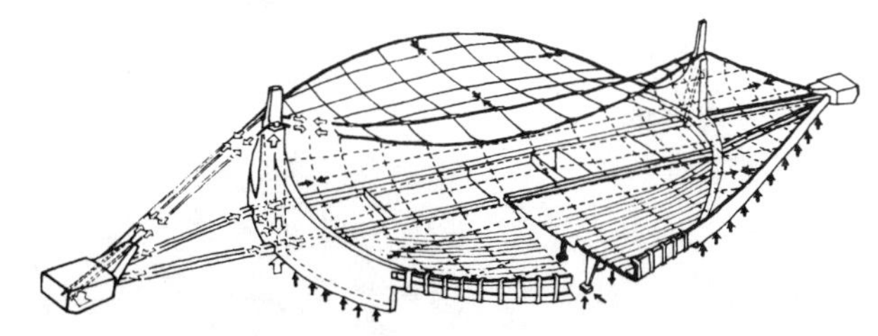

图42 主结构体及力的传递（东京代代木国立综合体育馆）

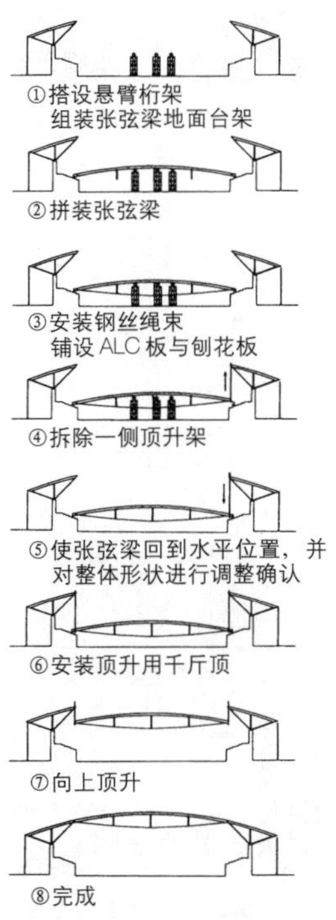

图43 张弦梁顶升法施工步骤（酒田市国体纪念体育馆）

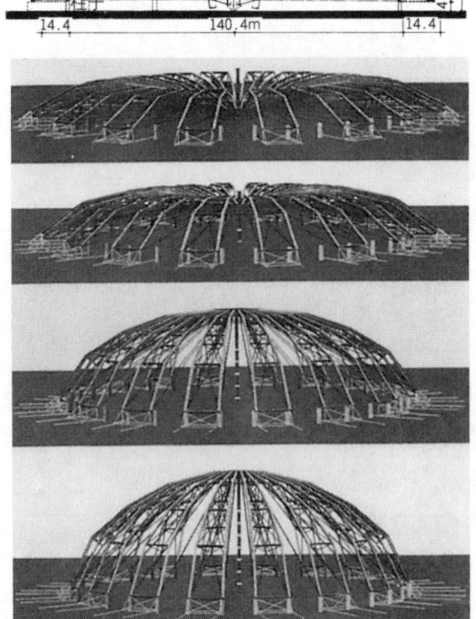

图45 中间部位上推法（出云体育馆）

图44 节点部位的施工（名古屋体育馆）

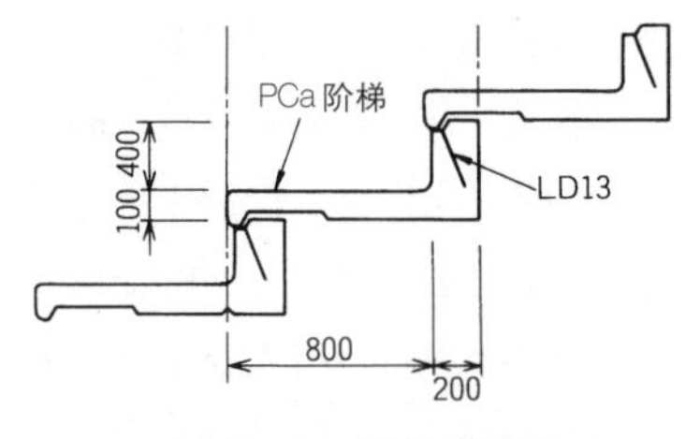

图46 PCa阶梯剖面图

规划

框架结构规划　3

5. 对功能、维修·管理、景观的考虑

在对比赛场进行设计时，为保证观众观看时的舒适性，还应对观众席的振动情况加以考虑。如运动员比赛时对比赛场地造成的振动，以及观众在观看时对观众席造成的振动等。

为了降低维修与管理费用，应在桁架的内部留有用于屋面检查的狭窄的桥形工作通道。这时，若屋顶桁架的高度太低，工作通道便无法使用，所以梁高的设计应能保证检查人员可以在桁架内通过。

在建造大跨度结构的体育设施时，若从采用葱形拱等构筑大跨度结构的角度来看，也可以说是在架设桥梁。在欧洲，在对那些可作为社会资本的桥梁进行设计时，往往是从美观的角度加以考虑的。日本也应从设计入手，对减小压抑感及强风等环境的评估、观众的欢呼声对周围的影响等加以考虑。

6. 确保体育设施的抗震安全性

1995年1月17日清晨，在大阪、神户地区发生了M7.2级的大地震。虽然兵库县南部的体育设施在地震中未遭到严重破坏，但部分体育场馆的大挑檐及立体桁架弦杆都出现变形弯曲，球窝接头出现断裂。

近年来，地震的预测技术以及新型材料的研制得到了很大的发展，用于建筑物的消极与积极的减震技术进步显著。室内滑雪馆的滑雪坡道上也采用了连接式减震器，以提高建筑物的抗震性能。今后随着减震技术的应用，抗震的安全性可以得到更为合理的保证，而且结构设计方面的变化也会越来越多。例如，有人提出利用悬索轴向的预应力来抵御外力的变化，这种方法既经济又有效。

图 47　有高度要求的运动场（都灵）

图 48　拉勒波特室内滑雪馆（穹顶）

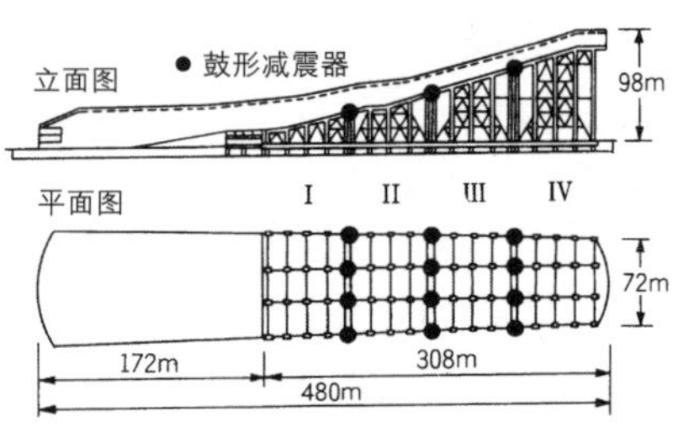

图 49　建筑物形状与减震器的设置

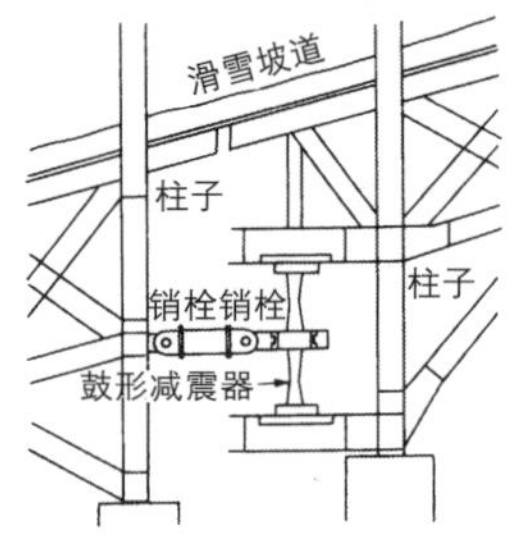

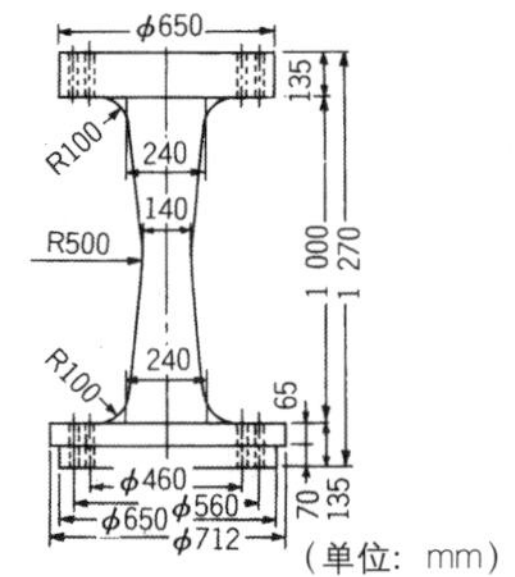

图 50　减震器的形状与安装图

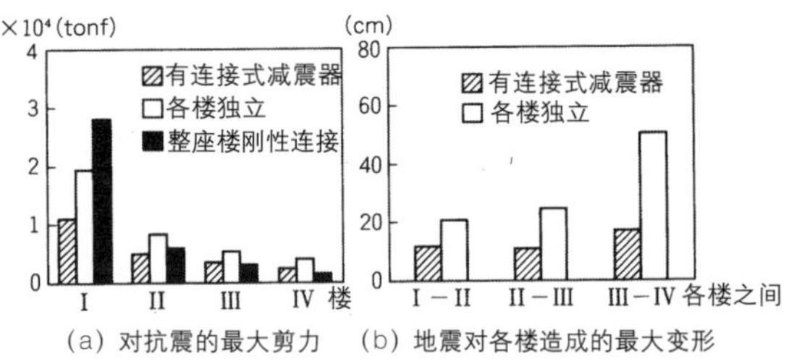

图 51　最大抗震值的比较

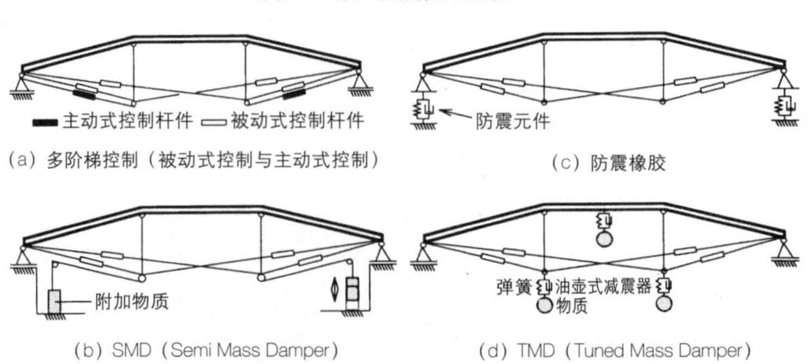

图 52　张弦梁与减震示意图

7. 体育设施框架在近期内的变化

近年来，随着结构材料及力学解析方法的不断发展，不仅在结构方面发生了很大的变化，而且在设计方面也有了快速发展。

主要表现在以下几个方面。

①单层格构式结构与缆索格状结构的穹顶

由于采用单层格构式结构可以很方便地完成钢结构框架的搭建，而且在杆件材料及节点的数量上也比多层格构式结构大大减少，所以采用这种结构有利于施工的进行。

世界上最大的单层格构式结构建筑——名古屋体育馆穹顶的钢结构用量约为7 900t，缆索格状部分由边长10m的正三角形组成。

另外，瑞士室内游泳馆的穹顶就是由格状四边形组成的。四边形的对角用缆索固定，各缆索呈平行状。为防止出现变形，节点处用螺栓固定。可以说缆索网架是单层格构结构的一大变化，这种结构可以实现通透性极佳的框架。

②与设计融为一体的葱形拱结构

在准备将屋顶覆盖在大跨度结构的建筑物上时，就面临着一个将荷载分散还是集中的问题。当用将荷载分散的平行框架支承时，所用的杆件多且细，结果往往会出现纵向弯曲及变形等问题。因此，就应当使用加固件。另外，当使荷载集中支承时，所需要的就是大的断面，其他的杆件就要小，若大断面组成的屋顶合理就非常经济。

我们将这种使应力集中在一处或两处进行支承的框架称之为葱形拱结构，它往往是由立体桁架拱等组成的。因此，如何才能表现出结构中葱形拱在创作上的独特性，是区别一个设计作品优劣的标准之一。

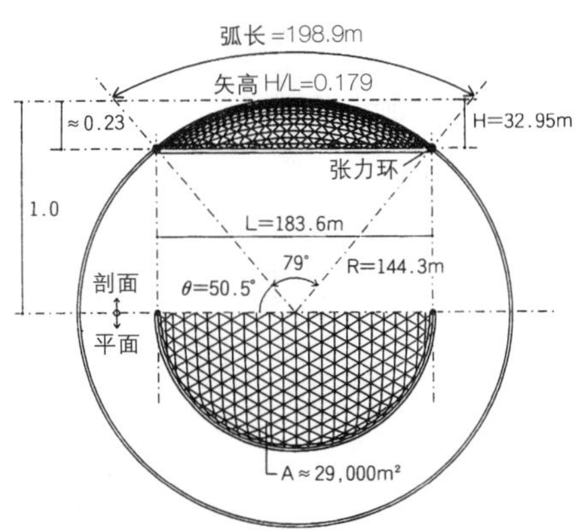

图53 名古屋体育馆框架图

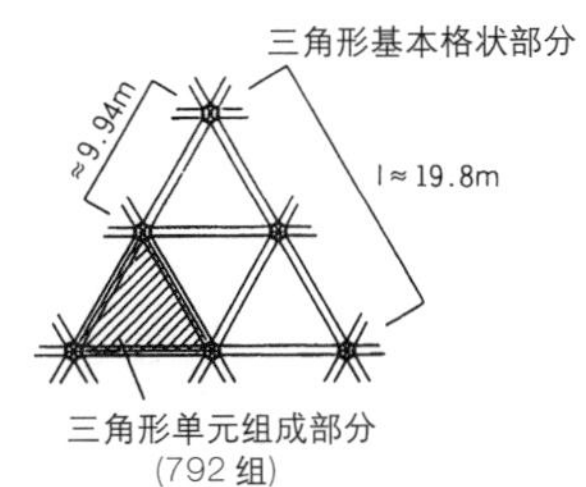

图54 名古屋体育馆穹顶的单元组成部分

图55 缆索格状结构的穹顶（内卡斯拉姆温水游泳馆）

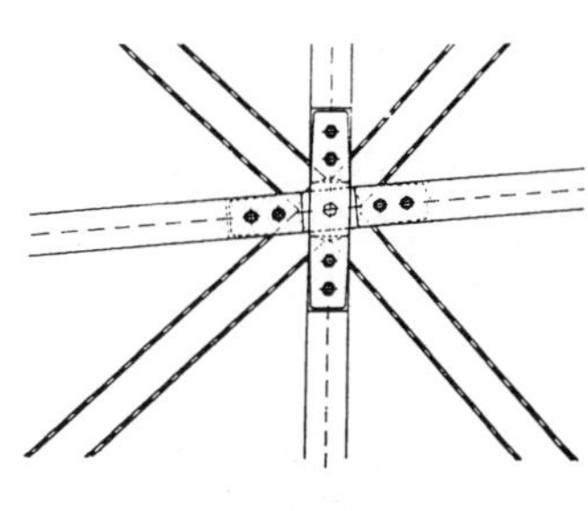

图56 格状骨架与缆索加固

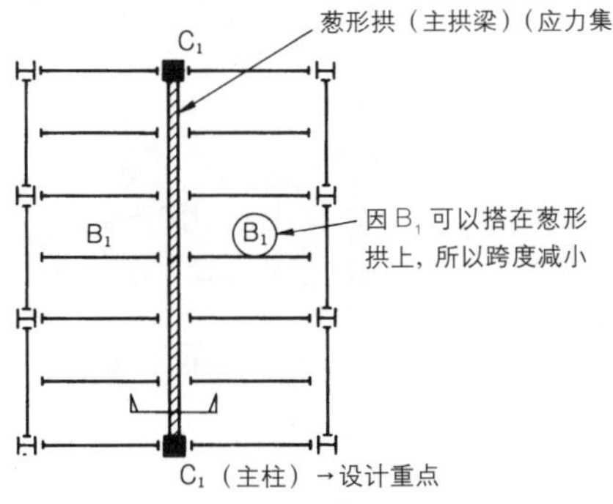

图57 葱形拱结构示意图

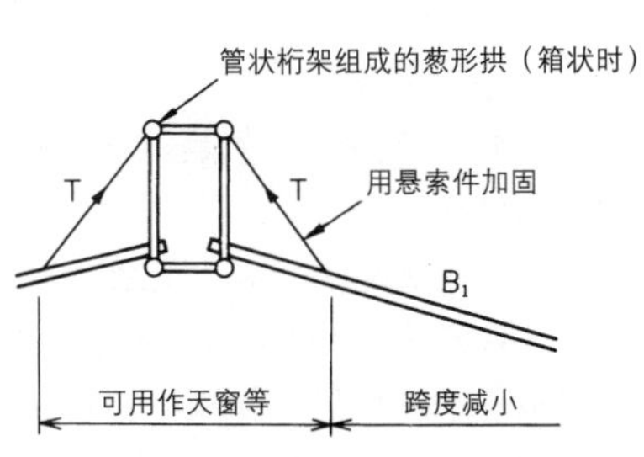

图58 葱形拱详图

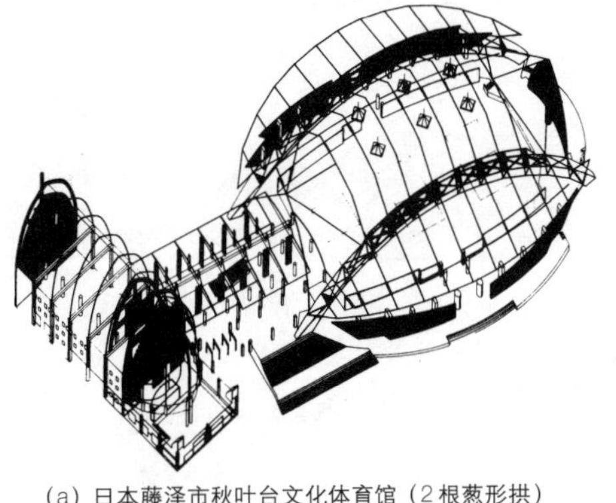

(a) 日本藤泽市秋叶台文化体育馆（2根葱形拱）

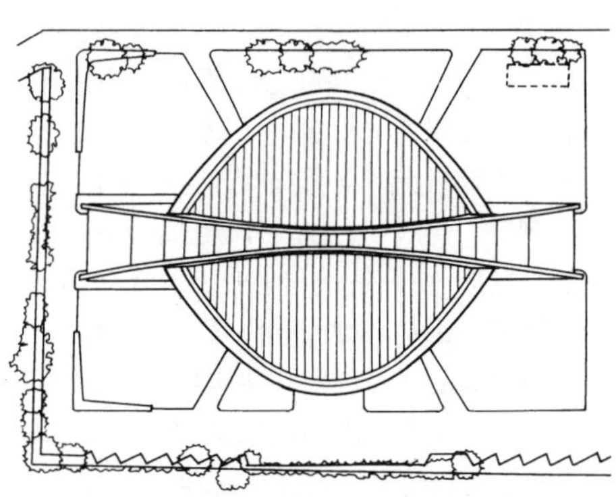

(b) 日本岩手县营体育馆（1根葱形拱）

图59 设计实例

框架结构规划　4

③足球场观众席屋顶及其发展

足球场因球场上的草坪生长不能架设屋顶，所以就在观众席的上方建造了可防风雨的悬挑式屋顶。日本的鹿岛足球运动场是一个可容纳1.5万人的专用比赛场，因赛场与观众席之间未设跑道，所以在观看足球比赛时就有一种身临其境的感觉。由于18m宽悬挂式屋顶的钢结构梁采用薄膜围护，因此这种屋顶的建造简单。但应对如何防止被风刮起等问题进行认真慎重的研究。

悬挂式屋顶的宽度在20m左右时比较经济，当在40m以上时建造起来就比较困难了。所以为能建成可容纳像举行世界杯决赛或半决赛那种规模在5万人以上观众席的悬挂式屋顶，欧洲等一些国家就出现了称之为复合张力结构（翼形屋顶结构）的环形缆索结构的屋顶。例如，1990年在罗马与都灵举办世界杯足球赛时所用的足球场，以及1992年世界田径赛所用的戴姆勒体育场采用的就是这种结构（参见第49页）。

这些体育场的屋顶面积都在40 000m²以上，而且悬臂的宽度也都超过了40m，造型轻盈明快，犹如鸟儿在空中飞翔。

④将木结构与钢结构有机结合的混合型结构

由于对装配件、粘接方法以及钢结构连接方法的不断开发，木结构也可以被用于大跨度结构建筑。日本的长野速滑场、大馆树海体育馆和白龙体育馆就是一个融于自然且具有温馨之感的大跨度结构建筑。木结构的特点是自重轻，抗拉强度大。例如，侧柏的重量与强度比都超过了钢结构。但是由于材料上的各异向性，它的剪切和侧向力均较弱，加上干燥后容易开裂及变形，由此造成其承载力下降，材料性能不稳定。除此之外，还会发生蠕变等时效变化。所以在决定使用该材料之前，应进行材料试验。此外，还应在根据试验结果决定容许应力的同时，认真对待木节疤及含水率等问题。

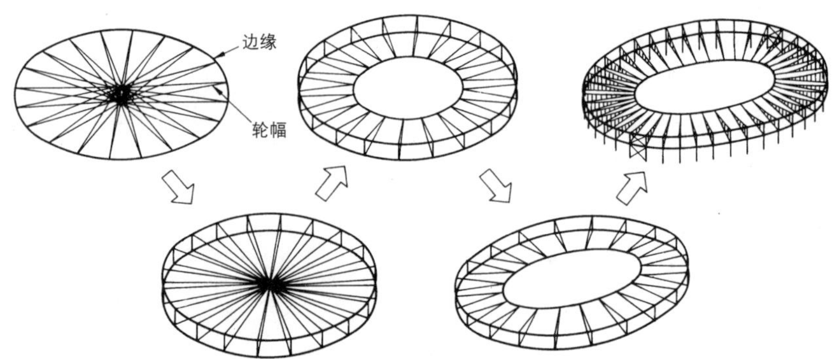

图60　复合张力结构的产生过程

表14　对3个大型体育场复合张力结构的比较（杆件名称请参见图61）

体育场名称	框架形状	屋顶面积 长	屋顶面积 宽	环形桁架 a)雪花图案缆索 b)窗格图案缆索 c)悬索	受压环	张力环
罗马足球场		42 000m² 308m	220m	a) ϕ 64～87 b) ϕ 47～74 c) ϕ 19	上弦　ϕ 1400 × 60～70 下弦　ϕ 1000 × 16～18	12 × ϕ 87
都灵足球场		30 000m² 300m	220m	中间连杆 12 × ϕ 66	锚件 壁架 4 × ϕ 80	6 × ϕ 85
戴姆勒体育场		34 000m² 280m	220m	a) ϕ 71～89 b) ϕ 74～81 c) ϕ 22	上弦　1200□ 下弦　900□	8 × ϕ 79

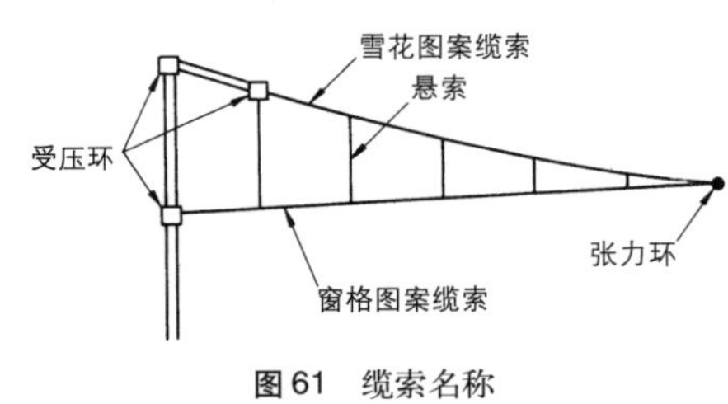

图61　缆索名称

图63　木结构与钢结构节点详图（小国町体育馆）

罩层橡胶：氯丁胶 t=3
790
10
230
薄膜：A型膜GT-600
5.181°
悬索 ϕ 34
集成材料的拱梁
220 × 1300～1800

(a)白龙体育馆

(b)秋田蓝天体育馆

图62　混合型结构节点详图

目前，日本大跨度木结构多采用与钢结构共同使用或将钢材用于防止纵向弯曲加固件的混合型结构。因齿接造成的刚性降低及木材承压应力强度的加大，所以结合部往往采用钢结构，为能“物尽其用”，故采用将木结构与钢结构结合的混合型结构。

⑤张弦梁屋顶

张弦梁是通过由H型钢或钢管组成的受压上弦梁，牵拉部分配以缆索或杆件等张力构件，而将屋顶轻松架设起来的。张弦梁的垂度（内距）与跨度比为1/10时较为合理。近年来，虽然也有将上弦梁设计成反曲翘式或将张弦梁设计成交叉式的，但缆索端部连接件及抗压构件的节点详图对整个建筑物的影响较大。所以如何使节点与整个框架相协调是十分重要的。

⑥牵拉式构架（构架＋张力）

在张弦梁形状的发展演变过程中，细长的柱、梁框架也是通过用缆索加固柱子的方法才得以实现的。加固柱子的牵拉件为立体配置，这样在地震时也可以有效地作用于房间的纵向。另外，对风在刮起时所产生的掀动力也具有一定的控制作用。由于屋顶在施工时采用的是自锚式张弦梁，所以适于用顶升施工法和滑动施工法进行施工。

书中列举的主构架为细长状，因缆索与节点部分容易引起人们的关注，所以应当对节点部分进行认真的考虑。

目前，虽然这种牵拉式构架已被用于宫城县岩出山体育馆及东叶高速铁路坪井火车站等建筑，但还可以考虑采用更具变化的平行配置、旋转及多层配置等各种方式，并希望刚性框架轻型化等方法能在设计规划中得以突破。

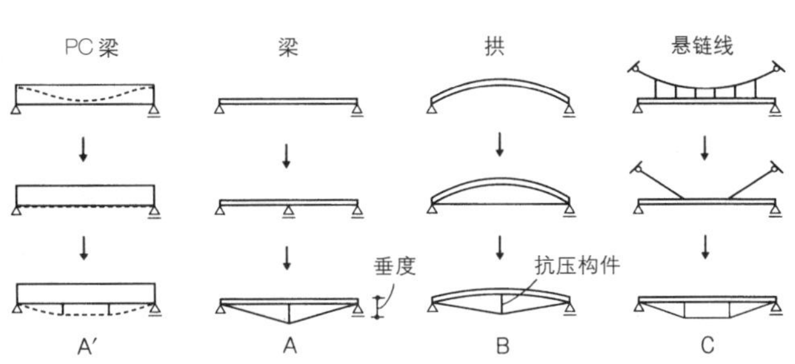

图64 张弦梁的发展过程

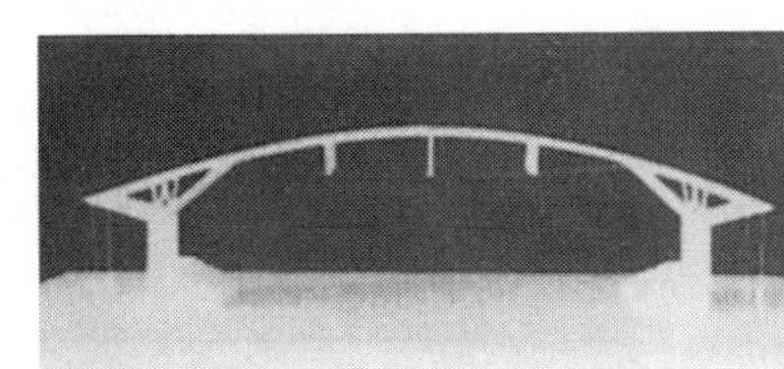

图65 张弦梁模型

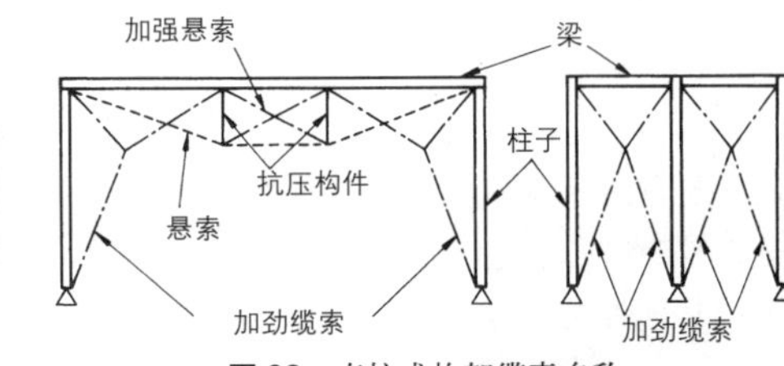

图66 牵拉式构架缆索名称

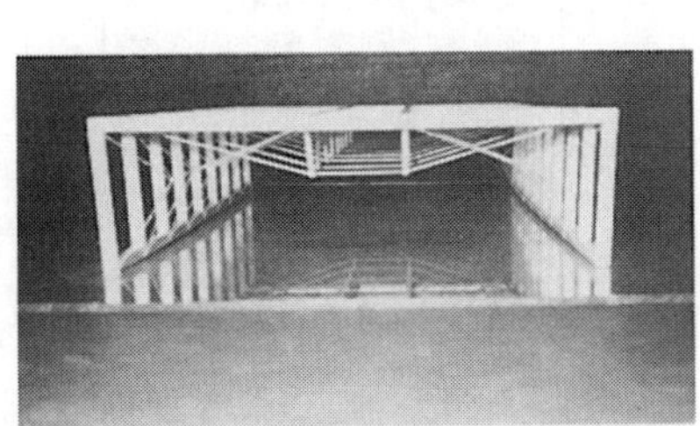

图67 牵拉式构架概念模型

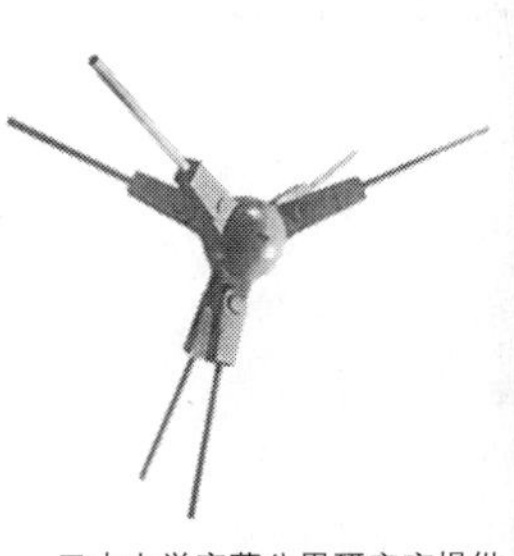

日本大学斋藤公男研究室提供

图68 缆索端部连接件（岩出山町立中学体育馆）

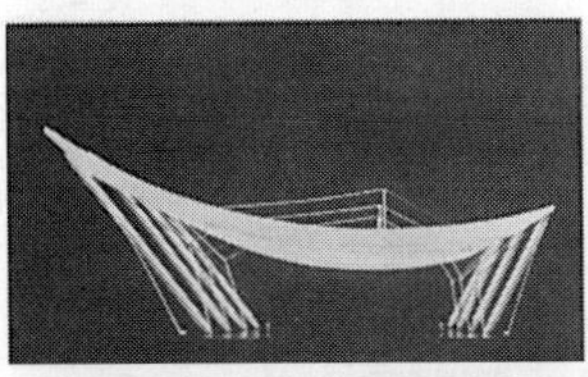

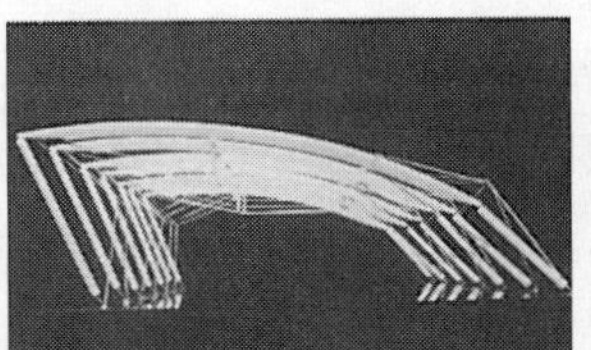

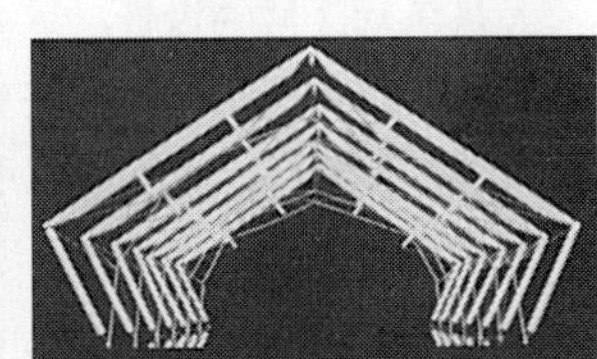

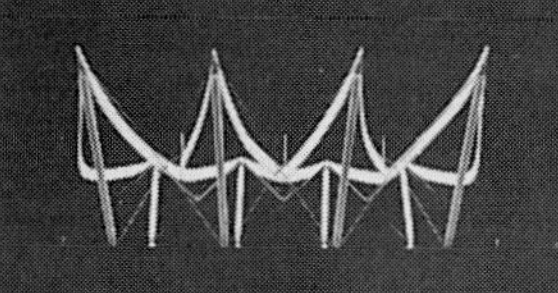

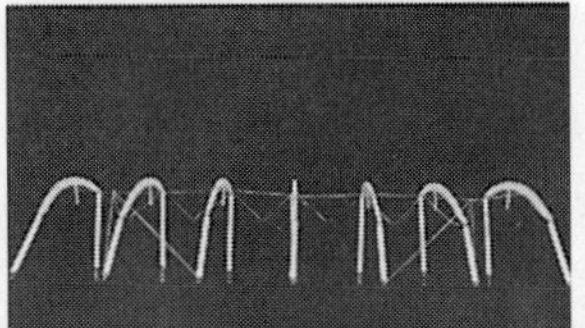

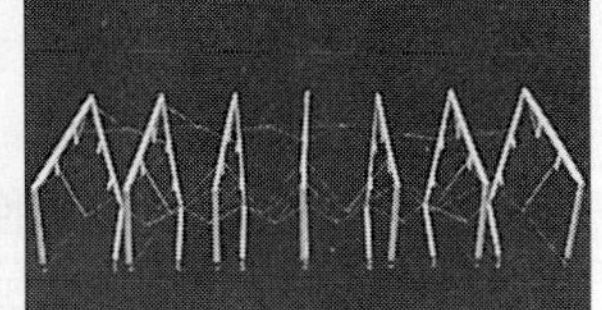

(a)平行配置模型

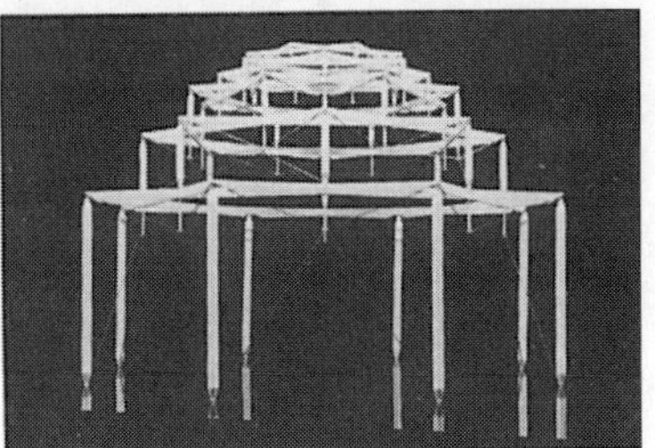

(b)多层配置模型

图69 牵拉式构架的变化

规划

设备·环境规划　1

1. 掌握设施的条件

由于各设施的特点及功能上的不同，体育设施的设备与环境规划将会受到很大的影响。这些设施具有许多不同的条件，如：

· 是否是全天候设施
· 是否是大跨度建筑
· 屋顶结构(结构的方式、屋顶的材料)
· 是否可供不特定多数人使用(安全性)
· 是否是多用途设施（可举办各种比赛及庆典活动）
· 比赛项目
· 是否配有游泳池等设施及规模大小
· 是否具有特殊用途（滑冰场、滑雪场、其他综合用途）

2. 掌握设备与环境规划的基本条件

设备与环境规划的基本条件可以列举如下。即室内环境的舒适性与卫生条件、维护与管理，以及节能等条件。

· 为参赛者、观众服务的环境条件（温湿度、通风设备的风速、照度、音响特点、图像信号与信息提供等设施的技术标准）。
· 人员活动区域的设计。
· 系统的有效使用与维修保养。
· 间歇性使用（比赛期间使用）及负荷变动的应对措施。
· 减轻环境保护与城市设备的负担。
· 便于使用。
· 卫生条件好。

3. 与建筑规划的协调性

在与设备、环境有关的项目中，有些内容在建筑规划的初期阶段就应考虑进去。例如：

· 通风换气·照明计划与屋顶的形状。
· 自然条件的利用与外墙设计。
· 空调计划与机房、设备主机的设置计划。
· 建筑音响的性能与避光、隔声计划。
· 观众人数与厕所的配置计划。

掌握设施的条件

- 是否是全天候设施
- 是否是大跨度建筑
- 屋顶结构、屋顶规格
- 不特定多数人使用 / 特定相关者
- 是否是多用途的设施
- 比赛项目
- 是否配有游泳池
- 是否具有特殊用途

掌握设备与环境规划的基本条件

- 室内环境的舒适性（照明、供暖、通风换气、音响、图像、信息）
- 卫生条件
- 维修保养与管理（使用方便、间歇性使用及负荷变动采取的应对措施）
- 节能（人员活动区域空调、高效率的系统）
- 环境保护

与建筑规划的协调性

- 通风换气·照明计划与屋顶的形状
- 自然条件的利用与外墙设计
- 空调计划与机房、设备主机配置计划
- 建筑音响的性能与避光、隔声计划
- 观众人数与卫生间配置计划

与环境、设备规划的协调性

- 照明
- 空气
- 风
- 温度
- 供水
- 音响
- 图像
- 信息

图70　设备·环境规划基本流程图

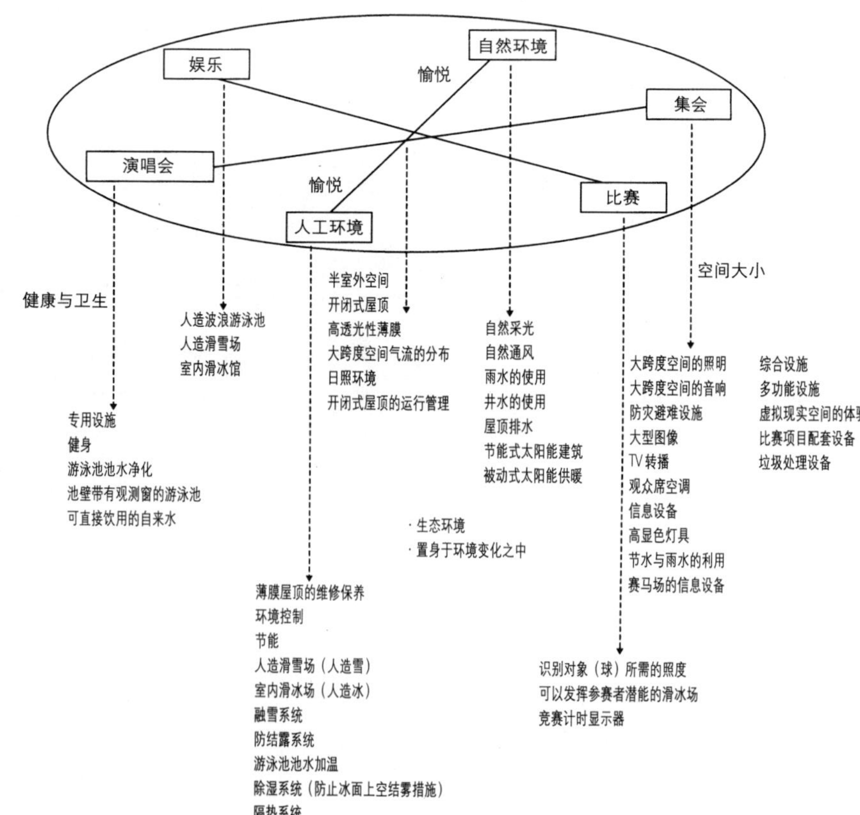

图71　设备·环境相关技术之间的关系（研究）

4. 对从设备、环境角度出发提出的设想进行研究

另外，我们还应对从设备、环境角度出发提出的基本设想进行研究，在对设备、环境出发提出的各种设想进行研究时，应结合建筑规划加以考虑。图71中所列举的各项内容就是从已修建的体育设施中挑选出来的。

5. 室内体育设施的设备规划 *

室内体育设施中与环境相关的设备一直都是按最低标准执行的，但最近人们要求这些设施对于参赛者及观众来说，应当具有与普通居住环境相同的舒适性。

与办公室等普通房间相比，室内体育设施均为顶棚高敞的大跨度空间结构，所以在技术方面就有一些需要研究解决的问题。

(1) 空调计划

在大跨度空间结构的空调配备计划中，亟需解决的一个问题就是如何降低空调的能耗。

在高寒、炎热地区均需要配备空调设备，而且当容纳人员多时空调便会出现最大负荷。在室内环境方面就应考虑如何防止空调在送冷气时产生结露，送暖气时出现顶棚处温度高、地面部分温度低等现象。所以在进行规划时应注意以下几点：

- 对建筑物的隔热、双层玻璃是否采用等进行研究，并设法降低由通风、辐射热所产生的影响及热负荷。
- 只对人员活动区域开放空调。
- 为防止观众席、墙面与地面附近的温度下降，应对观众席供暖设备、壁挂式散热器、地面供暖设备等进行研究。
- 研究室内环境条件、环境的控制方法。
- 为能降低在空调负荷中占有很大比例的室外空气负荷部分，应对总热交换器及室外空气量的控制加以研究。

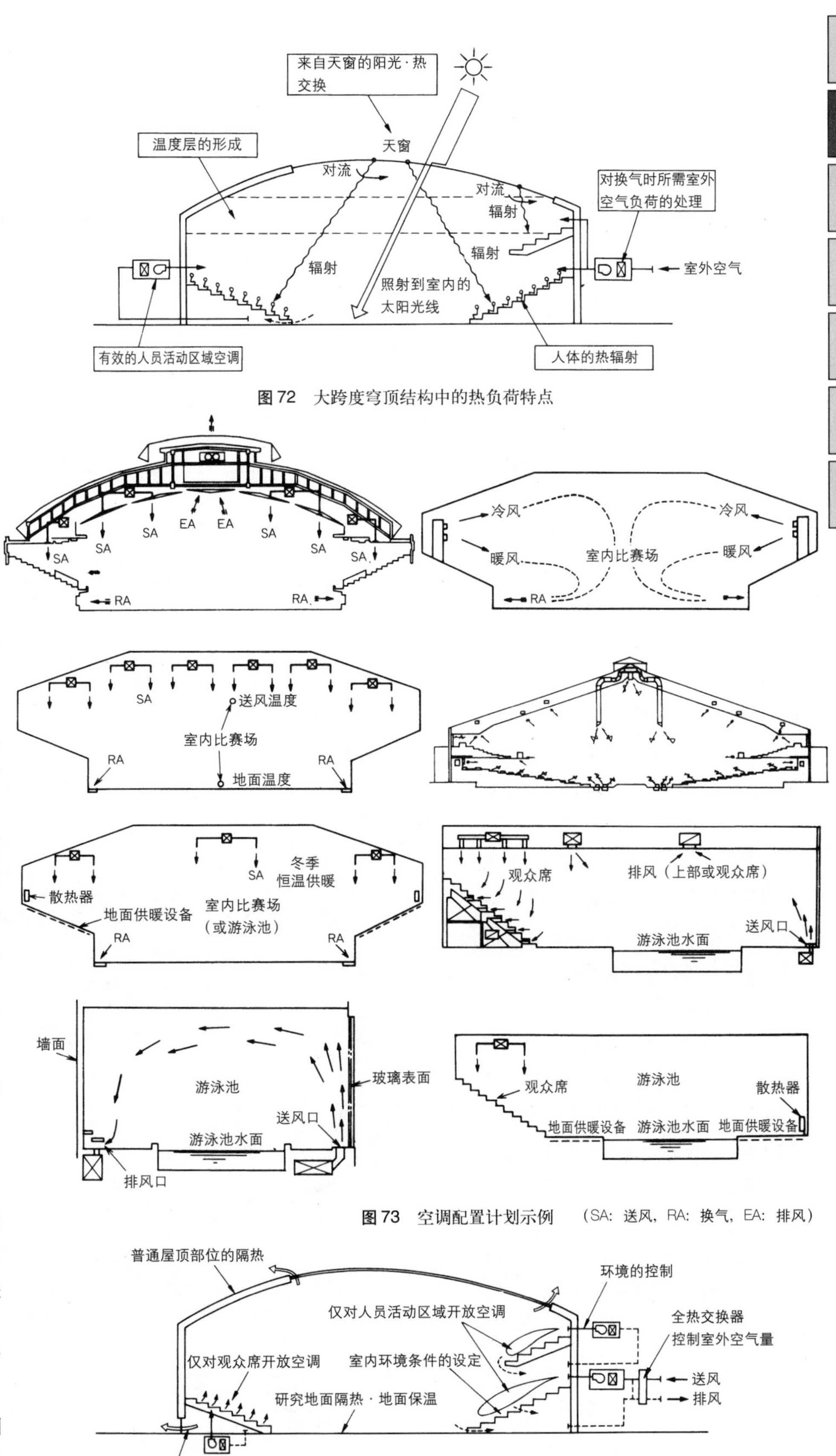

图72　大跨度穹顶结构中的热负荷特点

图73　空调配置计划示例　（SA：送风，RA：换气，EA：排风）

图74　大跨度空间结构的空调配置计划

设备 · 环境规划 2

(2) 照明计划

照明装置应能为参赛者提供一个最适宜的照度，并创造一个可以发挥参赛者水平的理想比赛环境。为此就要求在配备照明装置时必须满足参赛者在比赛时既能看得清对象物，又不会感到光线刺眼等。应按照比赛项目的不同，对水平照度、垂直照度及球场照明设备的配备进行规划，并对安装高度、照明角度等进行认真的研究。另外，当体育设施用于多项比赛或用于除体育比赛外的其他活动时，应制定出与之相适应的照明计划。

最近还看到有的体育场馆通过将灯光打在墙面、顶棚上，来改善空间效果。

因大跨度空间顶棚高敞并需要一定的照度，所以耗电量也大。为能降低耗电量，传统的做法是采用高压钠灯与汞灯的混光照明方式，但近年来采用卤化金属灯等高效能灯具和高显色灯具的设备越来越多。

照明器具是一种为更换灯泡而需频繁维修保养的设备。为此在建筑规划的早期阶段就应对照明器具在建筑中的布线等进行认真的考虑。

(3) 音响计划

室内体育设施除可用于体育比赛外，还可用于其他方面，如可用于集会或音乐会等。从性能上看，大跨度空间在音响效果方面的条件就极为不利。所以为能提高吸声效果，应在墙面和顶棚表面的部位尽可能多地采用一些吸声性能好的材料，并注意平行面及内曲面，避免产生回声等。通过这些措施，就可以减少大跨度空间的余音，并在一定程度上提高声音的清晰度。此外，在考虑了音响设备在建筑方面的音响特点外，还应对扩音器的方式及其配置等进行认真的研究。

表15　照明器具的配置

		分散配置		两侧设置	分散配置与两侧配置并用
照明器具的配置		将反射罩或聚光灯各1个分散安装在顶棚上	以数个反射罩或聚光灯为一组，分散安装在顶棚上	将反射罩呈列状安装在比赛场的两侧	部分采用分散配置，部分采用两侧配置
照明器具配置示例	剖面图				
	平面图				
小型及中型室内运动场		◎	◎	○	○
大型室内运动场		○	◎	○	◎
可进行电视拍摄的室内运动场		○	○	◎	◎

备注：1. ◎：合适。○：可以使用
2. 室内运动场规模大小以下述标准为准
(1)小型：相当于一个篮球场面积的室内运动场
(2)中型：相当于三个篮球场面积的室内运动场
(3)大型：相当于四个以上篮球场面积的室内运动场
3. 摘自日本体育设施协会体育照明分会编写的《体育照明设计手册》

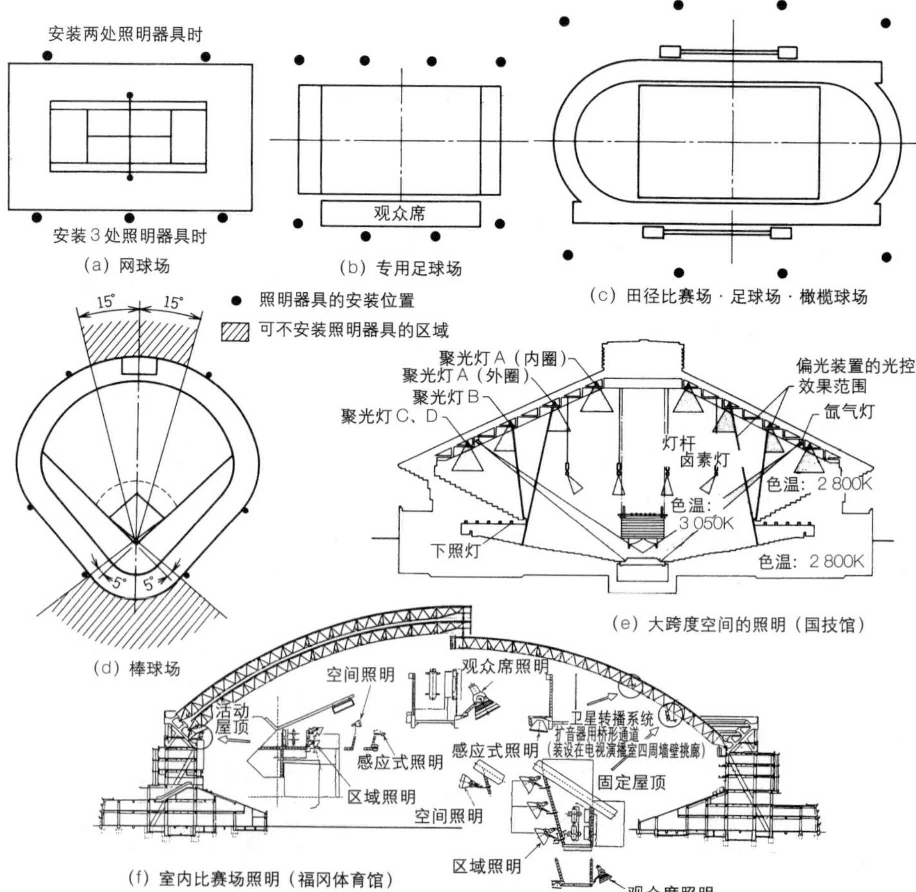

图75　照明器具的配置（摘自《JIS照明标准》，鹿岛出版会出版的《SD》分册《新国技馆记录》）

6. 游泳场馆的设备规划 *

在体育设施中，游泳场馆因体育馆或穹顶式体育设施等的不同而异，许多体育设施对游泳池的标准都有一定的要求。

(1) 附属设施 · 设备 · 水质标准

为能保持环境质量的水平，按照相关条例的规定制定了游泳池设备及水质的标准。如水龙头及便器的数目需按一定的游泳人数配备，并在水质方面规定了pH值、浊度、BOD、氯的残留量、大肠杆菌数量的标准。在游泳后的洗浴设施中，有冲脚池、浴池、淋浴、盥洗池、洗眼设备及饮水器等。

(2) 冷热水供水 · 排水计划

因冷热水的供水量是随设施规模、比赛项目、季节、每周及每日时间段使用人数的不同而变动的，所以应是一个能与该变动相适应的系统。由于供水量较大，因此在进行规划时非常重要的一点就是应当对节水、余热及太阳能等能源的有效再利用进行认真的研究。

(3) 与室内环境有关的问题

在很多室内游泳馆中，游泳馆室温都采用所推荐的30℃。另外，为使杀灭游泳池中细菌的次氯酸钠能够挥发掉，就应每隔1小时通一次风。含氯的湿润空气遇到冰冷物就会出现结露，而且浓缩后便会使金属部分产生早期腐蚀。所以为防止结露的产生，除在建筑物结构及换气方面采取措施外，还应对非使用期的游泳池水面加以遮盖，以防水分的蒸发。在非使用期间，还应对空调换气运转等进行研究。

来自外墙或玻璃的冷空气对那些在游泳池池畔休息的人来说会感到十分不适。为此，在墙壁玻璃处安装散热器、配备向上送热风的设备，或采用地面供暖设备等也是非常有效的措施。

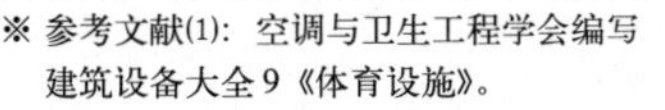

※ 参考文献(1): 空调与卫生工程学会编写 建筑设备大全 9《体育设施》。

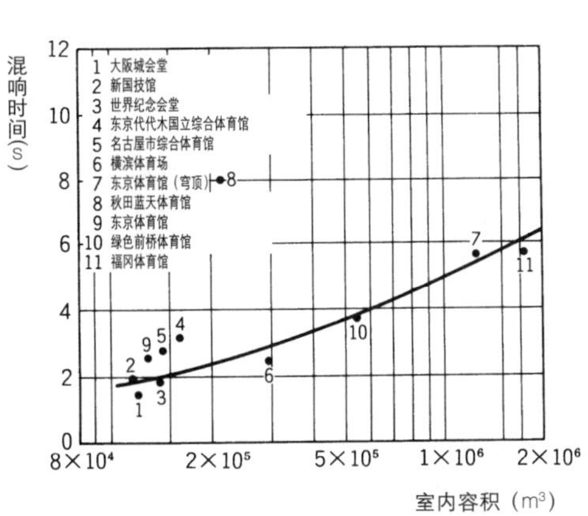

图 76　空场时的混响时间（500Hz）与室内容积

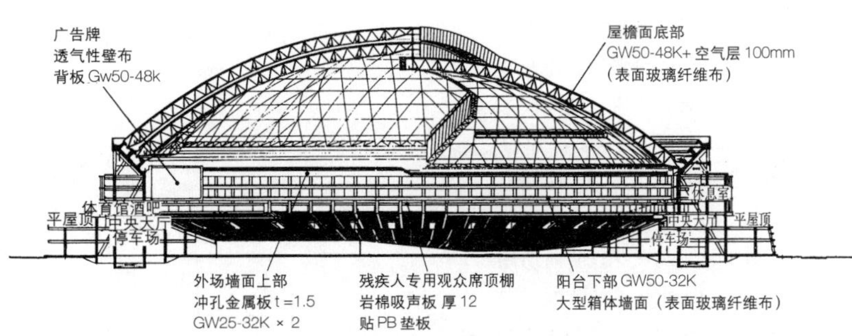

图 77　吸声设计（福冈体育馆）

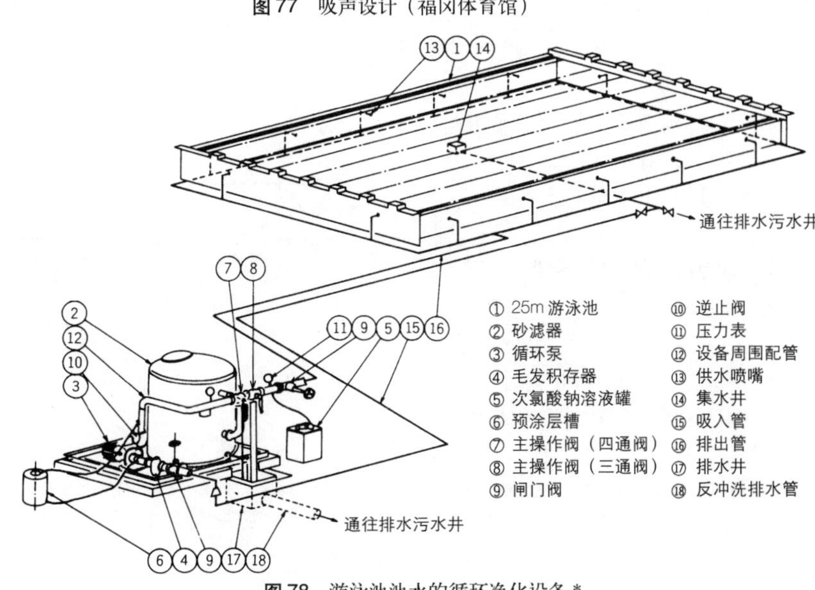

图 78　游泳池池水的循环净化设备 *

表 16　人造波浪装置 *

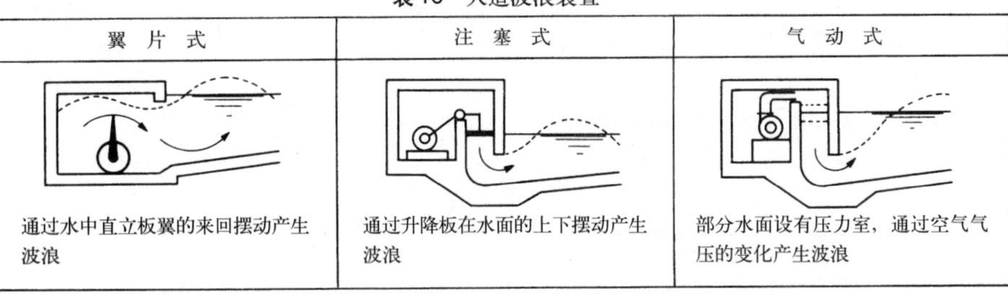

翼片式	注塞式	气动式
通过水中直立板翼的来回摆动产生波浪	通过升降板在水面的上下摆动产生波浪	部分水面设有压力室，通过空气气压的变化产生波浪

规划

节能与环境保护　1

体育设施是一种可供不特定多数人使用的设施，不但需要消耗大量的能源与水资源，而且还需将废热、废水排出建筑物。体育设施除了要大量消耗能源外，对城市基础设施的影响也很大。此外，因体育设施是一种大跨度空间结构的建筑物，需要长期进行维修保养，因此也要对节能与环境保护，控制环境负荷等问题加以考虑。

1．使用寿命的成本与节能计划

应对建筑物从建设、使用、更新，直至拆除的使用寿命期内投入的成本，以及如何降低对地球环境的环境负荷等进行认真的研究。需要研究的主要内容为：①自然能源的利用；②余热、废热的利用及再利用；③高效热源系统；④人员活动区域的空调；⑤利用气流控制环境；⑥节能；⑦混响装置材料；⑧延长使用寿命；⑨降低维修保养费等等。

节能应从减少建筑物在建设阶段所用的建筑材料，在拆除时产生的废弃物，以及减少建筑物在使用期间所消耗的水资源等方面加以考虑。

混响装置材料是指对环境影响很小的再利用材料。

延长使用寿命就是对建筑物的使用寿命进行规划，选用使用寿命长的材料、构件、设备，并制定出设备更新计划。

2．废热的利用与再利用

为将体育场馆这种多负荷型建筑物中的不利因素变为有利因素，应通过余热回收、废热利用、水资源的利用等方式实现节能。项目的选择若符合负荷的特点就能提高效率。

供、排气废热的回收、雨水的贮存与再利用等即使在一栋建筑物中也会收到很大的效果。雨水的再利用就是通过地下井坑将雨水贮存并进行再利用，可以以较小的投资得到较大的回报。

- 供、排气废热的回收（空调机的热交换器）
- 发电及废热供暖系统（以发电机或涡轮机带动发电机发电并利用其废热供暖的热电联供）
- 利用垃圾处理厂余热的温水游泳池
- 温泉热量的多次利用
- 排水的再利用（中水设备）
- 雨水的贮存与再利用

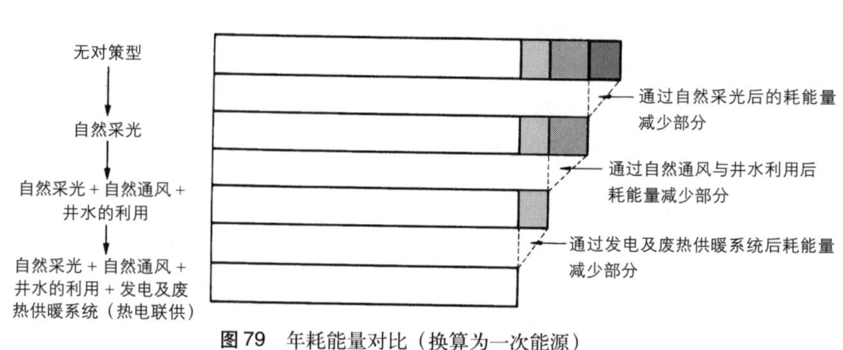

图79　年耗能量对比（换算为一次能源）

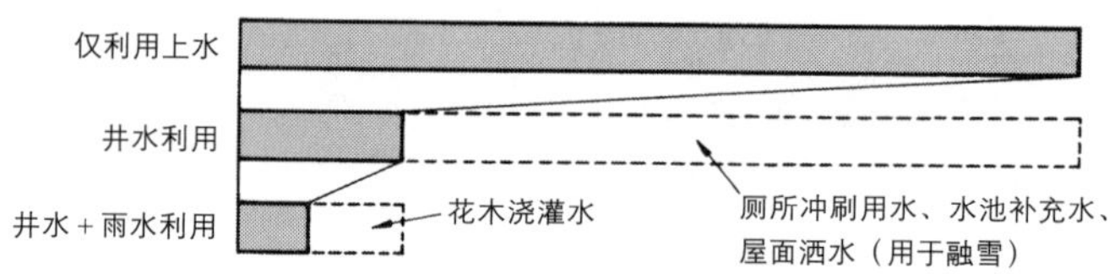

图80　年用水量节水效果预测

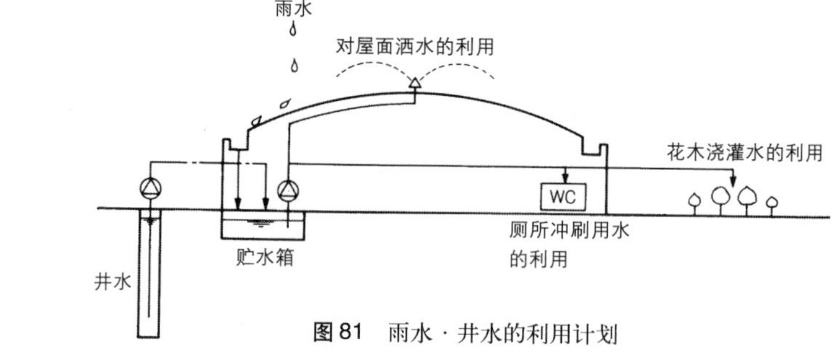

图81　雨水·井水的利用计划

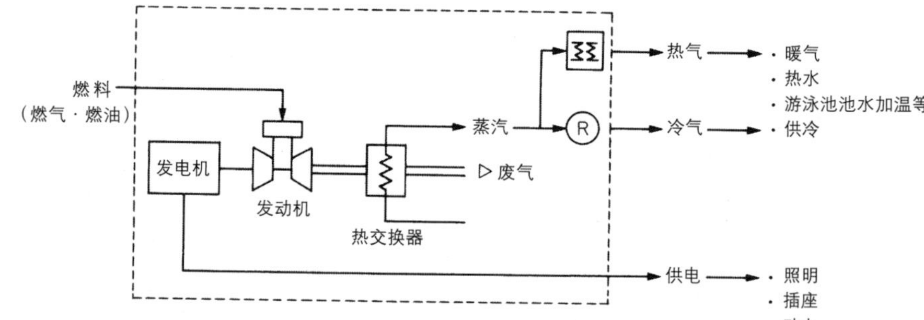

图82　发电及废热供暖系统

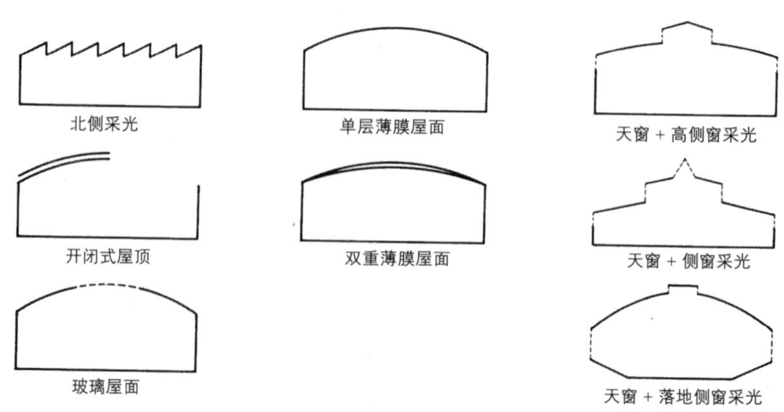

图83　大跨度空间结构的自然采光计划

3. 自然能源的利用

因体育设施是进行体育活动的场所，所以运动员和观众都要求其具有自然采光和自然通风那种自然光感、季节感以及置身户外感等。另一方面，从节能及保护环境的观点来看，由于这种自然能源的利用比较理想，可大大降低照明及空调换气的能耗，因此如何在体育设施中积极地利用自然能源是十分重要的。自然能源的利用主要包括：①自然采光；②自然通风；③太阳能游泳池；④被动式太阳能供暖系统等等。

自然采光就是利用玻璃、聚碳酸酯、薄膜等的透光性进行的采光。应分析研究采光的位置（天窗、顶部侧窗、下部侧窗等）、玻璃及薄膜的透光率等，并通过自然光加以平衡。同时为保证地面的照度和顶棚、墙面的亮度，还应进行认真的规划。另外，还可以通过采用透光性好的玻璃天窗，以及用具有漫射光性质的薄膜作为顶棚材料等方法进行自然采光。由于那些非体育用途的建筑物需要进行遮光处理，因此在初步设计阶段就应对相关的要求加以明确。

自然通风应当掌握夏季及换季时季风的风向情况，一般可沿出现频率高的风向方向在建筑物外墙的合适位置处开设用于自然通风的送、排风口。送、排风口的开口部需具有一定的面积，而且因有维修及使用方面的问题，所以有不少从临时检修口计划到专用电控装置计划方面的例子。因屋面顶部的通风口在没有风的时候可以通过温差进行换气，并可排放蓄集的热气，所以应确保开口的尺寸足够大。

因太阳能游泳池可以使太阳能的热量集中于需要加温的游泳池池水中，并以此为热源加以利用，所以也有将其用于游泳池地面供暖或供冷的。

被动式太阳能供暖系统就是冬季对屋面及南侧的热能、夏季对北侧及地下的凉气加以利用的一种节能方式。此外还有对建筑物主体蓄集的热能、不同方位造成的建筑物某一部位蓄集的热能，以及地面的冷、热量加以利用和再利用的。

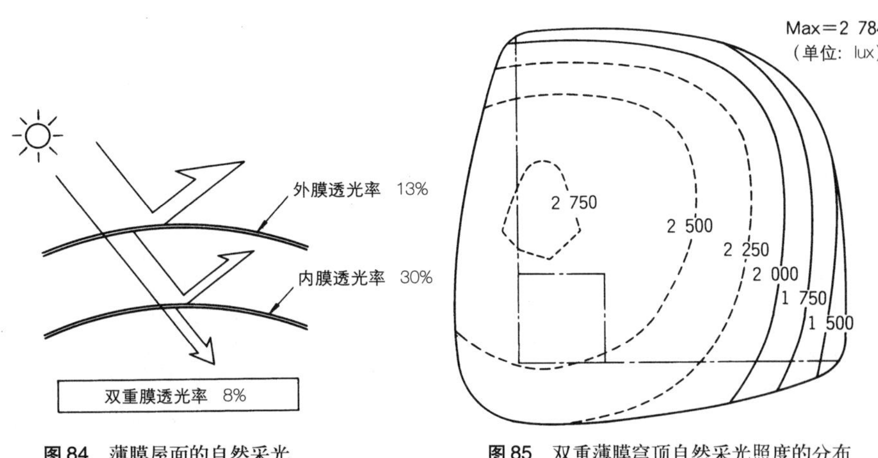

图 84 薄膜屋面的自然采光

图 85 双重薄膜穹顶自然采光照度的分布

图 86 实际中所见到的各种通风口 *1

节能与环境保护　2

4．人员活动区域的空调与利用气流进行的环境控制

应当掌握需要向人员活动区域提供的空调只是体育设施中的一部分，而且只向这些区域开放空调。从节能的角度看，这是一种非常有效的方法。

大跨度空间是一个不设间隔墙的单独的空间，而且顶棚也很高，所以应考虑由何处、以多大的风量、风速、温度和角度进行送风和排风才能有效地为整个人员活动区域提供适宜的温度。对此，有各种各样的方法和提案。如从看台的上方送风、由看台的阶梯处送风、通过看台下面的辐射热供暖，以及从看台底部的缝隙进行排风等等。

环境控制就是为维持大跨度空间中人员活动区域的环境而对环境进行控制与设计。室内温度不一定设为26℃，可设定在28℃左右，通过气流也可以使人产生凉爽感。调节室温的方法很多，除可以通过温度、湿度调节室温外，还可以通过气流、辐射热等来调节室温。

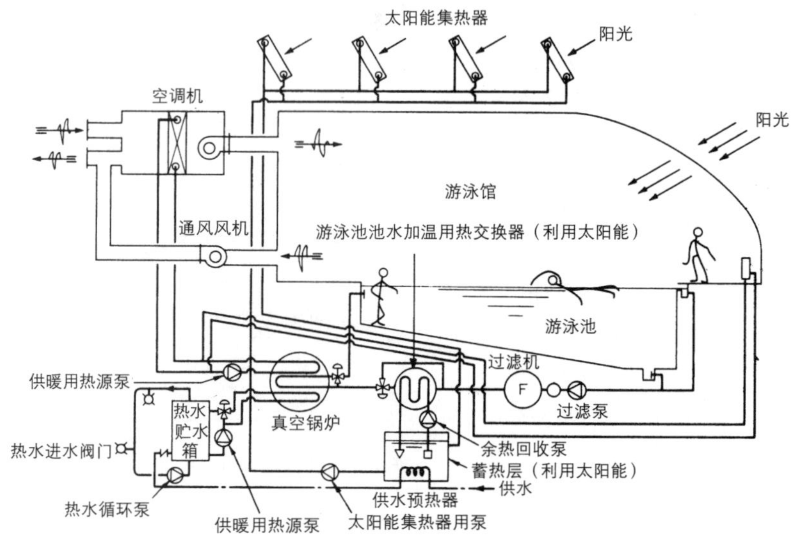

图 87　利用太阳能的温水游泳池[*1]

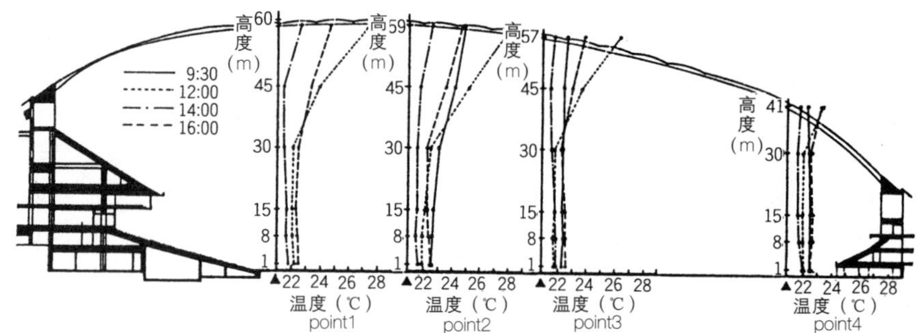

图 88　供冷时垂直温度的分布状况[东京体育馆（穹顶）]

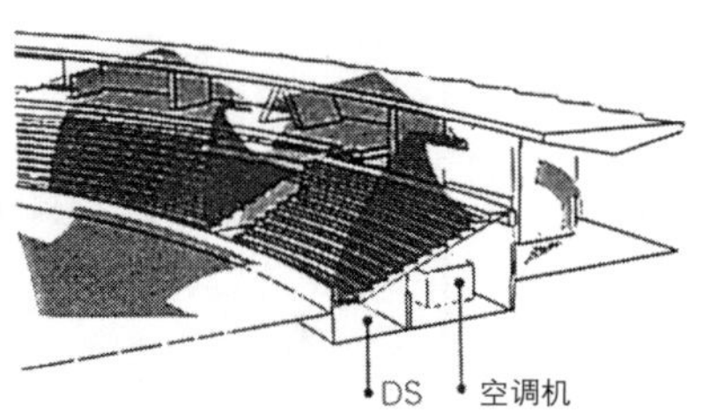

图 89　暖风送风计划（大馆树海体育馆）

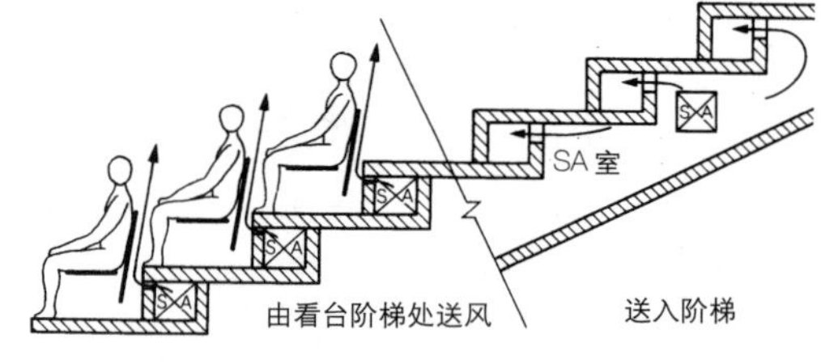

图 91　通过看台阶梯的送风方式（大阪城体育馆）[*2]

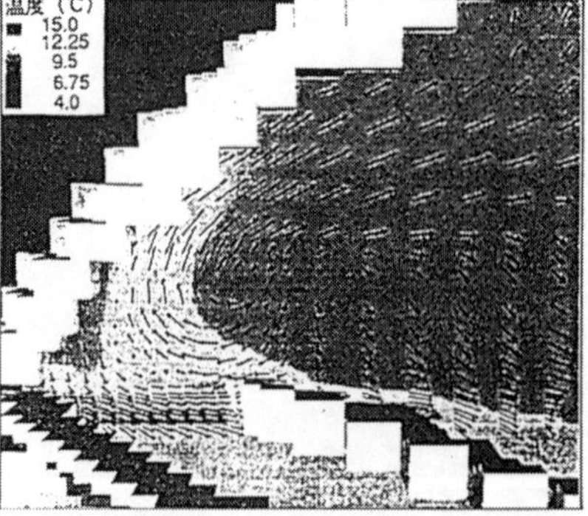

图 90　供暖时的温度分布状况・剖面与气流的方向（大馆树海体育馆）

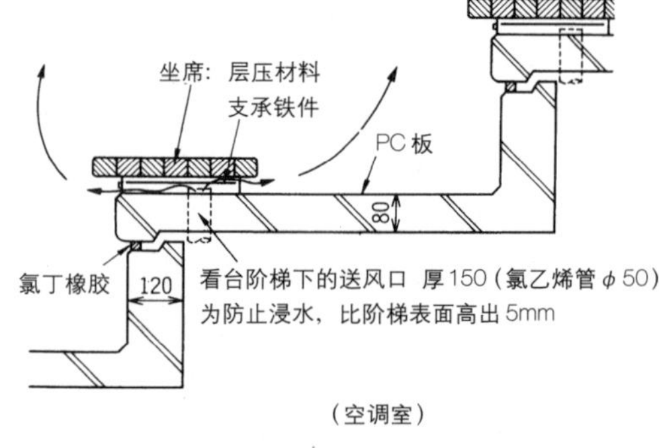

图 92　由看台阶梯处送暖风（大馆树海体育馆）

5．建筑与设备的整合

最后，应对建筑方面的计划与设备、环境方面的计划进行认真的整合，并研究如何实现节能及环境保护。实际上这种整合是非常重要的，建筑、设备的设计人员若不能摆脱自己业务范畴的束缚，就很难进行这种整合。这种整合包括：①过渡区；②隔热设计；③防止漏风；④顶部通风；⑤绿化等。

过渡区就是在大跨度空间中人员集中的观众席附近或室内比赛场中修建一些具有其他用途的房间，通过热过渡带的形成降低室外热气对人体的刺激，是一种使身体能够逐渐适应室外温度的行之有效的方法。另外，也有将过渡区设置在半地下或地下的。

隔热设计是通过对外墙面与屋面进行的隔热处理，以及门窗采用双层玻璃等方法来降低热负荷。另外，为保证设施内的舒适性，还应注意防止冷风刮入。

防止漏风就是冬季将因顶棚较高而从缝隙吹入的大量冷风排向设施的顶部。这也是为防止产生气流的一项计划。为此，应加强建筑物外墙开口部位和顶部开口部位等处的密封性，并研究是否采用旋转门。

顶部通风是指建筑规划中屋顶顶部采用自然通风的通风监测器。

绿化就是为降低屋顶及墙面的热负荷而对建筑物本身进行的绿化。不仅如此，在建筑物南侧栽种花木等也十分有效。

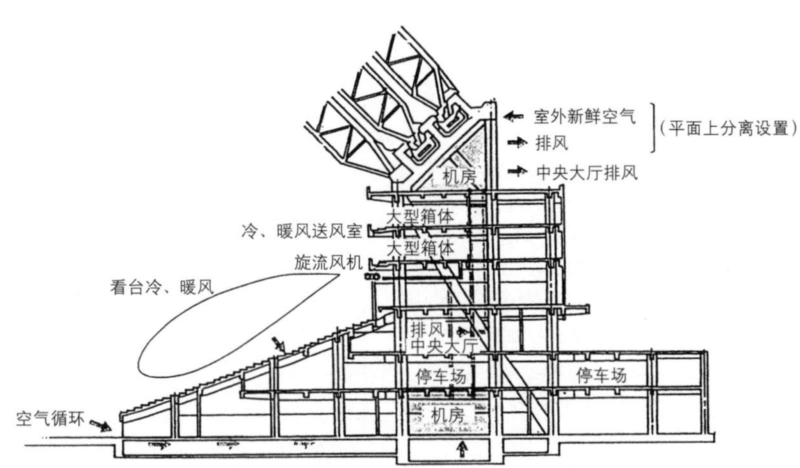

图 93　福冈体育馆采用的空调方式

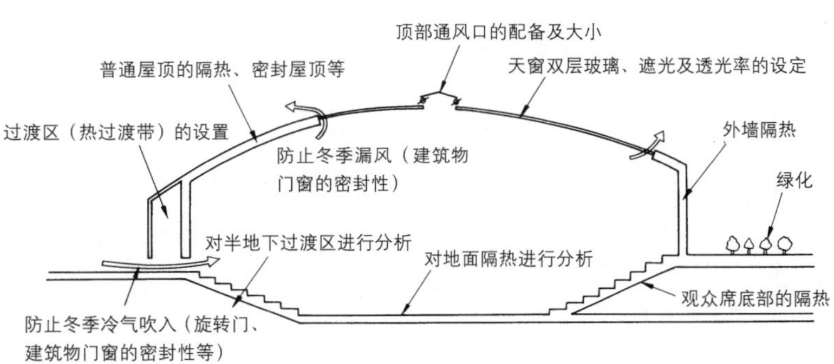

图 94　从节能的角度看到的穹顶式大跨度空间的建筑规划

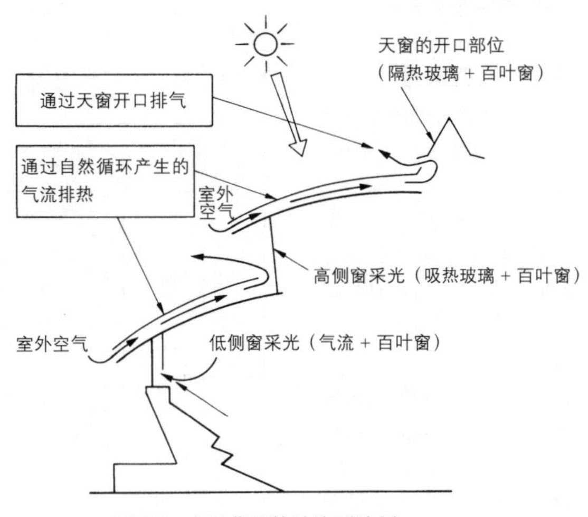

图 95　实现节能的外墙面计划

※1：摘自《空调·卫生工程学会会刊》61卷6号，佐野编写的《游泳馆热源系统》。

※2：摘自1997年7月14日大高在“大阪体育馆”空调·卫生工程学会技术演讲会上的演讲。

规划

大跨度空间的防灾规划　1

1. 大跨度空间防灾规划的特点

一般大跨度空间结构的建筑物往往具有以下特点，所以在制定防灾规划时也应将这些特点考虑进去。

第一，对于大跨度的空间结构，应选用特殊的结构与材料。例如，大跨度空间结构的框架多为外露式框架，不需要进行耐火喷涂处理，所以就需要对热气问题进行认真的研究。而且当屋顶为薄膜结构时，应对薄膜材料的防火安全问题加以考虑。

第二，使用形式多样化。虽然大跨度空间结构的体育设施主要是用于体育比赛，但实际上有时也会用来举办音乐会、集会或展览会。由于使用形式的不同，发生火灾时所出现的情况也有着明显的不同。因此在制定防灾规划时，应考虑到各种不同的使用形式，制定与之相适应的防灾对策。表17就是对大型体育馆进行分析的一个例子。

第三，大跨度建筑的火灾特点。当大跨度结构建筑中出现火灾时，设施内的所有人员都要同时进行避难，所以避难计划的制定就显得格外重要。此外，普通建筑物的火灾报警系统以及用于火灾初起的灭火设备对于大跨度结构建筑中的火灾来说，可以说是杯水车薪，所以应配置专用的灭火系统。相反，因这类建筑物室内空间很大，故也有便于控制烟气的特点。由于烟雾到达人群处也需要有一定的时间，所以即便不排烟，人们也有机会安全撤离现场。这种避难方式被称作蓄烟式避难法，经常被用于大跨度结构建筑的紧急避难。

2. 防灾规划的研究课题

下面，我们对迄今为止大型体育馆防灾规划中的各项内容(表18)进行一下阐述。

(1) 框架耐火计划

首先是火灾对屋顶框架的影响。特别是构件内部热应力的影响，应通过结构计算加以分析（图96）。此外，也有对缺损部分构件的框架安全性进行分析的。

(2) 烟气控制计划

在东京体育馆（穹顶）这类的大跨度结构建筑中，往往采用蓄烟式避难法进行紧急疏散（图97）。但在小型体育设施中，因烟层下降速度快，所以蓄烟式避难法并不是理想的避难方式。

在开闭式穹顶中，由于穹顶开启时需要花费一定的时间，因此应考虑到发生火灾时屋顶的状态，即开启及关闭两种状态。通过三维模型，研究屋顶处于开启状态时室外风对其的影响（图98）。

表17　大跨度空间体育设施的使用形式与危险因素

使用形式的分类			各部位状况			可能起火的部位
			观众席	赛场	中央大厅	
形式1 体育比赛	开馆期间	棒球、足球等球赛、田径比赛、体操等	• 数万名观众 • 领位员	• 运动员与相关人员 • 基本没有可燃物品	• 商店正在营业 • 保安人员	• 中央大厅中的商店起火 • 观众席坐席处起火
		汽车赛等		• 汽车、摩托车等 • 运动员与相关人员	• 商店正在营业 • 保安人员	• 汽车相撞起火
形式2 集会		音乐会、庆典、拳击等	• 数万名观众 • 领位员	• 演出人员、运动员 • 众多观众 • 临时观众席、临时舞台等	• 商店正在营业 • 保安人员	• 临时舞台起火
形式3 展览会		各类产品展、车展等	• 观众进出场路线 • 领位员	• 众多观众 • 大量展品	• 商店正在营业 • 保安人员	• 展品起火
形式1 体育比赛	闭馆期间	活动举办前、后的期间	• 没有观众 • 管理人员 • 清扫人员	• 清扫人员 • 进行训练的运动员 • 观众席坐席搬移人员	• 已锁门（无人） • 清扫 • 保安巡逻	• 观众席上的烟头引燃坐席
形式2 集会				• 工程有关人员 • 演出人员（排练人员等） • 工程用材料等		• 临时舞台起火 • 工程用机器、材料起火
形式3 展览会				• 大量展品 • 临时堆放的设备材料		• 展品起火

表18　大型体育馆防灾计划要素

防灾计划项目	研究目的	研究项目	相关计划要素
框架耐火计划	• 防止火灾造成的损害	• 根据不同的使用形式考虑火灾特点 • 分析屋顶框架的热应力 • 木结构时要设计燃烧余量 • 降低应力，对因火灾造成构件缺损的屋顶框架的安全性进行研究	• 结构计划
烟气控制计划	• 防止烟火蔓延 • 设定避难所需时间	• 研究烟气控制的方式（蓄烟、加压等） • 根据不同的使用形式预测火灾时浓烟的特点 • 根据预测的浓烟特点设定避难所需时间	• 空调与通风计划
	• 室外烟气的影响	• 研究烟火对避难广场及其附近的影响	
避难计划	• 确保紧急疏散的路线合理	• 研究观众席的设置（出入口的设置、观众席的坡度、坐席的前后间距） • 研究根据疏散计算得出的通道与出入口宽度、中央大厅等处的容纳面积 • 附近避难广场计划（容纳疏散人员广场的面积） • 活动坐椅计划（与活动坐椅相符的避难计划） • 避难疏导设备（适于大跨度结构建筑的系统）	• 平时的疏散路线计划 • 观众席便于观看 • 使用形式 • 音响计划 • 照明计划
区域计划	• 通过防火及防烟区域的设置防止烟火蔓延	• 室内比赛场与其他房间之间的区域、商店及厨房等的区域 • 防止展览会上的展品起火蔓延 • 区域中构件的防火性能	• 设施配备计划 • 展品的布置
灭火计划	• 早发现早灭火 • 消防计划	• 对火灾报警及火灾初起灭火系统进行研究 • 消防通道（消防员与消防车） • 消防设备计划	• 设备计划 • 消防指挥中心的设置
内装修计划	• 有间隔墙时的安全措施	• 间隔墙材料（薄膜、板材等）的防火性能 • 有间隔墙时的疏散路线与火灾报警、灭火系统的效果	
	• 内装修材料的防火性能 • 人工草坪等地面材料的防火性能	• 吸声材料等，墙壁与顶棚材料的防火性能	• 音响计划 • 内装修计划
	• 坐席的燃烧特性	• 坐席的材质与燃烧特性（燃烧特性、燃烧速度、是否会产生有毒气体等）	
运营计划	• 使用形式 • 参加庆典活动的预计人数	• 展览会展品的布置 • 活动坐椅计划	• 避难计划 • 消防计划
	• 管理与报警制度	• 火灾报警与火灾灭火体制 • 设置防灾指挥中心 • 开闭式穹顶、充气薄膜结构等的运行管理、对天气的监测等 • 馆内领位员的调配	• 规划计划
其他大跨度空间结构中存在的问题	• 薄膜结构	• 薄膜内气压的管理 • 研究屋顶对室外火灾的防火性能 • 火灾发生时，需对薄膜结构屋顶采取哪些处理措施（是否充气）	• 管理与监控制度
	• 开闭式穹顶	• 研究风对火灾的影响（火灾发生时、平时、穹顶开闭的标准）	

(3) 避难计划

避难计划就是对从观众席到室外的一系列紧急疏散避难路线做出计划。一般情况下，人们在逃生时往往选用来时的路线，所以将入场路线的动线作为紧急疏散路线是非常理想的。由此可见避难计划就是动线计划，对此设计人员应充分加以理解后再进行平面规划。观众席的出入口应布点均匀、位置适中，宽度按承载的人数设定。出入口的设置要分散，数量过少将会增加某处的承载力，十分危险。此外，若仅加宽出入口，不加宽出入口前的横向通道，也无法缩短疏散时间（图99）。

在有关条例中虽然已对通道与出入口的宽度做出相关规定，但实际上疏散的容许时间要根据对烟雾的预测来决定，并由此决定出入口的宽度。疏散的容许时间有两种：一种是所有人员均由观众席疏散到室内赛场，另一种是疏散到室外。在已建的大型体育馆（穹顶）中，疏散到室内赛场约需8分钟，到室外需15分钟左右。疏散避难路线一经设定，就可以通过计算确定其安全性。具体方法参见参考文献（2）。

很多体育馆都为安全疏散到室外的大量观众设置了避难广场，而且广场是与消防路线分开设置的(图100)。

(4) 区域计划

因室内赛场（含赛场与观众席）不能作为防火区域，所以可考虑将赛场与其他房间之间的区域作为防火区域。商店、餐厅、餐馆中的厨房应有防火区。作为安全防火区域的中央大厅应不会受到室内赛场火灾的影响，但很多体育馆并不是将其作为防火区，而是作防烟区使用。当因举办展览会而将大量的易燃物带入体育馆时，若按一定的面积将这些物品分散在通道等处，就可以有效防止火势的蔓延。

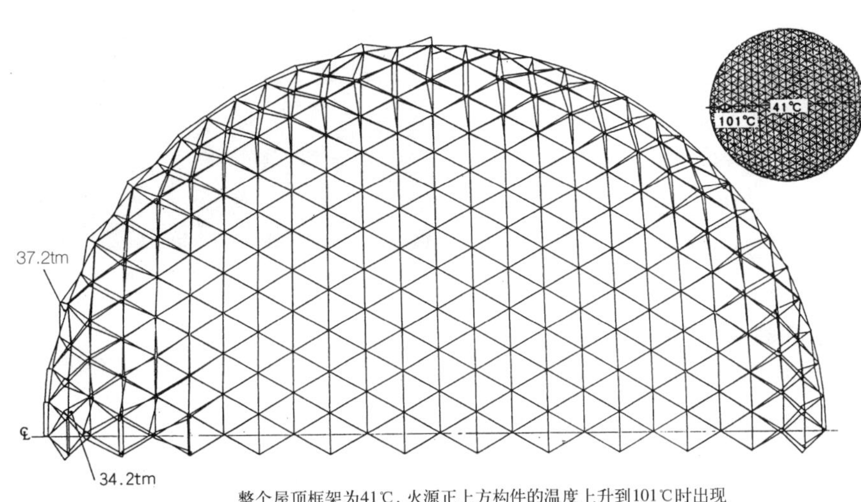

整个屋顶框架为41℃，火源正上方构件的温度上升到101℃时出现的火焰作用于框架构件的力矩。左侧火源在图的左下方

图96　屋顶框架的热应力解（名古屋体育馆）

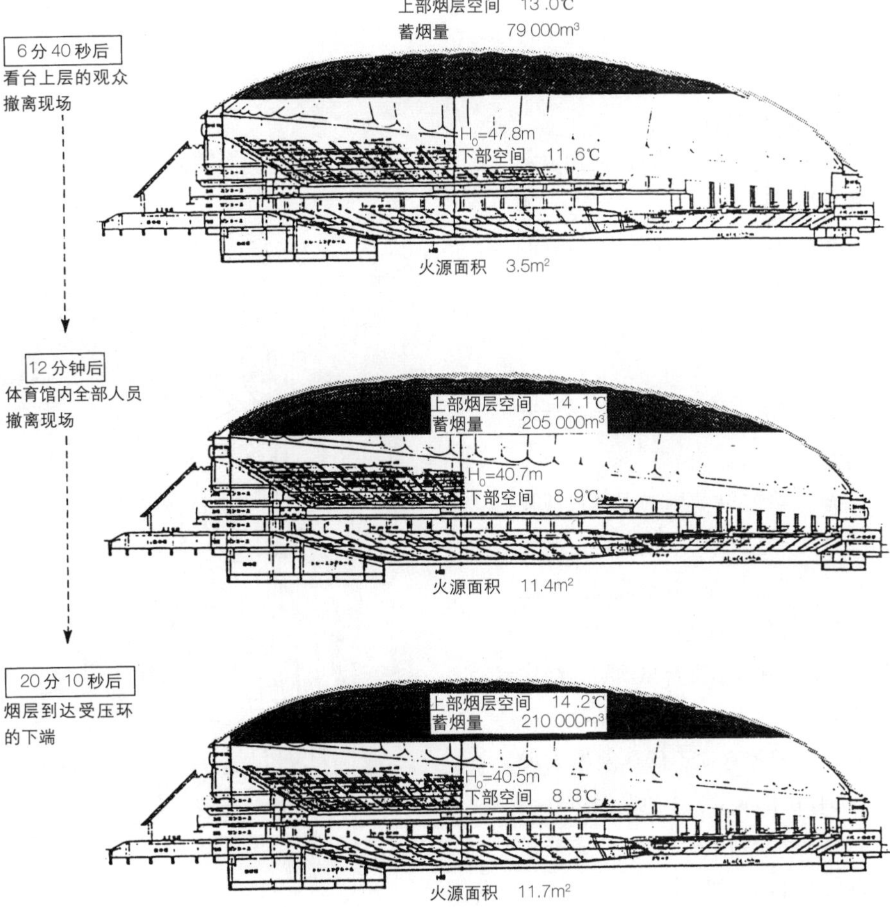

屋顶被积雪压弯，举办音乐会时发生火灾后烟层的下降情况

图97　烟雾状态的预测[东京体育馆（穹顶）]

规划

大跨度空间的防灾规划　2

(5) 消防计划

在日本的大型体育馆中，几乎采用的都是针对大跨度空间开发的火灾检测器和消防龙头系统（参见第 56 页）。不过这种系统并不一定必须用于大跨度空间，而应当根据设施的使用形式、规模及形状选择最佳的消防计划。

(6) 内装修计划

当举办小型庆典活动而用间隔墙将体育馆的部分空间隔开使用时，应对间隔墙材料的防火性能加以分析。另外，还应确保大跨度空间消防系统的有效性。观众席坐席多采用易燃的聚乙烯材料，所以应掌握这种材料的燃烧特点，并确认其是无危险性的材料。我们期待着那些难燃材料能早日研制成功。

(7) 运营计划

如上所述，体育设施的使用方式对整个消防计划具有很大的影响，所以应在规划阶段就进行充分、认真的研究。建立一整套日常管理、火灾监控，以及火灾时的应对措施等组织体系。

(8) 其他大跨度空间结构中存在的问题

充气薄膜结构的屋顶是通过薄膜内的空气气压支承的，所以应对薄膜内的气压进行管理，并对薄膜内气压下降时屋顶的处理方法加以考虑。此外，因薄膜材料不符合屋顶防火结构中的某些规定，故应对其安全性进行分析。开闭式穹顶不仅在发生火灾时，而且在日常生活中也会因室外空气的侵入而受到影响，所以应做好强风时屋顶开闭管理的准备。

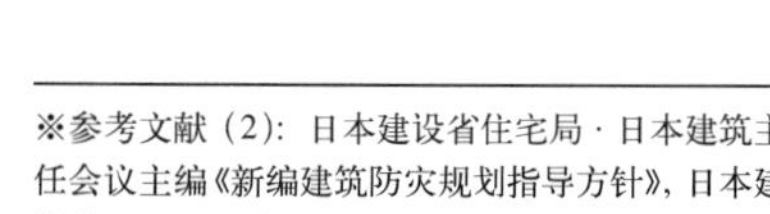

※参考文献（2）：日本建设省住宅局·日本建筑主任会议主编《新编建筑防灾规划指导方针》，日本建筑中心，1995 年。

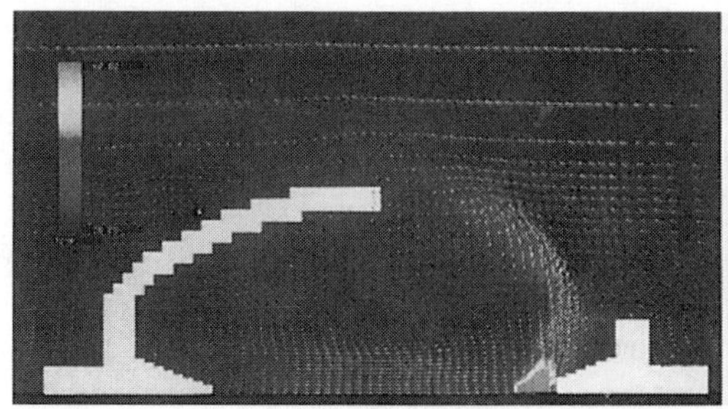

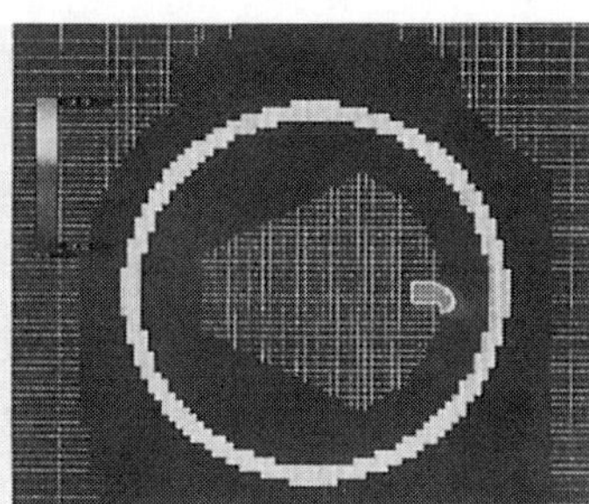

左图为屋顶全开，风从右侧刮来时气流温度的分布状态。火源设在外场。右图为运动场与观众席的温度分布状态（起火 15 分钟后）

图 98　开闭式穹顶开启时烟雾流动预测（福冈体育馆）

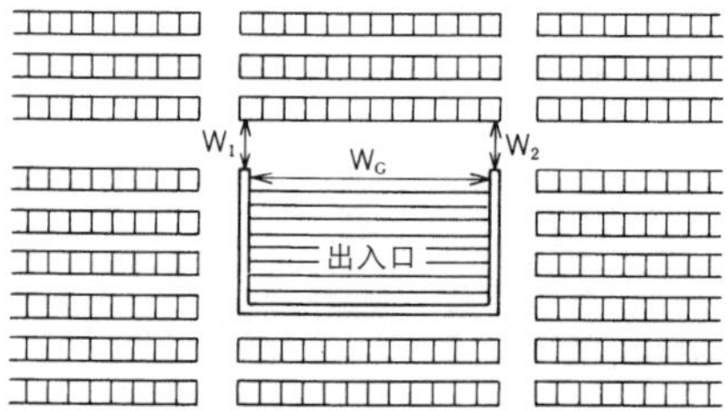

即使加宽出入口的宽度 W_G，疏散人群的人流量也要受宽度 W_1 和 W_2 的控制。为保证疏散迅速，应使两侧的人流量保持均衡

图 99　观众席入口通道的宽度

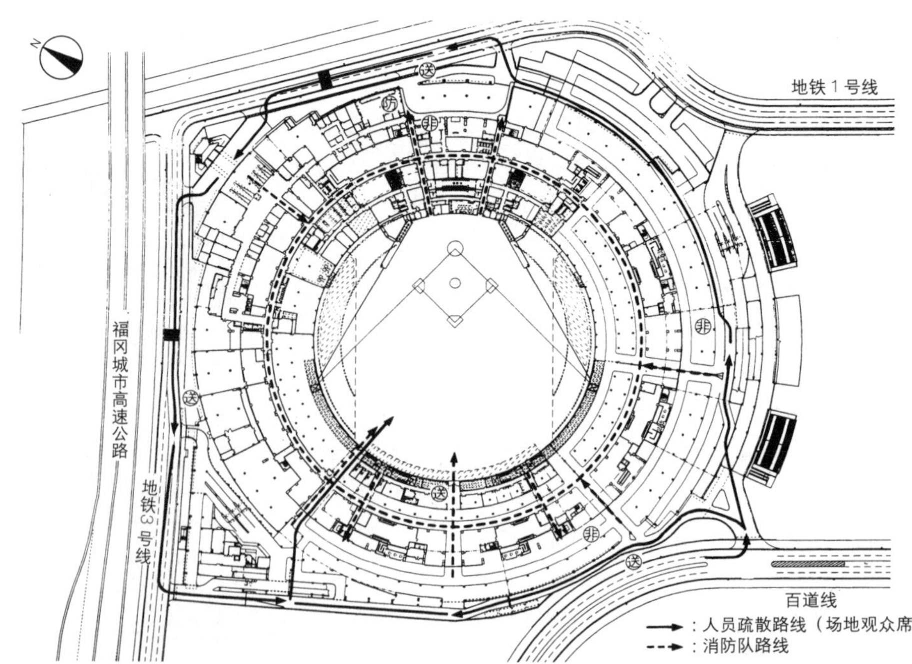

一层穹顶周围配有消防车通道，并在重要的部位设置了进入馆内的出入口。消防车可直接开进赛场。避难者可以被疏导到设置在三层的安全区。安全区很大，足以容纳所有疏散人员。避难者通过右侧的宽大楼梯即可迅速来到室外广场

防：消防指挥中心
送：供水管接头
非：紧急疏散用逃生电梯

图 100　消防队路线与疏散者路线（福冈体育馆）

体育设施的分类与设计理念 · 关键词

为了将一定范围内体育设施的变化情况做一整理，我们按照体育设施中多用途←→专用、室内←→室外、比赛←→非比赛、人工←→自然等特点进行了分类整理（见右表）。为明确各自所处的位置，表中用到了造型（设施的形态、框架）、策划（设施的用途与环境）、功能（设施内的活动与条件）等一些关键词。

从表中可以看到，具有多种功能的大型体育设施（体育馆）从造型到策划都要求设施本身具有一定的综合因素，而且当地举办的各种活动与体育馆（普通体育馆）规模的大小密切相关。专用比赛场在规划中也一味追求比赛环境，室外设施则力图体现其个性化及综合性。非比赛用体育馆与人们的生活密切相关，主要是供人们为增强体质进行锻炼的。那些休闲设施则是基于最大限度地利用自然环境这一设计理念修建的。

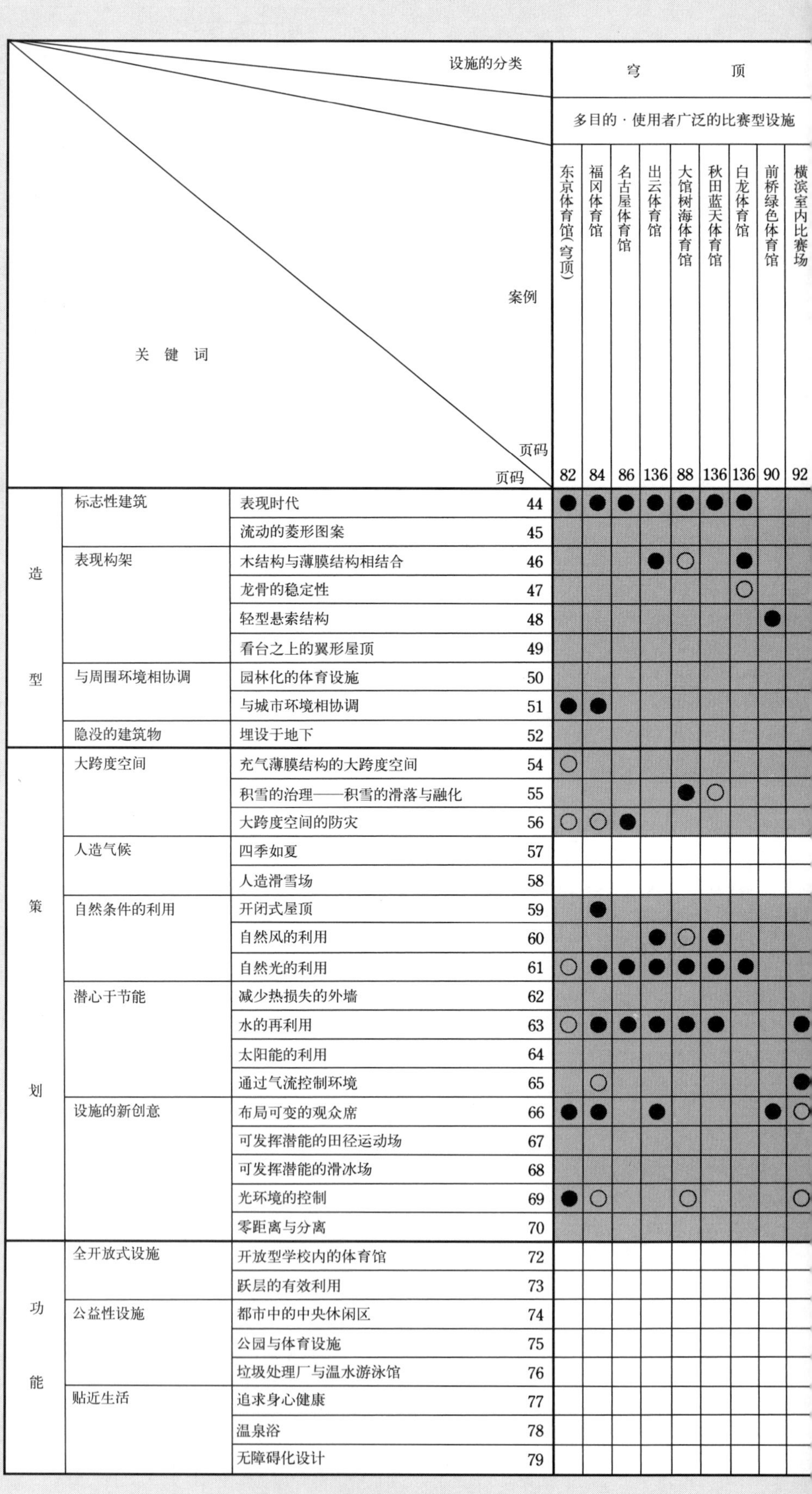

关键词			设施的分类	穹顶								
				多目的 · 使用者广泛的比赛型设施								
			案例	东京体育馆（穹顶）	福冈体育馆	名古屋体育馆	出云体育馆	大馆树海体育馆	秋田蓝天体育馆	白龙体育馆	前桥绿色体育馆	横滨室内比赛场
			页码	82	84	86	136	88	136	136	90	92
造型	标志性建筑	表现时代	44	●	●	●	●	●	●	●		
		流动的菱形图案	45									
	表现构架	木结构与薄膜结构相结合	46				●	○		●		
		龙骨的稳定性	47							○		
		轻型悬索结构	48								●	
		看台之上的翼形屋顶	49									
	与周围环境相协调	园林化的体育设施	50									
		与城市环境相协调	51	●	●							
	隐没的建筑物	埋设于地下	52									
策划	大跨度空间	充气薄膜结构的大跨度空间	54	○								
		积雪的治理——积雪的滑落与融化	55					●	○			
		大跨度空间的防灾	56	○	○	●						
	人造气候	四季如夏	57									
		人造滑雪场	58									
	自然条件的利用	开闭式屋顶	59		●							
		自然风的利用	60				●	○	●			
		自然光的利用	61	○	●	●	●	●	●	●		
	潜心于节能	减少热损失的外墙	62									
		水的再利用	63	○	●	●	●	●	●			●
		太阳能的利用	64									
		通过气流控制环境	65		○							●
	设施的新创意	布局可变的观众席	66	●	●		●				●	○
		可发挥潜能的田径运动场	67									
		可发挥潜能的滑冰场	68									
		光环境的控制	69	●	○			○				○
		零距离与分离	70									
功能	全开放式设施	开放型学校内的体育馆	72									
		跃层的有效利用	73									
	公益性设施	都市中的中央休闲区	74									
		公园与体育设施	75									
		垃圾处理厂与温水游泳馆	76									
	贴近生活	追求身心健康	77									
		温泉浴	78									
		无障碍化设计	79									

凡例：○ 反映各设计理念关键词的事例
● 各设计理念关键词中的其他事例

体育馆											室内专用比赛设施									室外专用比赛设施							室内非比赛用设施						大型室内休闲设施			利用自然环境的设施		
公共区域的主要设施											表现竞技个性化的室内设施									成为都市中央休闲区的室外运动场							增强体质·公共设施						自然环境型			人工+自然环境		
东京代代木国立综合体育馆	东京体育馆	酒田市国体纪念体育馆	宫城县岩出山中学体育馆	东京都中央区体育馆	大阪市中央体育馆	龟田町综合体育馆	调布市综合体育馆	小国町市民体育馆	北区立十条台小学温水游泳馆·体育馆	千叶市打濑小学	东京武术馆	国技馆	东京辰巳国际游泳馆	福冈县立综合游泳馆	武库川学院游泳馆（开闭式屋顶）	长野市奥林匹克室内比赛场（波浪滑冰馆）	伊塔凯斯库什地下游泳馆	有明娱乐馆	柏林2000规划馆	广岛体育馆（巨型拱结构）	长居田径运动场	东平尾公园博多之森球场	茨城县立鹿岛足球运动场	栃木县绿色运动场	慕尼黑奥林匹克体育场	戴姆勒体育场	川崎市民广场	王禅寺温水游泳馆	大阪市残疾人体育中心	友情舞洲	SFS运动俱乐部	太阳之乡体育乐园	拉勒波特室内滑雪馆	宫崎长生岛『海洋体育馆』	横滨野趣体育馆	中泽庄『温泉度假村』	酸浴温泉	『光世界乐园』明野宾馆
94	96	98	136	136	100	102	136	136	104	136	106	108	110	112	114	116	136	136	136	136	136	118	120	136	136	136	122	124	126	136	136	128	130	136	134	132	—	136
○	●							●						●		●		●		●		●			●	●												
											○																											
																				●																		
		○	○																						●													
																				●	●		●			○												
●	●					●														●		●			○													
●	○																					●			●													
					●		●										○		●																			
																																		○	●			
																																	○					
									●							○		●																●				
																																						●
		○						●						●	●																			●		●		
					●		○										●																					
	●																																					
																																○						●
○																																						
									●				○																									
																					○																	
																○																						
	○											○				●							○															
												○											○	●		●												
			●							○																												
				●					○																													
●	●			●		●																	●				○	●			●							
●	●					●	●													●		○			●													
																											●	○										
																															○					●		
																																				○	●	●
																													○	●								

表现时代

这是一座为举行第18届奥林匹克运动会而建造的体育馆。体育馆所在地战前曾是代代木练兵场，战后被用作美军军官宿舍。当时人们期盼驻日美军从东京撤出，并希望首次在日本举办的奥林匹克运动会大型比赛场所是一座具有创新设计与结构的标志性建筑。

东京代代木国立综合体育馆的最大特点就是采用了由钢缆组成的悬索结构和平面为蜗牛形的外观设计。在主馆中，椭圆形的长轴方向有2根桅杆柱，用以支承2根主索。每根主索由若干钢缆组成，并用锚定物固定。比赛场外的看台平面为两个对错的新月形。其间距很大，可供众多观众一次进出。出入口至看台上端由一系列坡道组成，形成了观众进出看台的主要动线。向空中望去呈弧线形的坡道在结构上起有巨型斜向拱的作用，以蓝天为背景映出的体育馆空中轮廓线的2根耸立的桅杆成为该建筑物的标志性造型。

在保证东京代代木国立综合体育馆各种不同的个性化建筑功能的同时，为能安全、快速地疏导观众，看台平面采用了简洁的对错形。此外，为能实现空间的大跨度，屋顶采用了将作用力集中于一点的悬索结构。整个体育馆给人以象征当时日本经济腾飞、蓬勃发展的景象。

外观

远景

游泳馆内景

流动的菱形图案
——山峦，云海，涟漪

东京武术馆于1989年12月竣工。在投入使用的数年间，这个一直被人们称为“菱形鳞片妖怪”、“宇宙战舰”的建筑物受到了众多人的惠顾，并得到人们的青睐，成为绫濑街头一道极具个性化的亮丽的风景线。

当时设计的主导思想是为了让人们能够认识武术在现代社会中的地位，即武术在体育中所具有的艺术性。也就是说在设计时，要从并非将武术馆作为一个单纯的体育设施，而是将其作为表现武术求道的精神世界与文化性设施的角度出发进行设计。

到目前为止，武术馆留给人们固有印象的传统模式是一个无法回避的问题，但同时也是一个需要摆脱固有印象束缚的问题。从直观上看，追求较多的精神境界与传统的形式很不相称，而且类似于木材被替换成钢铁或混凝土的那种不协调感也日渐消失，这就要求设计师们在对空间进行设计时要有创新。所以在进行设计时，要避免使人一看到武术馆便联想到城池或武术之家的宅邸，而是要体现出日本的原有风格，并令人由此想到森罗万象的自然风貌。因此，设计出变化万千、颇具新意、给人以“云、海、山、人”印象的造型，就成为该领域的指南。所谓“云、海、山、人”，就是在设计中要表现出山峦起伏、云海涌动所产生的那种节奏感、流动感和连绵不断的特性，同时还要考虑到建筑的功能。

该建筑造型中的基本图案是用菱形来表现的。武术馆的地面、墙面、顶棚、屋顶、标志和家具等所有部分均由菱形组成，按60° 角度铺贴，并对功能和日照条件进行了调整。低层部分的图案由正三角形图案组成。整个建筑物造型给人以连绵不断的叠层之感，为这座城市增添了一道“奇特的景观”。

全貌 （※摄影：新建筑摄影部）

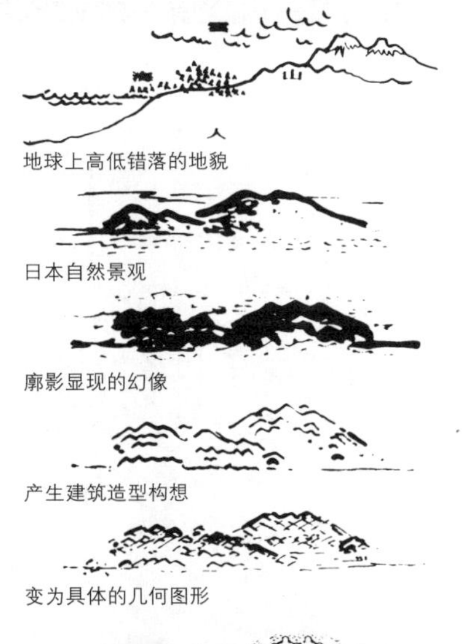

建筑造型构想的具体化过程

室内细部 （※）

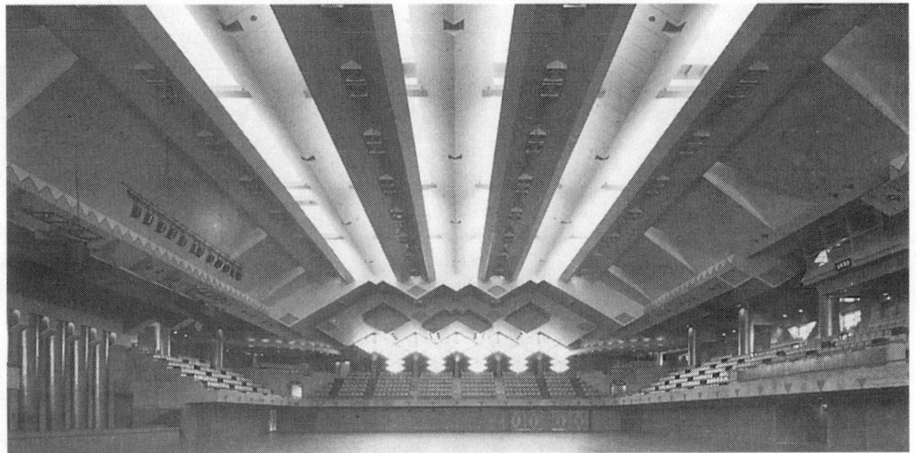

武术馆内景 （※）

木结构与薄膜结构相结合

将连续2个与周围自然环境融为一体的漂亮卵形（长轴直径175m、短轴直径 156m、高 52 m）的圆弧绕同一轴旋转后，便形成了一个环形圆纹曲面，再用透光性极好的特氟隆（聚四氟乙烯）薄膜将其外部覆盖。

大馆树海体育馆在结构上采用的是将秋田杉的大截面集成材料与钢材相结合的双向拱构造。为保证其具有足够的抗积雪荷载等附加荷载的面外刚性，椭圆形长轴方向的拱采用了桁高3 ~ 5m的桁架结构，并在从长轴方向桁架中心穿过的短轴部分配以单层拱材料。

作为主轴抗荷载而在两个方向的主要构件中使用了集成材料。桁架使用的是方形钢管，短轴方向的斜向拉杆使用的是钢管，桁架斜向拉杆与屋顶面内的斜撑采用的是用于张拉的钢杆，以力图表现出“木制”格状那种轻型的屋顶空间。

集成件间的连接主要是通过安装在短轴上的钢制件与集成件间的承压来传递压力，并通过插接到集成件内的网纹钢板和环氧树脂的粘接力来传递屋顶下部产生的部分拉力的，集成件与集成件间的结合十分牢固、不会产生松动。

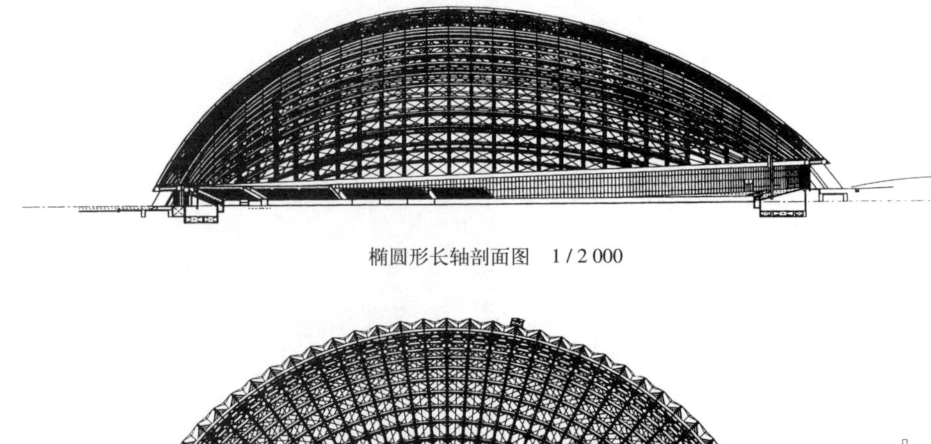

椭圆形长轴剖面图　1 / 2 000

椭圆形短轴剖面图

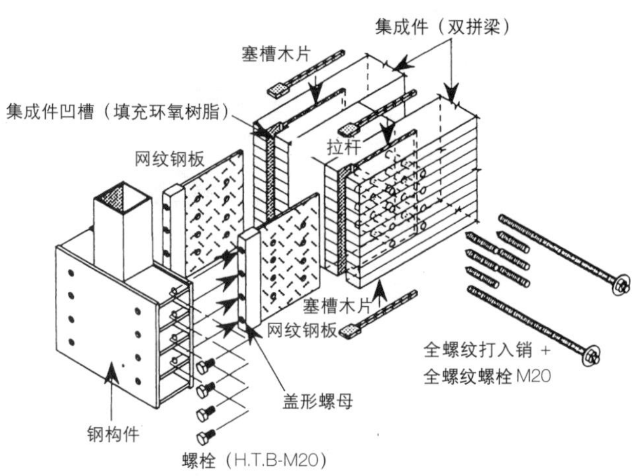

连接部位示意图（网纹钢板、环氧树脂与打入销的连接）

龙骨的稳定性

白龙体育馆是以广岛机场迁往郊区为契机，建造在与新机场相毗邻的大和町的一座室内比赛场。"白龙"一词来源于"似一缕云雾由林中升起"的白龙湖湖名。设计师在进行设计时，力图在具有跃动感的白色外观中创造出一个融入大自然的体育馆。

为实现这一构想，提出将大截面集成件与钢网索用于薄膜建筑的"集成件钢网索薄膜结构"。这种构架是从令人想到白龙脊骨的集成件拱梁（龙骨）开始，将压缆按照与向外延伸的悬索呈正交的方向排列成钢网索，上面用宽约50cm的玻璃纤维薄膜围护，以抵御外界的压力。由于薄膜是在现场粘接成的一个整体，所以外观上是一个看不到任何金属件、线条流畅的三维曲面。体育馆的内部也通过钢网索与集成件的质感构成一个给人以柔软、明快之感，新颖别致的室内比赛场。

架设在钢筋混凝土四周下部结构中央的集成材料的拱骨架由5根长10m的构件连接而成。材料的连接采用的是在现场用粘接剂将其按齿状进行榫接的"大型指接工法"。这种施工方法具有不会损伤螺栓孔截面、外观美观的优点。集成件是用不易开裂、加工性能好的北欧产的云杉制作而成的。

外观

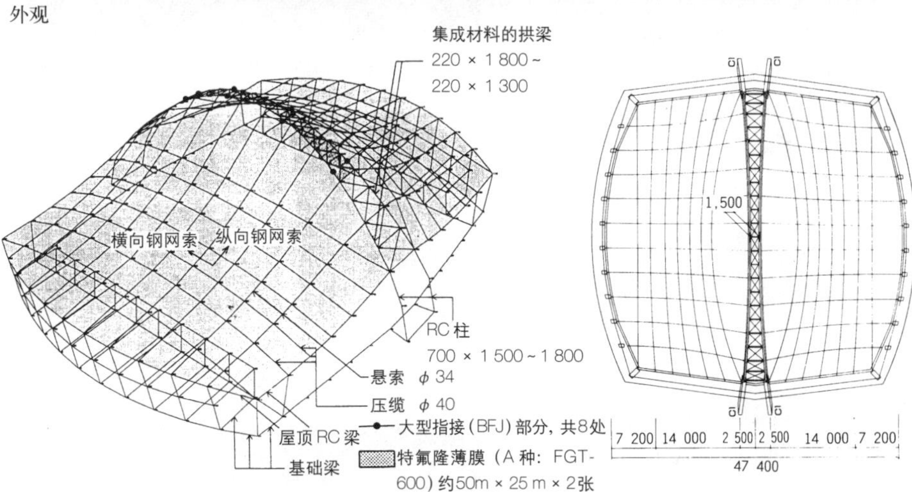

屋顶的基本曲面形状　　主构架的构成与主要断面尺寸

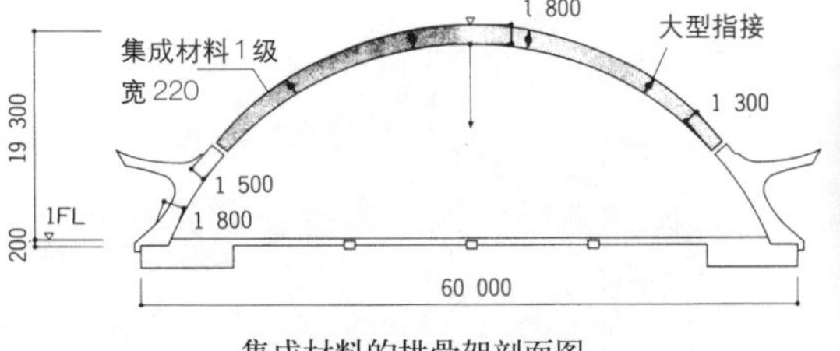

集成材料的拱骨架剖面图

大型指接

轻型悬索结构

酒田市国体纪念体育馆……建筑工程概况 9
宫城县岩出山中学体育馆

1. 酒田市国体纪念体育馆

这是一座由酒田市出资、建造在该市饭森山文化公园内的体育馆，主要由大型室内比赛场和小型室内比赛场组成。另外，在公园内的人工湖对岸还建有一座出自同一设计师之手的“土门拳纪念馆”。当时在设计时主要考虑到为保证公园内的景观不被破坏而对高度的控制问题，提出了构架轻型化的设计方案。不仅如此，由于在设计中还要表现出与“土门拳纪念馆”形成鲜明对比的风格，所以在对室内比赛场屋顶结构的各种形式进行分析研究后，最后决定采用在看台下面的结构处连续架设张弦梁的方法。这种结构形式对于控制建筑物的高度非常有效。体育馆屋顶采用的是外部用金属薄膜涂层，内部保持原貌的轻型薄膜结构的设计手法。这一划时代的结构体大大减少了钢材的使用量，降低了成本，而且还因可以在地面将屋顶拼装后用顶升法将其顶升到位，从而使工期大大缩短。

酒田市国体纪念体育馆　采用张弦梁结构的室内比赛场内景　（摄影：新建筑摄影部）

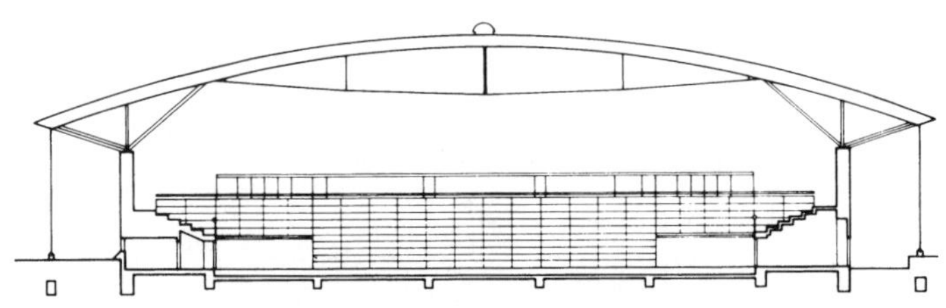

酒田市国体纪念体育馆　剖面图 1 / 800

2. 宫城县岩出山中学体育馆

这里我们对张弦梁做一个更全面的解释，细长形状的构架也是通过用缆索加固柱子的方法才得以实现的。分布在外部RC立墙的柱群由H型钢组成，立面的加固缆索抵抗来自两个方向的水平拉力，在规划篇第29页中介绍的牵拉式构架案例就是一个很好的案例。

由于牵拉式构架的应用，即使采用张弦梁屋顶，体育馆两侧的采光面积也可以得到保证。

将不同的构架形式及其效果与上述的酒田市国体纪念体育馆进行比较也是一件十分有趣的事（跨度：酒田市国体纪念体育馆53.3m，岩出山体育馆36m）。

岩出山中学体育馆　外观　[※摄影：上田宏（GA photographers）]

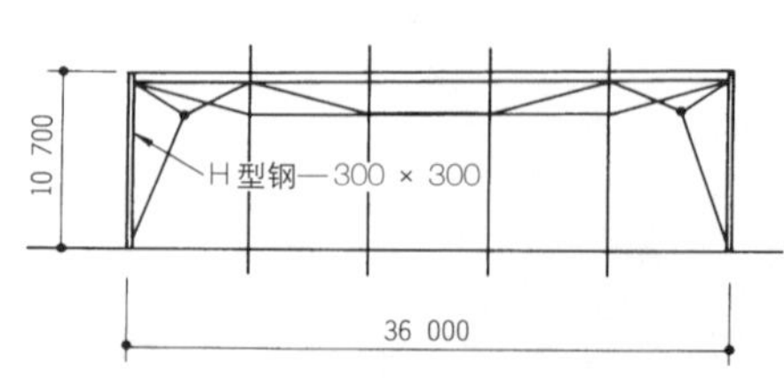

岩出山中学体育馆　构架剖面图

用缆索加固的构架细部　（※）

看台之上的翼形屋顶

当需要在举办世界杯决赛或半决赛那种大规模运动场的看台上架设屋顶时，若采用悬索结构就很不经济。

作为合理构筑悬臂宽度超过40m屋顶的方法有称为翼形屋顶的复合张力结构，像德国的戴姆勒体育场就是其中的一例（参见规划篇第28页）。

轻轻架设在看台之上的屋顶宽220m，长280m，面积约34 000m²。

为保证结构的合理性，外周压力环按椭圆形的长轴方向两端翘起、短轴方向水平设置，其鞍形的柔和曲线为建筑物的外观增添了一种轻柔的韵律感。

实际上这种翼形屋顶就是利用自行车辐条与轮缘的原理设计的。目前，这种造型已被应用于意大利罗马和都灵的足球场，日本也准备将其用于大型体育场的设计。

与日本相比，这种造型在欧洲一些国家体育设施的改建和扩建方面比较盛行。在意大利罗马和米兰的大型露天体育场中，“戴姆勒式体育场”也只是被用于原有看台加顶的扩建工程。当采用戴姆勒式的体育场时，看台顶与看台是分别建造的，每20m一根的支柱很细，结合部采用的是简单的销接方式，支柱的空腔被用作雨水排水管。支柱呈锥形，下粗上细。结构设计人员在设计时，不仅从结构的合理性，而且还从功能和造型上进行了考虑。

与普通的刚性框架结构相比，缆索结构的断面很小，但实际上戴姆勒受拉环缆索的断面为6根直径85的束状缆索，内力很大，所以要求下面的主体是具有足够刚性的压力环。此外，因该结构要求具有整体上的平衡性，所以在施工时应慎重对待。

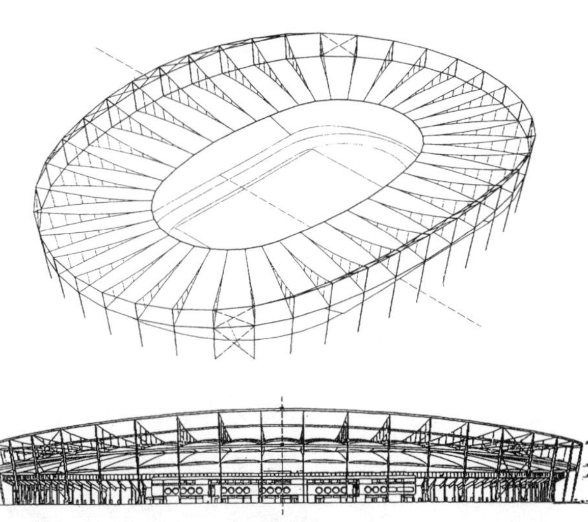

戴姆勒体育场框架图

轻盈明快的屋顶构架

间距为20m的钢结构支柱

排水部位详图

园林化的体育设施

慕尼黑奥林匹克体育场的主要设计理念是以“绿色奥运”为目标，为1972年在慕尼黑举办的奥林匹克运动会营造一种“开放、透明、可纵览全部景色的氛围”。该设施的设计特点是以电视塔、小山丘和流过宁芬堡宫殿的运河等景观为背景，将建筑要素与自然景观融为一体，创造出一个相互映衬、协调一致的整体景观。

也就是说，大型建筑被雕刻在地球上，与那些被埋设于地下，或设置在观众席下的各种附属设施一起从在山丘散步的观众眼中隐去。人们会在愉快观赏周围景致之际，不知不觉从火车站或停车场来到体育场，并可以很快沉浸到比赛时热烈兴奋的气氛之中。对于体育场的屋顶造型，不再采用过去那种各体育设施之间缺少和谐统一建筑风格的几何造型，而是设计成用透明的树脂板材和钢柱、钢网组成的帐篷状造型。这种给人以自由奔放感的屋顶造型被用于主赛场和通道的上方，创造出了一个“透明的、令人惊叹不已的屋顶空间”。在奥林匹克公园内，还有许多其他的美丽景观。各种建筑乃至不同功能的造型与整体景观相映成趣，人工湖将建筑群倒映于水中，从而使得奥林匹克运动场看上去更加迷人。

目前，奥林匹克运动场已成为一个体育公园。它既是慕尼黑市民们散步休憩之地，也是人们锻炼身体、开展体育活动的场所。

大型体育场

公园全景

悬吊屋顶

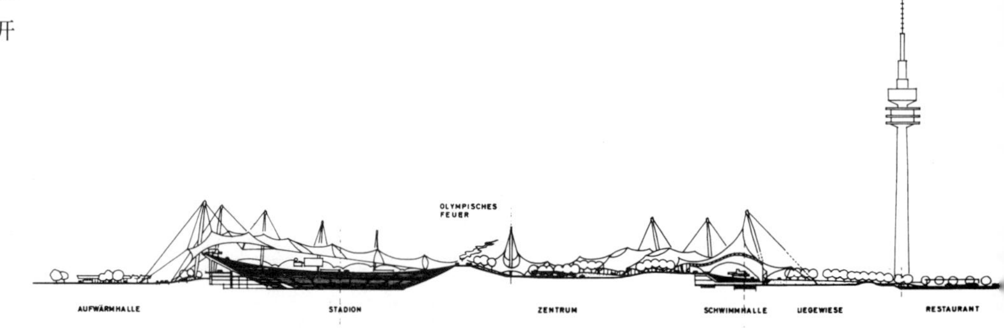

剖面图

与城市环境相协调

1990年对占地4.5公顷、位于明治神宫别苑一角的城市公园中的体育馆进行了改建并竣工，这就是东京体育馆。该体育馆除包括可容纳1万人的主赛场、50m及25m的室内游泳池、分赛场、训练场及研修室等室内设施外，还在室外修建了停车场。是一座综合性的体育设施。

作为城市公园，由于该建筑受不能超过原体育馆30m高度的条件所限，所以一半以上的设施被建造在地下。所有设施的屋顶形状各异，与周围富于变化的街区交相辉映，形成一幅绿树丛中自由奔放的城市风景画。

该建筑在城市中十分醒目，而且与周围的环境也非常协调。这一镶嵌在都市中的建筑群在蓝天的映衬下显现出白云般的轮廓线，从主赛场的绿叶般圆弧状屋顶，到分赛场的叠级方尖塔阶梯状屋顶、金字塔状玻璃屋顶、排气塔直至路灯，均与周围的城市建筑相呼应。随着视线的转移，一幅幅给人以不同印象的日本园林画展现在人们面前，形成一道连续的可供人们游览的风景。

外观全景

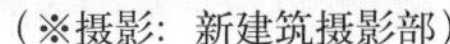

（※摄影：新建筑摄影部）

写生草图　　云彩般的屋顶

从空中拍摄的体育馆全景

造型　　隐没的建筑

埋设于地下

伊塔凯斯库什地下游泳馆
大阪市中央体育馆……建筑工程概况 10

“为保证地球上的美丽自然风貌不留有人工剔凿的痕迹，应转向地下的开发”——这一观点已通过修建在芬兰首都赫尔辛基市内新的城市中心伊塔凯斯库什的地下游泳馆得以实现。芬兰与前苏联接壤，两国之间有一段很长的国境线，所以芬兰是修建原子弹避难所最富经验的国家之一。最初在修建避难所时曾计划将避难所与游泳馆分开设置，但最后采纳了建筑师卡尔夫耐恩提出的避难所与游泳池兼用的意见。

该设施内建有50m比赛池、供大众锻炼用的游泳池和儿童池。除此之外，还配有温水游泳池及训练馆、桑拿浴、自助餐厅等，可称得上是一个水世界的乐园。为使凿山开洞形成的内部空间能有一个舒适的环境，在照明和通风方面下了很大的气力，用于突发事件的备用通风设施及管道均被埋设在游泳池底板下，顶棚表面为人工剔凿后留有凿痕的岩顶，柔和的灯光自顶部照射下来，形成了一种地下空间特有的独特氛围。

另外，建造在地下的体育设施中还有挪威的约比克冰球馆。该设施主跨度达61m，长91m，高25 m，容积13万 m³，馆内可容纳6 000人。该设施主要是为满足人们愉快度过北欧的漫长冬夜而修建的。

除此之外，建于地下的体育设施中还有日本的大阪市中央体育馆等。大阪市中央体育馆主要是在节能方面见长（参见第62页策划篇）。

地下游泳馆

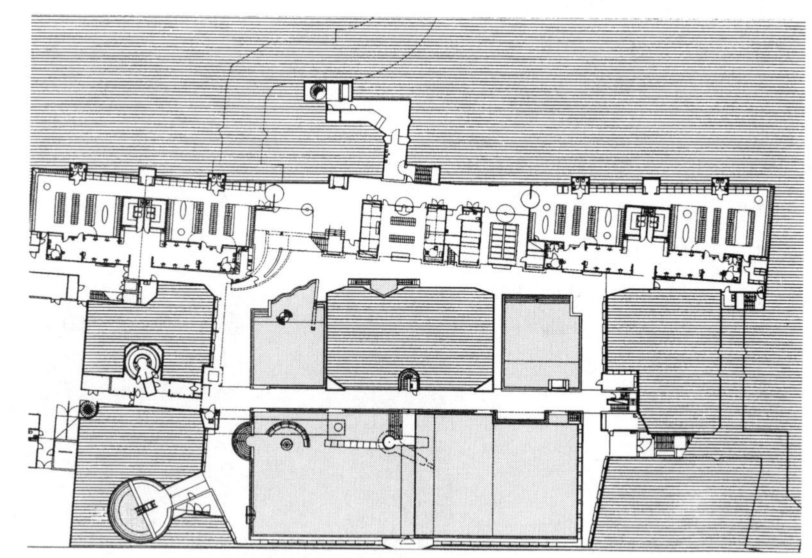

地下一层平面图

约比克冰球馆　　（大成建设提供）

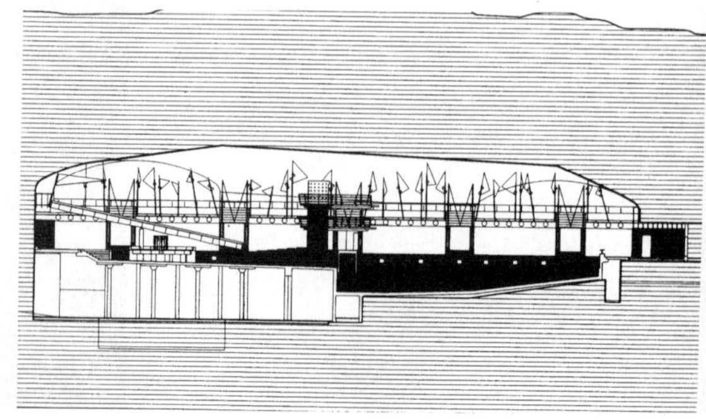

剖面图

充气薄膜结构的大跨度空间

充气薄膜结构是一种用钢网索加固后向薄膜内充气，使其保持微正压，通过形成的内外气压差而获得稳定性的轻型结构。因此，为能保持一定的内压，就必须自动控制鼓风机的送风量。

当遇有强风或降雪时，应通过传感器自动监测屋顶薄膜的振幅及平衡性，并通过自动提高内压来抑制薄膜在强风作用下不断掀动和在积雪荷载作用下出现下坠的现象。

在这种建筑物中，气体的大量泄漏主要是出现在散场时或出现突发事件发生时。这时，因有大批观众同时退场，所以应打开气体平衡门。由于泄漏的气体量是通过气体平衡门来补充的，因此应自动增减鼓风机的运转台数，以防止屋顶出现意外。

保证薄膜屋顶正常工作的是鼓风机、风道等硬件系统，对其运行状况进行24小时乃至365天判断、指示和控制的是软件系统。可以说薄膜结构的屋顶离不开传统的“建筑物中的设备”。

在薄膜建筑中，大跨度空间（充气量124万m^3）的漏气量不过是37kW × 1.5台鼓风机的送风量。倘若在如何减少漏气的建筑细部方面进行研究并认真施工的话，便会将运行成本降至最低。

从空中拍摄的体育馆全景

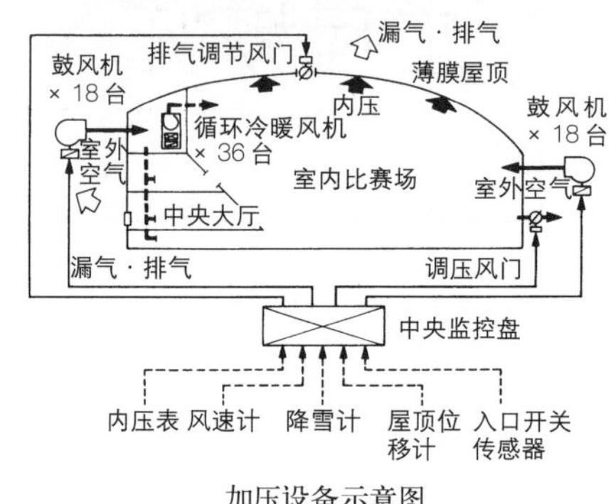

加压设备示意图

鼓风机

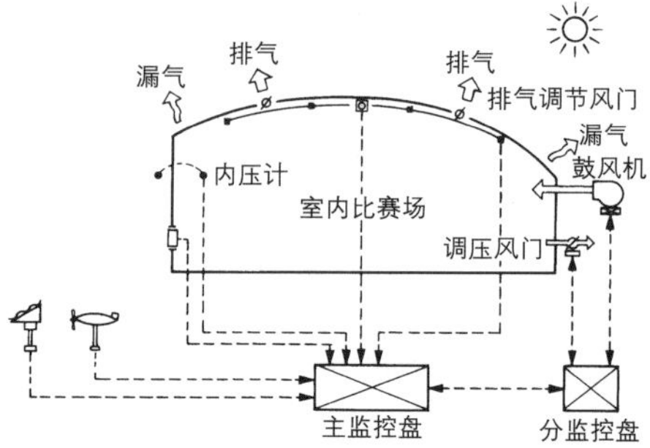

（a）平时

通过对鼓风机和调压风门的控制进行屋顶排气和室外空气的补充，从而使薄膜内的压力保持在设定值30mmAq的范围内

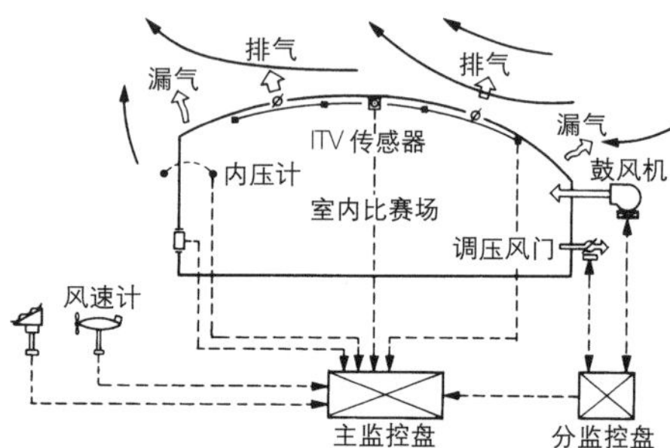

（b）强风时 = 平均风速 11.5m / s 以上

根据风速计测得的数据改变内压设定值，并通过对鼓风机和调压风门的控制来保持薄膜的内压。同时，当通过ITV（工业电视）传感器测出的屋顶薄膜振幅超过规定值（中央部位为2m）时，应将内压的设定值提高一级

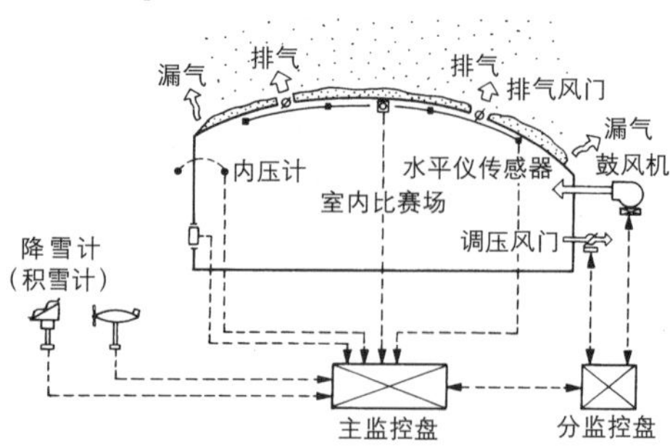

（c）降、积雪时

当用降雪计或积雪计测得屋面积雪情况时，可将内压由30mmAq升至35mmAq，并进行融雪处理。当用融雪设备进行处理后仍有积雪未能融化，且用水平仪传感器测得的位移已超过0.1的矢高（中心部位为2.5m）时，应将内压的设定值提高一级

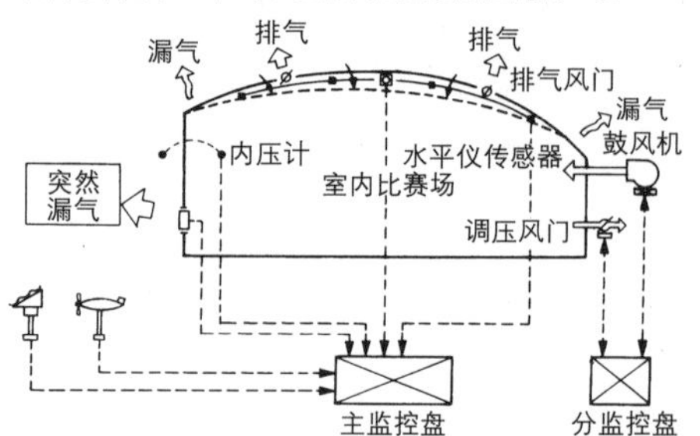

（d）内压或位移急剧变化时

当气体平衡门突然开启或屋顶薄膜及建筑物被损，由内压计测得的内压和水平仪传感器测得的位移出现急剧变化时，应加大鼓风机的送风量，以使其恢复正常

加压控制系统

积雪的治理——积雪的滑落与融化

日本秋田县在对秋田蓝天体育馆进行设计时，主要是为了体现一种具有置身户外感的运动场和置身户外感的空间环境氛围，表现了该县为增进市民健康、改善冬季活动场所的强烈愿望与热情。为能实现置身户外感，该设施十分重视屋顶的透光性，采取了及时清除单层薄膜上的积雪等各种措施。体育馆在修建时考虑了冬季的风雪方向，整个屋顶为流线型，并在一侧设置了光滑的V型沟槽。这样就能防止飞雪在风的作用下形成堆积，降雪时不易出现积雪，易于积雪的滑落。通往建筑物的出入口设置在不易形成积雪堆积的建筑物侧面处，并在降雪一侧修建了可堆放积雪、具有一定宽度的落雪堆放池区。框架采用的是可承受450kg / m^{2}积雪荷载的超大型拱（钢管组成的立体拱），钢管拱可兼作管道用，通过遍布屋顶的许多小小管口将暖风均匀地送向屋面。这样，只要以很少的能源便可引起积雪从深部融化并安全流至地面。另外，该管道还可用于室内比赛场中冬季供暖、防止结露和夏季馆内热气的排放。

该体育馆不仅对积雪采取了相应措施，还通过建筑物两侧山墙部位的全面开敞进行自然通风，从而使人体验到夏季树荫下的凉爽以及置身户外感。综合各种系统的“秋田蓝天体育馆”实现了建筑设计与室内环境控制系统的一体化，创造出了一种全新的生活空间。

具有置身户外感的宽敞的室内空间　　（摄影：川澄建筑摄影事务所）

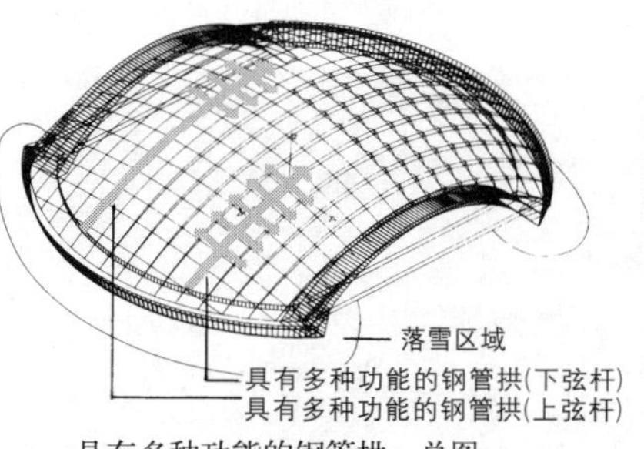

具有多种功能的钢管拱　总图

细部照片

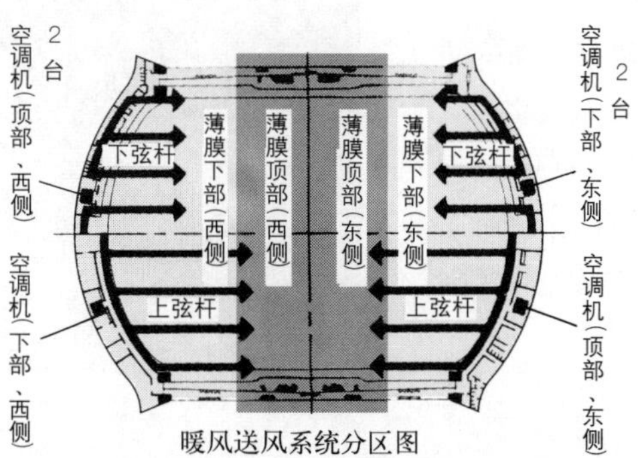

暖风送风系统分区图

自然通风口　夏季通过山墙部位的开敞确保能够自然通风

东京体育馆（穹顶）……建筑工程概况 1
福冈体育馆……建筑工程概况 2

大跨度空间的防灾

大跨度结构建筑在用于除体育比赛外的其他活动，即集会、音乐会或展览会时，因火情预案、可容纳观众的情况各不相同，所以应采取与之相适应的防灾措施。

火灾发生时的紧急疏散路线为观众平时利用的进、退场路线，其标识应简洁明了，而且从各观众席疏散到室外所用时间应基本相同。

另外，当大跨度空间的室内比赛场发生火灾时，参展的展品及展台等易燃物将会产生烟雾。烟雾上升后便会聚集在屋顶的正下方处。因此在制定规划时，应保证众多观众在烟层降至观众席前便全部撤离现场。

过去的消防设备在功能上都无法满足大跨度结构建筑中的防火要求。当大跨度空间的跨度在100m以上，顶棚高度在30m以上时，就很难设置烟传感器或火灾自动喷洒器，而且维修保养也十分麻烦。因此，就应配备可检测辐射热的旋转扫描传感器和射程可达90m的高压射水枪，以备集会或展览会发生火灾时用。

此外，还应分析研究屋顶的防火、耐火性能。应对发生火灾室内温度上升时某部位的情况和屋顶的耐火性能等做出设想并研究对策，同时还应对火灾时建筑物周围的安全性等加以考虑。

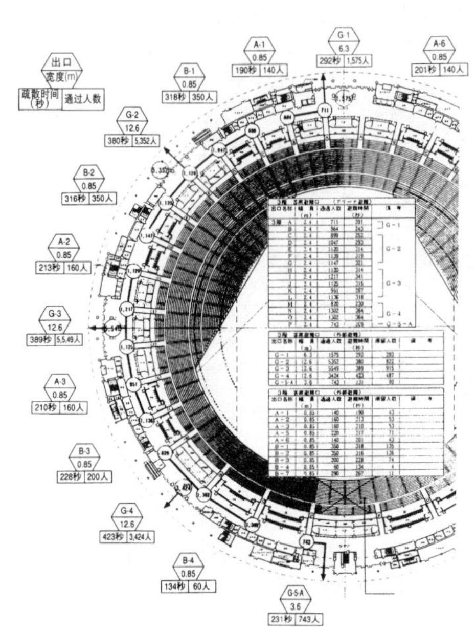

疏散路线与疏散所需时间（福冈体育馆）

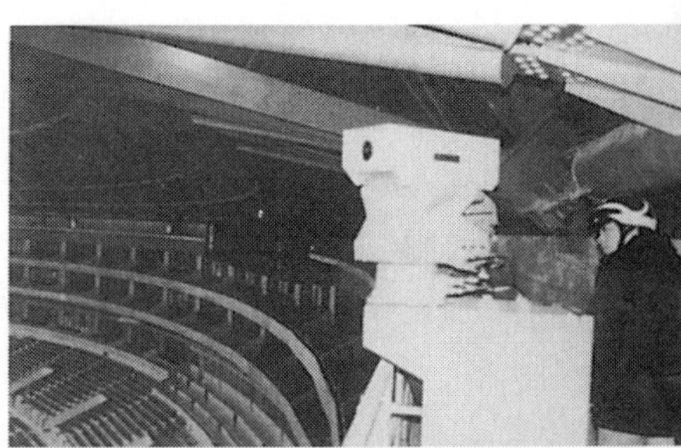

红外图像火灾报警器

高压射水枪

射水试验

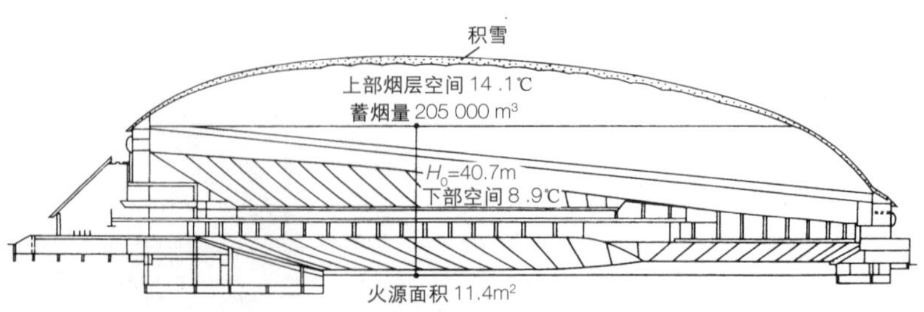

火灾时烟层下降预测[东京体育馆（穹顶）]

四季如夏

在宫崎县一个将海滨宽阔、美丽的自然环境展现在人们面前的“海洋大地女神”游览地云集着许多的游客，海洋体育馆就是这个游览地的主要建筑之一。海洋体育馆长300m，宽100m，高38m，拥有水量15 826t，水面面积8 790m²，可同时接待1万人，是世界上最大的全天候开闭式穹顶的室内海洋乐园。海洋体育馆不仅规模庞大，而且还是一座拥有最新技术的新型休闲娱乐设施。海洋体育馆的设计理念是要将其建成一个“胜似海洋的海洋”、“胜似蓝天的蓝天”的超自然建筑，这一设想通过大型人造波浪游泳池——“大型海滩”和开闭式穹顶的大跨度空间得以实现。海洋体育馆的具体设计目标是：

①与对人们来说不一定十分方便的海洋不同，而是要利用技术手段（绝非仅停留在表面）创造一个任何人都感到舒适、干净、方便、安全的“胜似海洋终年长夏”的空间。

②体育馆的开闭式穹顶解决了室外体育场不能长年营业及室内体育馆无法享受夏日阳光沐浴之乐的不足。

③为使该设施得到最大限度的利用，可以白天作为海洋乐园，晚上作为展览会或演出使用。

④使造型所表现的空间更加完美。

⑤增设水中游乐设施及高级休闲娱乐设施，以有别于其他的体育设施。

此外，城市内已建造的其他同类体育设施还有横滨野趣体育馆。

海洋体育馆全景

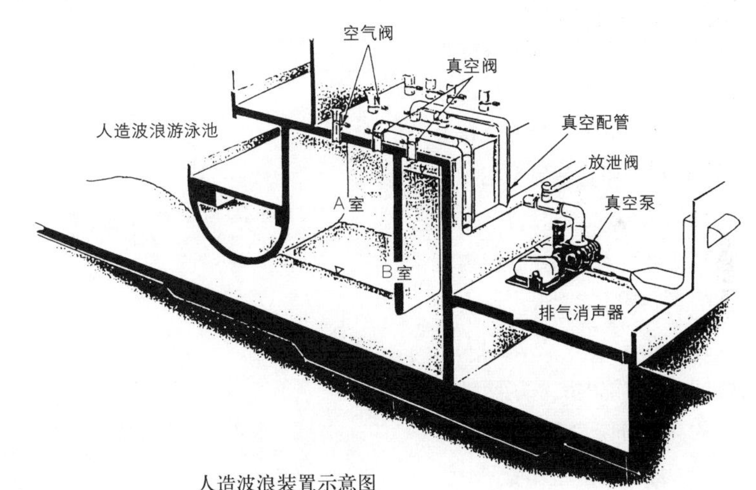

人造波浪装置示意图

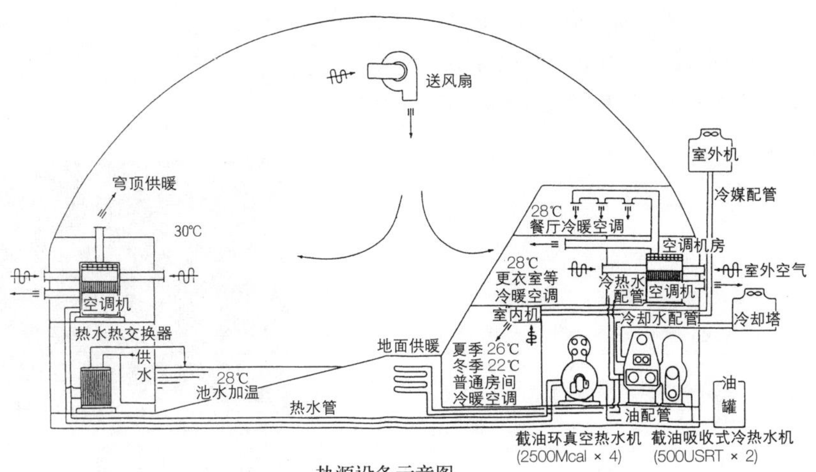

热源设备示意图

人造滑雪场

为能实现“即使在都市内也有可供全年滑雪的场所”这一梦想，1985年该项目被正式提出。之后经过规划、计划和设计阶段，终于在1990年12月开工建设，并于1993年7月竣工营业。室内滑雪馆的设计理念是“盛夏期间也能滑雪，下班或放学后不带任何滑雪用具也可以去滑雪”。

滑雪馆占地10公顷左右，位于京叶线南船桥火车站的东京湾一带，从东京乘车约30分钟即可到达。为能建成长500m，宽100m，高差80m的滑雪练习场，在构成滑雪坡道的各个钢结构框架衔接部位采用了连接式减震器，以提高地震时的抗震性能。

在室内温度冰点以下的滑雪馆内，滑雪练习场坡道上的雪是通过顶棚处喷嘴喷出的雾状水与冷空气接触所形成的。这种类似自然界雪花的人造雪不含任何添加剂，通过调节室内温度和喷嘴便可得到从雪糁到粗雪粒不同状态的雪。平时室内滑雪场人造雪的温度保持在－2℃。为减少人们的等待时间，滑雪馆内配备了两部可乘坐4人的高速升降机和电动步道。另外，为追求舒适的滑雪环境，滑雪馆内还附建有宽敞的餐厅和各种休闲娱乐区等。此外，为使年轻人、老年人等不同年龄段的人群都能玩得尽兴，滑雪馆内还可以租赁各种用具和衣物。

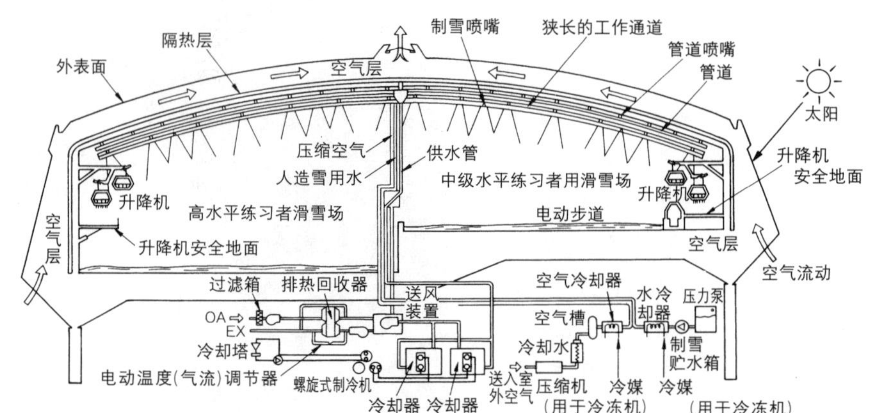

制雪喷嘴安装在狭长的工作通道处。按每跨距4个，共94个喷嘴设置。可以使室内整个滑雪场上均有降雪

人造雪系统示意图

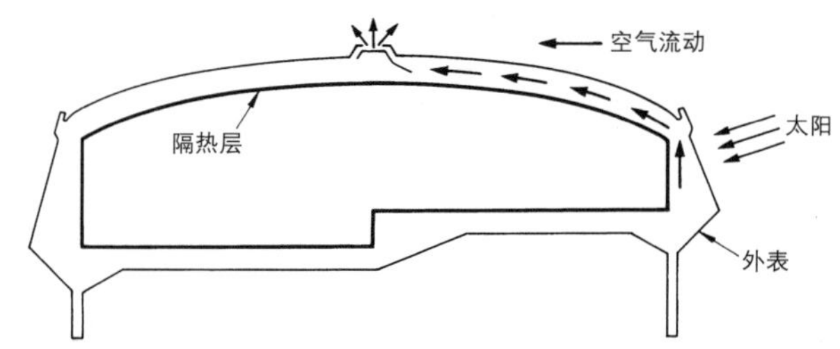

外表面与室内滑雪场间的热空气上升后，从设置在屋顶顶部的排气孔中排出。空气层的温度保持在室外气温＋α。隔热层的总传热系数为0.2kcal/m²h℃

隔热系统示意图

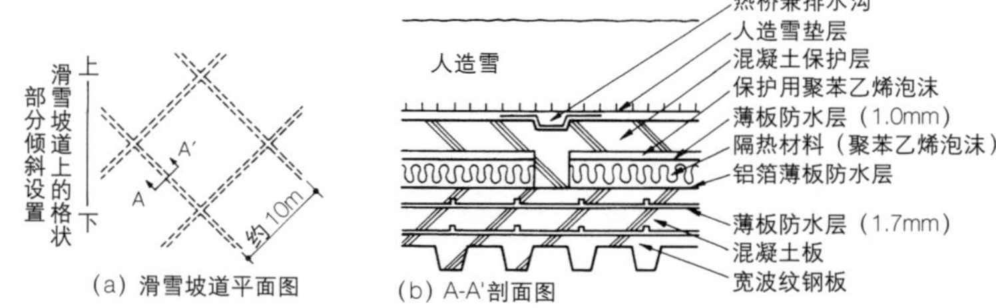

滑雪坡道上留有按10m × 10m格状、宽约100 m的无隔热层的条状区域（热桥）。该处的人造雪受外界气温的影响，从下面开始融化。之所以将10m × 10m的格状部分呈45° 角倾斜设置，主要是考虑到即使不设排水坡度，融化的雪水也可以从倾斜面下方排走

被动融雪系统示意图

内景　　（摄影：斋藤 SADAMU）

开闭式屋顶

这是一座位于日本兵库县西宫市的女子中学游泳馆。建造该游泳馆的主要目的是确保该中学（初高中一贯制）有足够的游泳课授课时间，创造一个春、夏、秋三个季节都可游泳的舒适环境。该游泳馆除建有温水游泳池外，还采用了阳光可透射到馆内的薄膜结构的开闭式屋顶。

春季和秋季将开闭式屋顶关闭，以提高温室效应和蓄热性能，确保游泳的适宜温度；夏季则将屋顶打开，以创造一个轻风拂面的舒适环境。

在对屋顶开闭的滑动方式和旋转方式进行研究后，根据游泳馆周围没有足够的空地，加之这种方式具有可在有限的建筑面积内将屋顶最大限度开启，以及一端固定的旋转方式中驱动部分少，机械装置简单，便于控制等特点，采用了将4个可移动屋面设计成扇形，两两一组各向左右方向转动的旋转方式。

开闭式屋顶采用的是以网索为基底、透明度达70%的聚酯薄膜，屋顶形状为将跨距46m的骨架做成矢高5m的拱状。屋顶的骨架网索很细（直径76 mm的钢管），以确保其透光性。

一般普通的室外游泳池全年可游泳的天数为90天左右，而武库川学院游泳馆因采用有效利用阳光进行蓄热的方式，所以与普通的室外游泳池相比，其年游泳天数可延长近2倍。

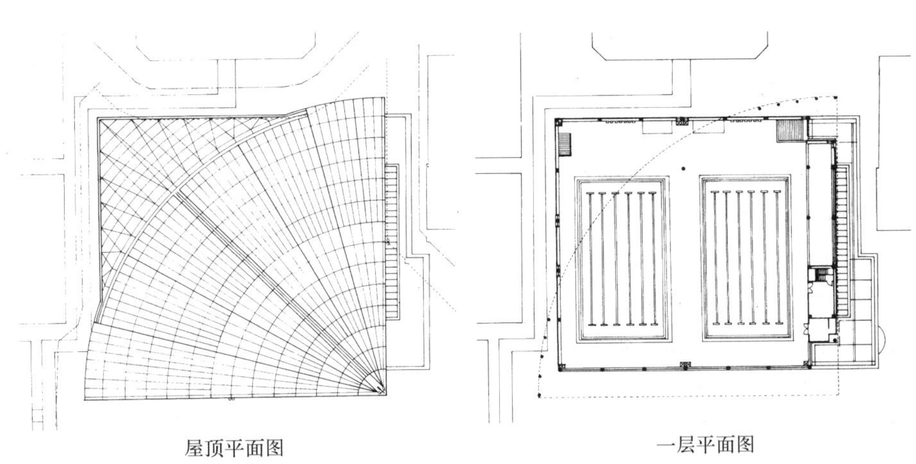

屋顶平面图　　一层平面图

屋顶全部开启时

屋顶关闭时

自然风的利用

在体育设施这类大跨度结构建筑中，最理想的通风方式就是不要采用机械方式，而是利用自然风进行通风。大馆树海体育馆主要就是利用夏季和换季时的季风——西南风进行通风的。经室外水池池水冷却的自然风从体育馆下部的推拉窗吹入体育馆内后，可将穹顶内阳光辐射所产生的热量和运动员参赛时身体产生的热辐射散发出去。此外，体育馆下部的门窗也按方位的不同采用了不同的高度，即使没有风时也可以有效促进通风，进而通过打开屋顶顶部的排气口排放聚集在穹顶上部的热气。体育馆观众席上方的顶棚处虽装有可产生循环气流的吊扇和产生稳定气流的设备，但主要还是以自然通风为主，形成一个可产生凉爽、舒适感的自然环境。

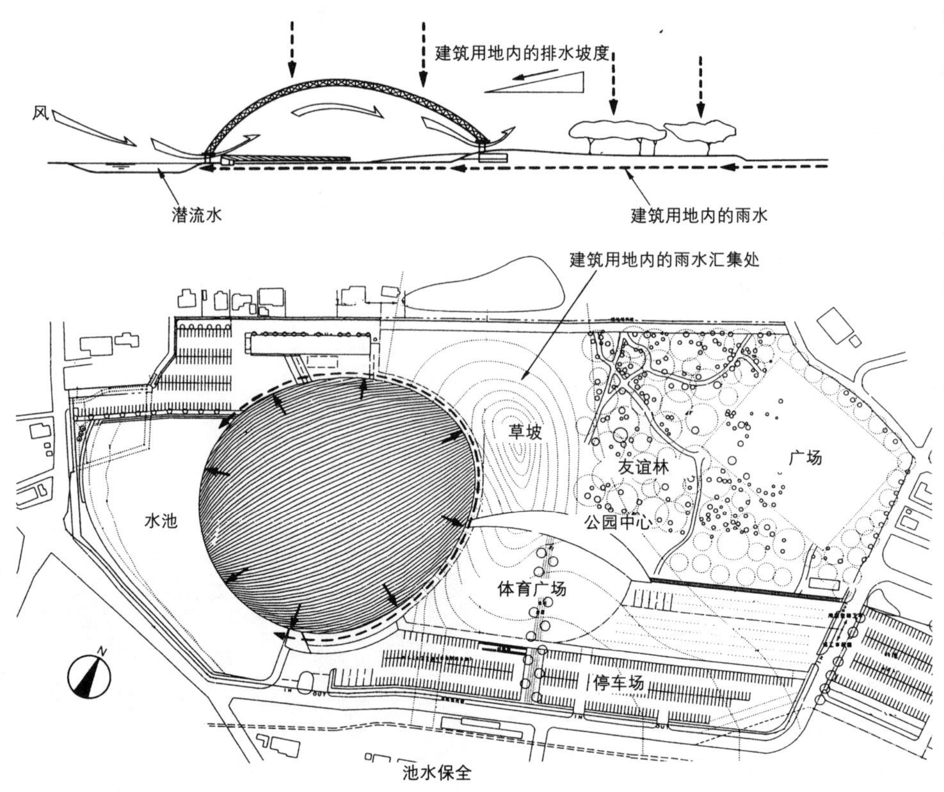

自然风、雨水的利用计划（大馆树海体育馆）

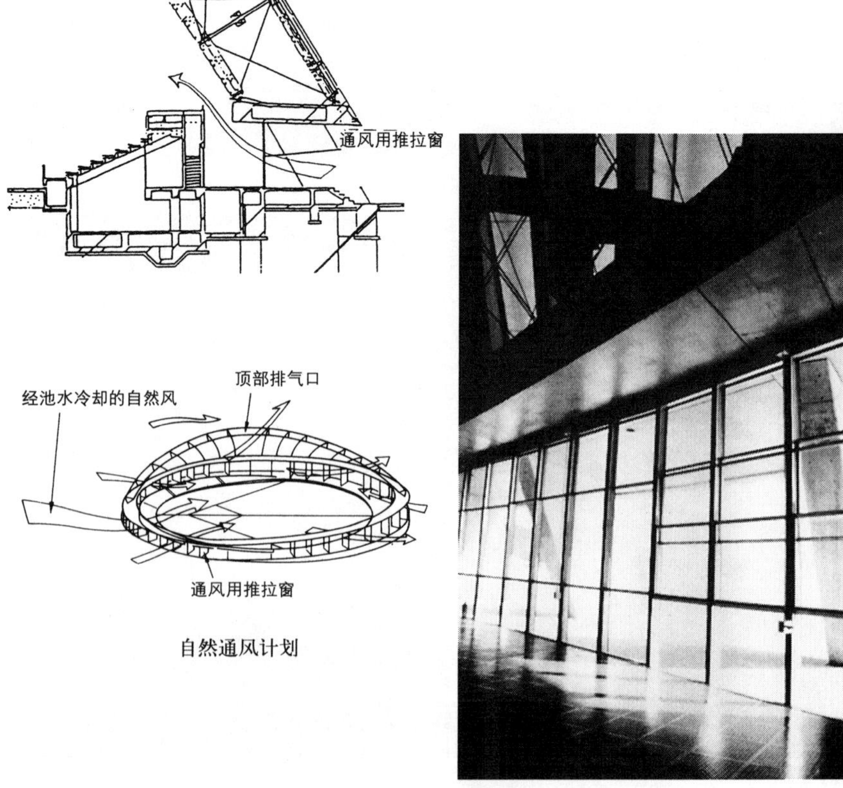

自然通风计划

推拉窗

自然光的利用

东京体育馆（穹顶）……建筑工程概况 1
酒田市国体纪念体育馆……建筑工程概况 9

1. 酒田市国体纪念体育馆

与通过采用石材和混凝土的外观表现出一种稳固性的、牢牢耸立在大地上的毗邻建筑物——土门拳纪念馆不同，酒田市国体纪念体育馆通过彩色金属板和细长的彩色弦杆所表现的是一种与大地相脱离的悬浮感。通过张弦梁的构架，从悬浮的屋顶内侧反射到地面的阳光被折射到室内比赛场，形成了该体育馆中特有的光照环境。这种光线还可用作不影响体育活动的间接照明，从而节约了能源。从屋檐下照射到馆内的光线表现出一种下弦紧绷、具有动感的结构体，在设计上提出了一个与体育空间相一致的结构空间。

2. 东京体育馆(穹顶)

在体育设施中还有一种利用自然光的做法，即利用薄膜穹顶的透光性来实现自然采光。东京体育馆（穹顶）就是通过透光性能好的屋面薄膜材料（双重薄膜），确保晴天照度可以达到3 000～5 000勒克斯（lx），从而实现了利用自然光节能的目标。特别是当穹顶结构被用于棒球馆时，应能保证参赛者在比赛时识别对象（球）所需的照度，并在确保照度的同时尽量减少屋顶构架件与薄膜的亮度形成明显反差。

室内比赛场内景（酒田市国体纪念体育馆）　　（摄影：新建筑摄影部）

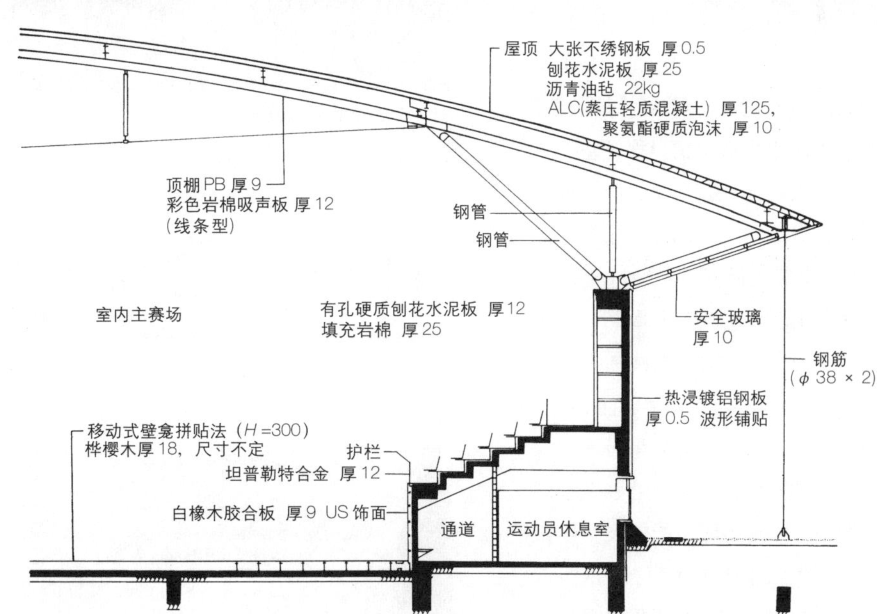

剖面详图　1/400（酒田市国体纪念体育馆）

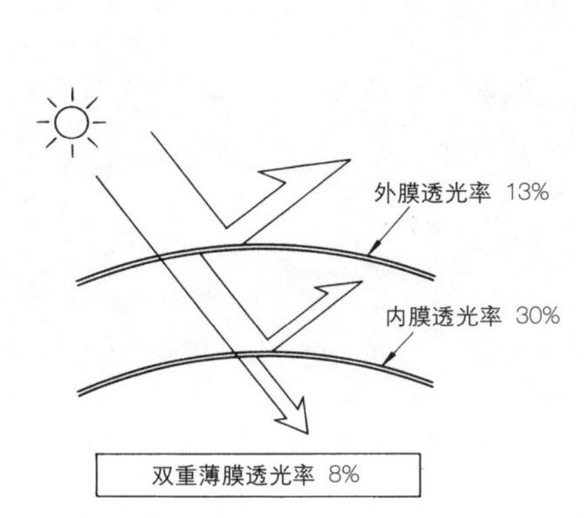

双重薄膜屋顶的自然采光[东京体育馆（穹顶）]

透过光线的利用[东京体育馆（穹顶）]

策划　　潜心于节能

减少热损失的外墙

调布市综合体育馆
大阪市中央体育馆……建筑工程概况 10

调布市综合体育馆中的大部分设施都建在地下。因体育馆位于公园内，所以为保证公园内的景观不被破坏，有利于整个地区景观的规划和公园的利用，以及受一类居住区建筑物高度要求在10m以下的条件所限，就设计成半地下体育馆。大型运动馆和室内游泳池的大部分屋顶及外墙几乎都被埋设在地下，在隔热性方面具有热损失极小的有利条件。实际调查结果表明，冬季地下温度不变，基本保持在15℃左右，大型运动馆内的室温也接近于地下温度。室内游泳馆的顶部设有8m × 24m的开启式天窗。在冬季的白天，通过天窗可以吸收太阳的热能，晚上关闭水平百叶窗以保证室内热量不致散失，而且在夏季、换季期还可以进行自然通风。因体育馆修建在地下，年供暖负荷减少了约11.8%，年一次能源消耗量约为1 600MJ/m²· α，特别是作为冷暖气主要热源的城市煤气，其单位面积的年一次能源消耗量约为400MJ/m² · α，节能效果显著。

按照相同法规规定将建筑物修建在地下，从而实现节能的大型体育设施还有大阪市中央体育馆。该馆承受大荷载的大跨度结构采用混凝土球面拱壳，并从屋顶栽培土荷载和矢高较低的情况出发，在壳体外周的受拉环梁上施加了预应力。与调布市综合体育馆一样，这种全部建造在地下的体育馆也是在考虑了与周围环境和景观保持一致的同时，实现了室内环境的稳定性，即利用地下的冷却效果（被动冷却）实现“夏凉”，通过减少热损失实现“冬暖”这样一种最基本的室内环境要求。此外，该馆还取得了自然采光和自然通风等综合节能效果。

从空中拍摄的体育馆全景　　（※摄影：新建筑摄影部）

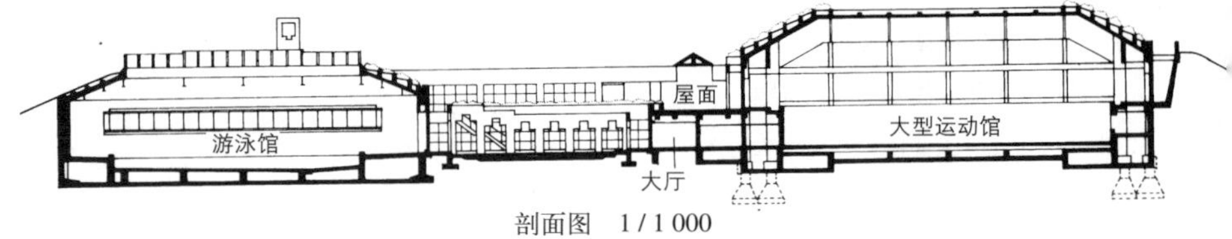

剖面图　1 / 1 000

地下一层游泳馆内景

从中庭方向看到的大型运动馆

水的再利用

一个可容纳众多观众的大型体育设施的用水量是很大的，特别是厕所的用水量就会更多。

若体育设施的建筑规模很大，遇有大雨时雨水的排放量也就会增多。因此尽量控制水的流失，保护市政设施是非常重要的。

由此可见，体育设施的设计理念就是有效利用水资源并保护周边的环境。

雨水的利用就是将滴落在宽大屋顶上的雨水引入地下贮水箱后，将其用于厕所冲刷或花木浇灌等的再利用系统。

排水的再利用是通过中水设备将洗手、厨房用水等的排放水进行处理后，再将其用于厕所冲刷或花木浇灌等的再利用系统。也有的城市将其作为广域中水使用的。

井水的利用是将建筑用地内地下水的热量用于供冷及屋面洒水等的系统。从环境保护的角度看，为防止地下水资源衰竭，应在抽取地下水并使用后再将其灌回地下。

节水器具的使用也很重要。特别是在用水量较大的观众用厕所中，一般多采用可控制冲水量的标准冲洗装置或感应式冲洗装置。

另外，还应根据建筑用地与建筑物、水的利用区域等，对水网的配置进行综合考虑，并对整个建筑做出规划。这也是十分重要的。

雨水沟

雨水贮水箱与雨水送水泵

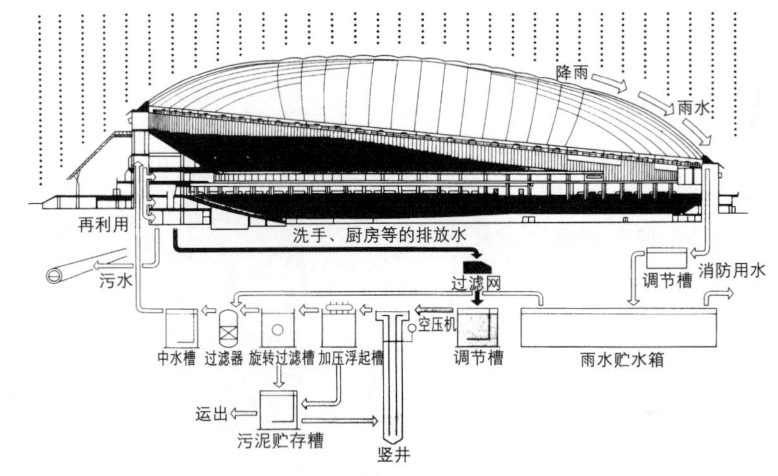

雨水贮水设备示意图

中水机房（竖井）

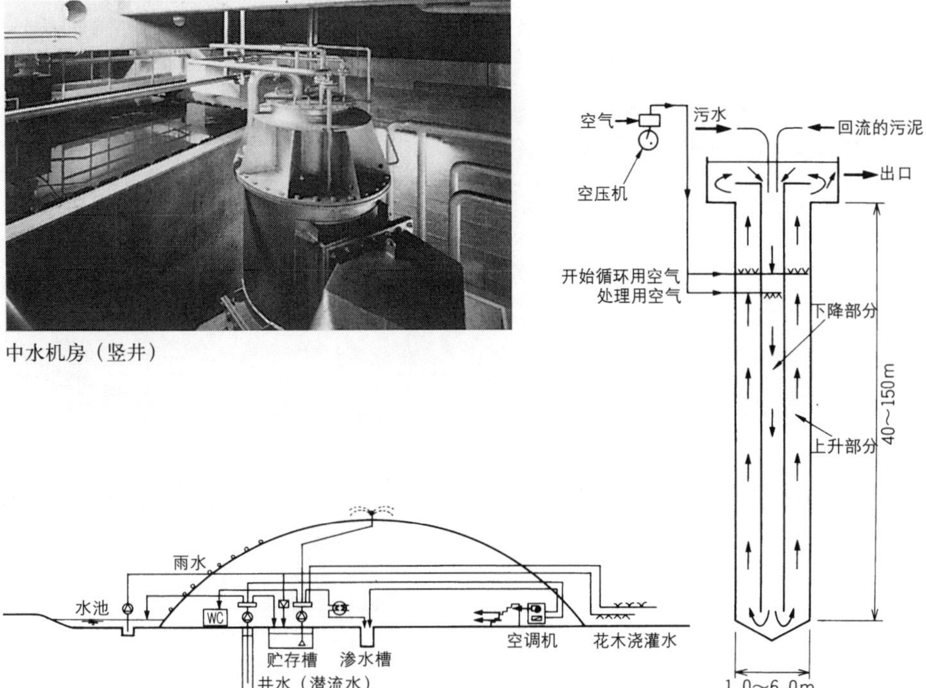

竖井示意图[东京体育馆（穹顶）]

太阳能的利用

太阳之乡体育乐园与修建在神奈川县茅崎市海岸附近的营业性老年公寓——太阳之乡相毗邻。该设施是一个为增强该地区入住者和社区人员体质，向人们提供一个大众化活动场所而修建的游泳、网球俱乐部。

该设施的特点是：为能有效地利用综合性太阳能系统的太阳能热能并节约能源，修建一个具有舒适环境（室内环境及游泳池池水）的室内游泳馆，采用的是耐用、隔热、便于维修保养的集成材料，而且不仅在设计上有所体现，还使功能与设计融为一体，与周围的环境十分协调。综合性太阳能系统是由与300m^{2}屋面为一体的太阳能集热器的低温集热型主动式太阳能系统和可分别对室内光能与热能进行分配、控制的被动式太阳能系统（配有透光性隔热窗扇与铝合金反光膜窗帘）组成。该设施通过两眼井的井水蓄热、水墙和水地板（可使游泳池中的热水在墙内或地板内循环的墙体和地板——译者注）的辐射供暖系统，以及对流循环系统等方式，实现了年节能72%，即使在严冬季节，晴天时也能达到100%的节能效果。

游泳馆内景

南侧外观（与屋面呈一体的太阳能集热器与被动式太阳能系统组成的屋面）

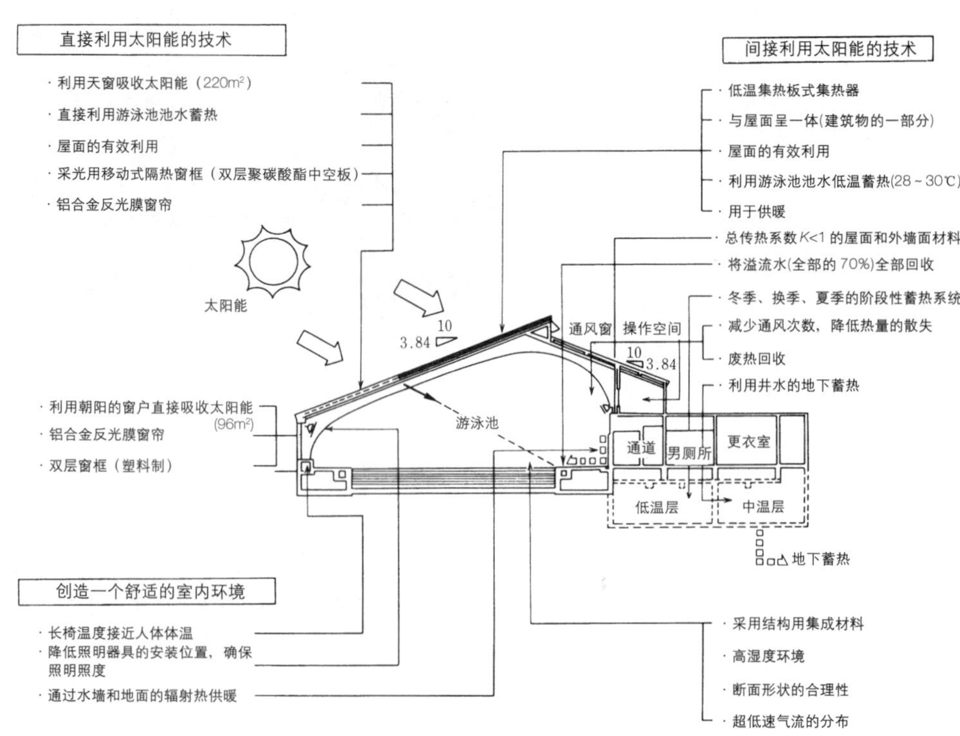

太阳能的直接利用或间接利用以及节能技术

策划　　潜心于节能

福冈体育馆……建筑工程概况 2
东京代代木国立综合体育馆……建筑工程概况 7
巴塞罗那体育馆

通过气流控制环境

大跨度结构建筑的活动区域是运动员和观众集中活动的区域。该区域与其他工作区域不同，是一个运动会上观众们声援，音乐会或展览会时人群踊动的场所，要求可容纳一定的人数，并具有舒适性。

因此，有人提出了“利用空气对流控制环境”的设想，即提高室内温度的设定值，通过加大活动区域内的风速来提高人们的舒适感。一般大跨度结构建筑的室内温度不一定要像办公室那样设成26℃，可以设定在28℃左右，并与可使活动区域内产生气流的硬件系统配套使用。这样，如果提高室内温度的设定值，那么便可以通过减少室外空气的负荷达到节能的目的。

东京代代木国立综合体育馆、慕尼黑游泳馆等体育设施中采用的是喷嘴式送风口。这种大型喷嘴送风口的方法是大跨度结构建筑中常用的方法之一。

巴塞罗那体育馆、福冈体育馆、名古屋体育馆、大馆树海体育馆中所用的气流装置，是通过按圆周方向安装的数台独立的风扇使空气不断循环流动而产生气流的。

在控制方面，福冈体育馆不仅对温度和湿度，而且还对风速和辐射温度进行测试，并通过综合环境指标来调节空气。

通过室内空间形状的设计、喷嘴的利用、电扇以及自然风产生的气流等，可以使人产生凉爽感。另外，借助动力进行自然通风的方法也十分有效。

喷嘴式送风口（东京代代木国立综合体育馆）

室内比赛场顶棚吊扇
（巴塞罗那体育馆）（摄影：石元泰博）

旋流式风扇

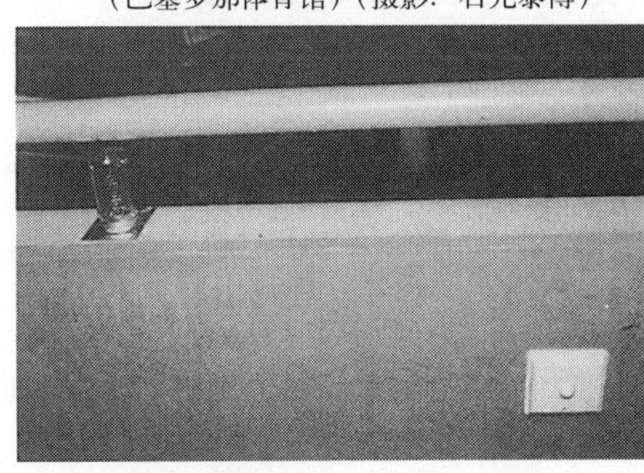
风速传感器与辐射温度计

中央监控系统（中央监控室）

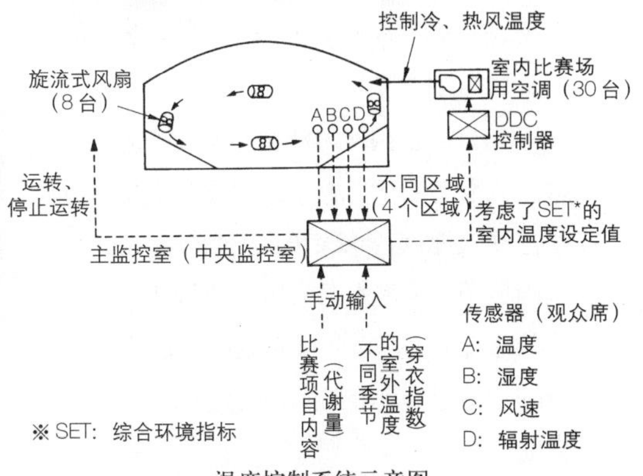

温度控制系统示意图

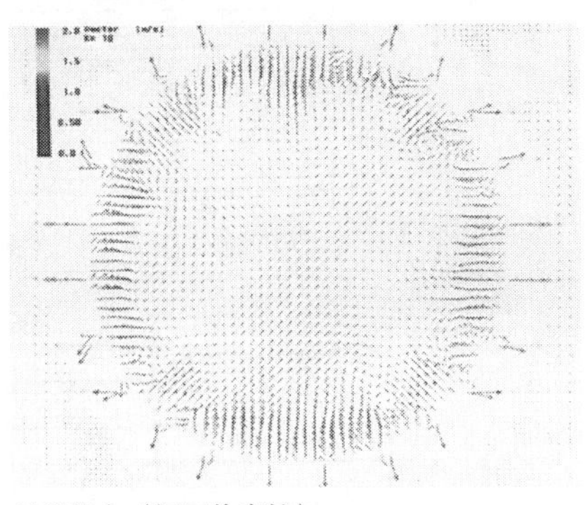
气流流向（福冈体育馆）

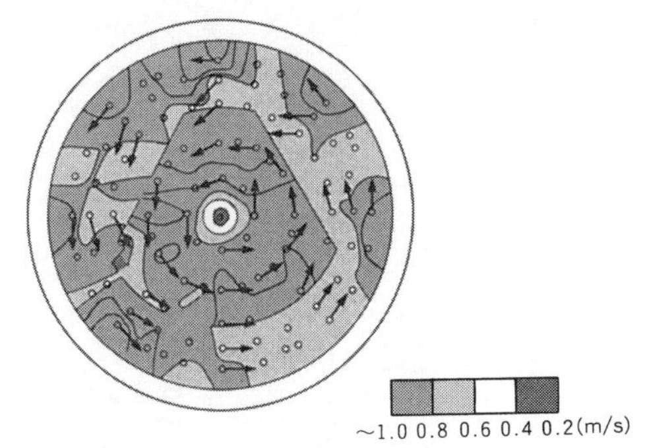

旋流运转时风向风速的实际测定值

横滨室内比赛场……建筑工程概况 6
东京辰巳国际游泳馆……建筑工程概况 15

布局可变的观众席

作为一个可用于各种比赛项目的多功能比赛场，横滨室内比赛场安装有可满足各种体育项目要求、适应性强的多用途设备。其室内比赛场的地面与顶棚的设计独具一格。移动式地板上设有11 000个观众席位。根据体育馆举办活动（音乐会或室内田径赛、排球、网球等体育项目，大型集会等）的不同，这些席位可通过计算机迅速改变布局。计算机设置的固定形式有6种，即用于音乐会时两种、体育比赛时三种和池座时一种的布局类型。不过也可以根据不同的要求改变观众席的布局。室内比赛场的顶棚为未经修饰的原饰面，屋顶桁架上配有约600个可负荷1～9t/点的吊点，通过荷载监测系统可以实现对吊装荷载情况的监测，通过围护在顶棚外的三重照明盖板可以很方便地对这些吊点进行检修或安装。此外，考虑到细光束聚光灯等照明灯具的使用，还配置了大容量的电源。

东京辰巳国际游泳馆主要以普通市民为服务对象，游泳馆主赛池采用了升降式池底，水深可在1.4～3m范围内调节。平常水深1.4m，游泳池中间的水深可达3m，过去在跳水池进行的水中芭蕾现在就可以在游泳馆主赛池进行了。

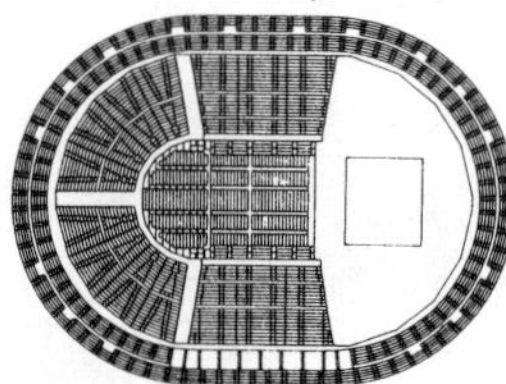

演出舞台A
容纳人数：12 000人
可进行音乐、戏剧、服装表演等各种类型的演出

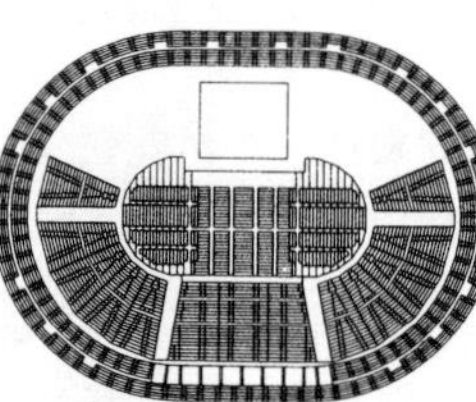

演出舞台B
容纳人数：11 000人
可设计成与举办活动内容相符的舞台

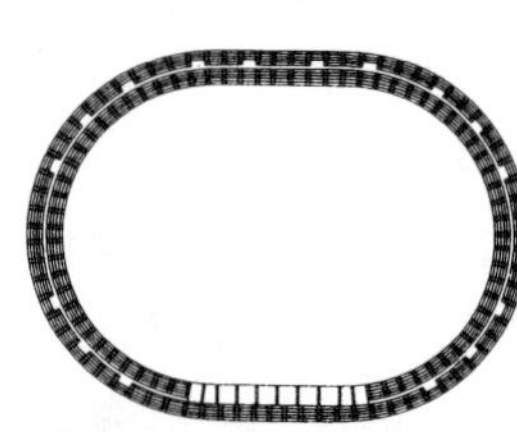

展览会·商品展销会
室内比赛场面积：8 000m²
大型室内比赛场中的电源、给排水等设备齐全

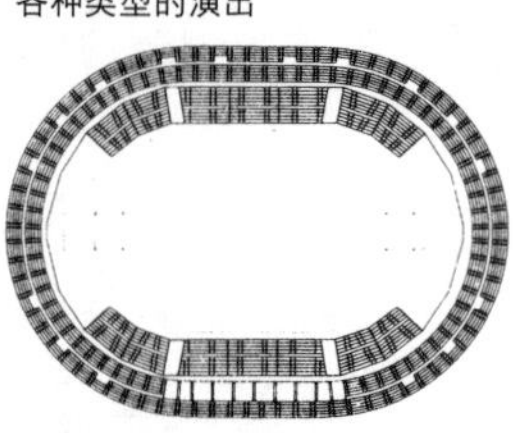

室内田径运动场
容纳人数：10 000人
配有6道200m跑道，8道100m直道跑道

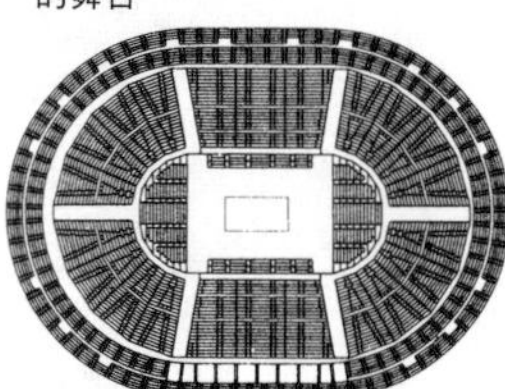

网球·排球
容纳人数：16 000人
可轻松举办国际比赛

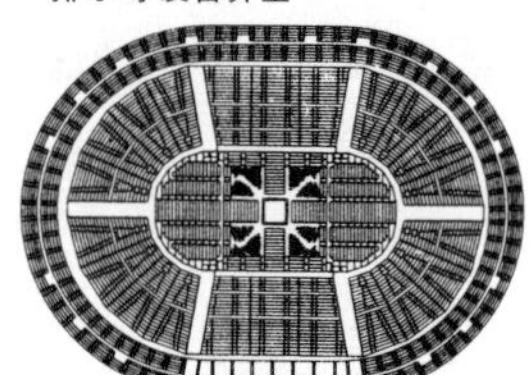

拳击·相扑
容纳人数：17 000人
舞台设置在场地中央时观众席的数目最多

由计算机控制的移动式观众席系统的6种布局类型（横滨室内比赛场）

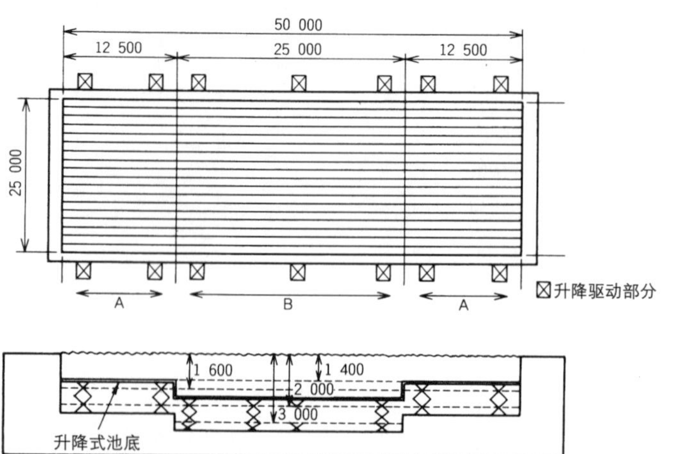

（单位：mm）

游泳池升降式池底（东京辰巳国际游泳馆）

可发挥潜能的田径运动场

最理想的体育运动场应舒适、安全，可以使运动员在训练或参赛时发挥出最大的潜能。因不同比赛项目的起始动作和所用球等器械的不同，所以就要求运动场的地面能适应各种比赛项目，特别是应开发出与用途相符的各种全天候地面材料。另外，即使是相同的比赛项目，在进行以休闲娱乐为目的锻炼时，注意的是锻炼的安全性与避免出现过度疲劳；而在进行职业比赛时，则是以运动会的记录和比赛的趣味性作为重点。因此，这两者在对地面结构的要求和对地面的处理方面是不同的。

（财团法人日本体育设施协会室外体育设施分会制定的《室外体育设施建设指导方针》）

标准的田径运动场要求跑道敷设的材料具有脚底感觉好、适于奔跑、即使地面被钉鞋或胶鞋踩踏变形也能很快复原、防滑、摩擦性能好（可在奔跑时突然停住）、有弹性、不受天气变化影响和稳定性好等特点，其中具有代表性的跑道材料是聚氨酯类的弹性铺装材料。1995年在国立田径运动场举办的世界田径运动会上打破世界纪录的场面至今令人难以忘怀。经过大规模改造后的大阪长居田径运动场采用的也是聚氨酯类的弹性铺装材料，这种材料摩擦性能好、反弹力强，耐钉底鞋踏踩。另外，因跑道设有9条分道，所以在进行分道比赛时，当某分道受损严重时可避开损坏严重的分道，以保证比赛的公正性。

运动场地（长居田径运动场）　（摄影：冈田泰治）

地面铺装材料的种类与特点（全天候型）

名　称	用　途	材　料	表层厚度(mm)	特　点
沥青类	网球场 运动场	沥青＋密封材料，橡胶，软木	3～30	便于保养管理的经济性全天候型。耐久性、平坦性好。另外，还有采用加入橡胶、软木等的弹性型
合成树脂乳剂类	同　上	合成树脂乳剂类＋填充材料	1.5～3	色彩鲜艳，便于保养管理的全天候型。具有耐气候性、耐磨损性、耐水性等特点
聚氨酯类	网球场 运动场 田径场	聚氨酯树脂	3～25	色彩鲜艳，便于保养管理的全天候型。有多种耐久性、平坦性好的弹性铺装材料和路面装修材料，可用于多种场地
橡胶，橡浆类	同　上	橡胶，橡浆类＋骨料	5～10	具有柔软感、便于保养管理的全天候型(红、绿两色)
橡胶碎片聚氨酯类	同　上	橡胶碎片＋胶粘剂	6～25	具有色彩鲜艳、便于保养管理的全天候型。另外，还有具有柔软感、渗水性好的渗水型
聚乙烯类	网球场	聚乙烯预制品	15～18	预制（渗水型）组合型，多种颜色
人工草皮	网球场 运动场 球　场 棒球场	尼龙，聚丙烯，聚酯，聚偏氯乙烯，氯乙烯	7～25 （不含基底材料）	漂亮的地毯型。有多种类型，与软垫一起使用可用于多种场地。另外，还有渗水或铺砂型

策划　　设施的新创意　　长野市奥林匹克室内比赛场(波浪滑冰馆)……建筑工程概况 18

可发挥潜能的滑冰场

1. 速度滑冰场的制作

首先用发动机驱动的螺旋冷冻机生成－12℃的载冷剂，将冰场地面冷却。然后向冷却的地面洒水，形成3～5cm厚的冰层，完成冰场的制作。

用于冷冻机（冷媒为氨，145URST × 4台）冷却的水为井水，井水用后被灌回地下。冰场被分为8部分，分别敷设了由联管箱流向载冷剂的配管支管。支管为无缝长钢管，焊缝极小。此外，发动机排出的热量还可用于供暖和除湿，有利于节约能源。

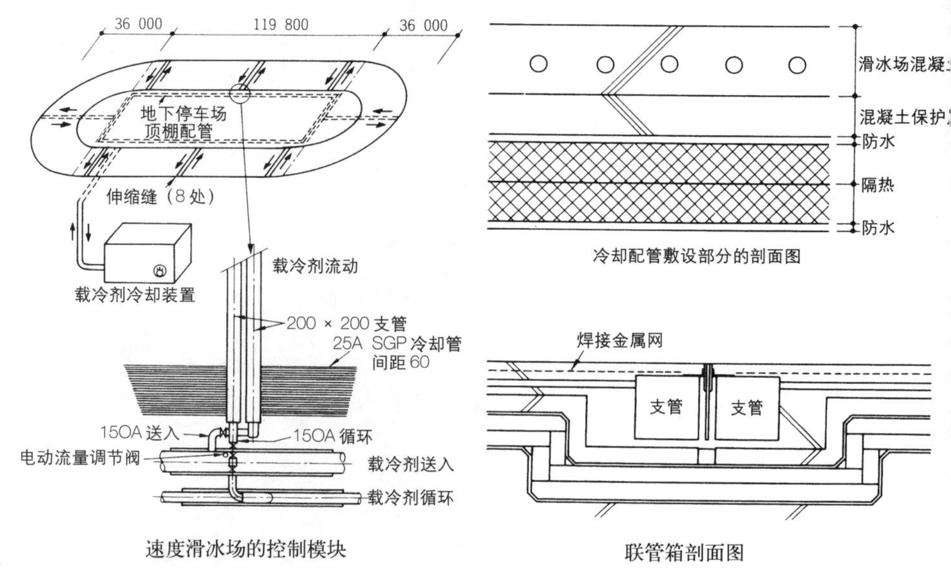

速度滑冰场的控制模块

冷却配管敷设部分的剖面图

联管箱剖面图

2. 发挥潜能的滑冰场

作为比赛用速度滑冰场，为能使运动员在比赛时创出好成绩，应具有有关优质冰的制作与保养、人工冰场的环境控制等下述各种技术。

①可保证人造冰质量的喷洒用水

通过纯水装置将喷洒水的电导率降至最低，并将喷洒水的水温控制在50℃左右。

②冰面温度的控制系统

为保证冰面适宜滑冰，应通过非接触型温度传感器控制载冷剂的流量，并对被分为8份的各冰层表面温度加以控制。

③冷冻机可自动运转

冷冻机可根据载冷剂的流量与温度自动运转，而且在使用制冰车时也可以通过程序进行控制。

④防止冰面上空结雾

为防止冰面上空结雾，应对冰场周围的温、湿度进行监测。当冰面上空出现结雾时，可通过载冷剂及发动机排热的强行除湿系统消除结雾。

长钢管

OA
载冷剂

室内比赛场除湿系统流程图

施工状况（波浪滑冰馆）

光环境的控制

体育设施中的照明应能保证比赛时水平方向和垂直方向的照度，灯具的照射角度不得影响参赛者视线，那些用于电视转播的设施应具有可保证摄像照度等功能。

当体育比赛采用白天自然光、晚上人工照明的照明方式时，不仅要考虑照明的成本问题，还应考虑选用那些显色性能好、接近自然光的彩色灯和能看清肤色的照明灯具。

当举办除体育比赛外的其他活动，如展览会、集会、音乐会时，应配备与举办活动相适应的照明灯具。特别是在举办音乐会时，应配有与音乐会相适应的电源、吊钩和装设在电视演播室四周墙壁挑廊的桥形通道等。

在制定建筑规划中的照明计划时，应充分考虑到体育设施的功能性与维修保养性、自然采光与照明计划的关系、可适于多种用途的设备，以及环境照明计划等。

茨城县立鹿岛足球运动场

福冈体育馆

国技馆

东京体育馆

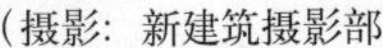

（摄影：新建筑摄影部）

大馆树海体育馆

横滨室内比赛场

刘易斯·弗拉里斯运动场
（意大利热那亚）

金·法哈德·国际运动场
（沙特阿拉伯利雅得）

茨城县立鹿岛足球运动场……建筑工程概况 20
国技馆……建筑工程概况 14

零距离与分离

为使整个比赛场内出现一个参赛者与观众融为一体的热烈气氛，观众席应尽量靠近比赛场地，使观众在观看时具有身临其境感，就像相扑中的比赛场地（土俵）与前排观众席那样，距比赛场地（土俵）越近就越会产生身临其境感。一般日本的足球场多与田径场兼用，球场与观众席之间没有跑道的专用足球比赛场最近才刚刚出现，从而实现了参赛者与观众的零距离接触。

但是，一旦球赛进入竞赛高潮，球迷们就有可能从看台冲入球场，出现骚乱。所以一定要将观众席与场地隔离开来（为防止流氓球迷在足球场内起哄而采取的措施）。过去的田径比赛场上没有采取这方面的措施，在现在日本足球协会举办的足球比赛中，都是将观众席的前3排空出，用以安排工作人员维护场内秩序。

现在修建足球比赛场时，往往都采用下述三种措施：

① 在观众席与场地之间设置护栏。护栏的形式可考虑采用金属网护栏、透明塑料护栏或玻璃护栏等。

② 在观众席与场地之间设置一道宽度2.5m以上、深3m以上的防护沟。

③ 观众席地面高于场地地面3m以上。

目前，日本多采用③的形式，而欧洲等地往往采用防护沟的形式。总之，必须考虑突发事件发生时的疏散路线。

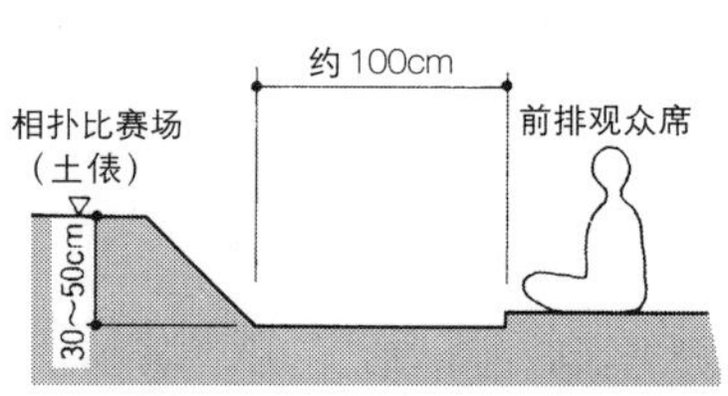

相扑比赛场（土俵）边界与前排观众席

在国技馆进行的相扑比赛　（摄影：共同通信社）

鹿岛足球运动场　观众席　（摄影：J·里格夫特）

①设置护栏时

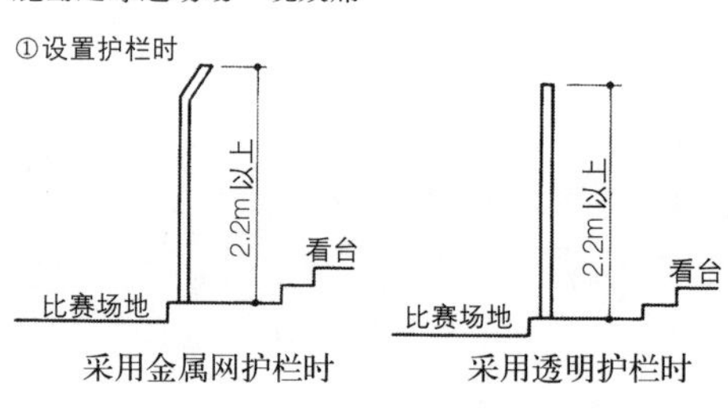

采用金属网护栏时　采用透明护栏时

②设置深沟时

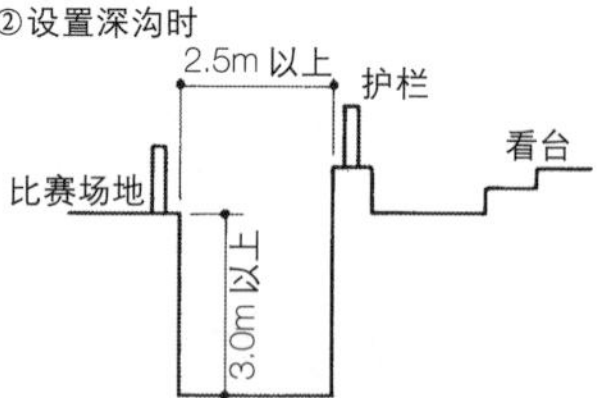

③设置挡墙时

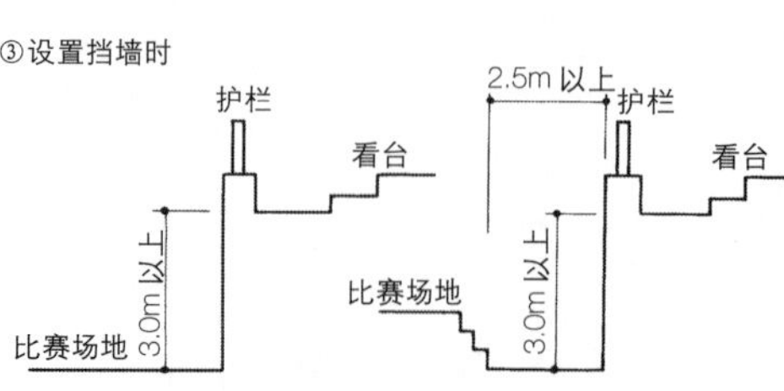

护栏、沟、挡墙

设置护栏实例

设置深沟实例

开放型学校内的体育馆

千叶市打濑小学体育馆位于千叶市海边幕张市中心住宅区——“幕张海湾城”内。该设施的设计风格与临街住宅相同，学校外墙与沿街建筑相连，运动场是公共区域的一部分，没有门、没有围墙的学校面向全社区开放，椭圆形的体育馆成为棋盘状街道上一个明显的标志。千叶市打濑小学是一所开放型学校（开放型学校为重视学生的独立学习，在编班、时间和教室安排上可自由变动的学校——译者注）。其特点是灵活多样、选择性大。建筑用地内一条名为“幽径”的道路将学校与社区连在一起。为保证学生进出方便，学校按不同年级在教学楼的入口处为学生设置了多处换鞋处。体育馆的2层通道是从教职员室通往初、高中各年级的主要动线，学生与老师经常来往于此。此外，师生们通过通道也可以来到体育馆参加全校性活动。考虑到平时的开放，体育馆附设的“交流休息室”配备了专用更衣室和出入口。为保证对外开放的顺利进行，通过附设管理区便可直接来到游泳池。屋顶游泳池在开放时可供人们进行阳光浴，不开放时则可进行休整，而且在这里还可以俯瞰整个街区。

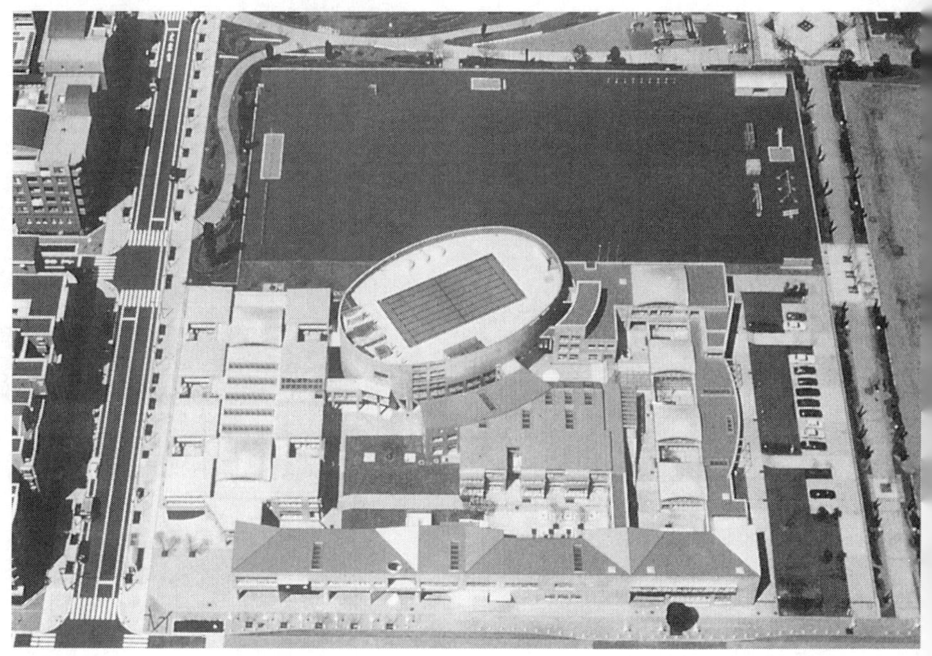

全景俯瞰图

外观　　（※摄影：彰国社摄影部）

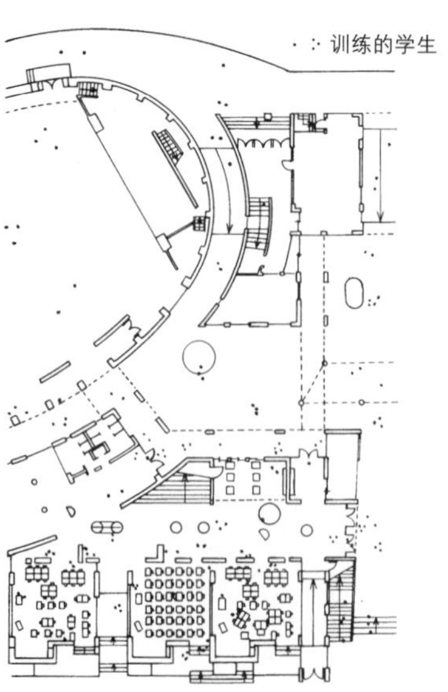

训练的学生

体育馆内景

跃层的有效利用

很早以前北区的市民们就希望该区有一座温水游泳馆，这种愿望十分强烈，于是借地处区中心的区立十条台小学体育馆改建之际，区政府决定修建一座面向市民开放的游泳馆和体育馆。为能有效地利用建设用地，经讨论决定采用跃层式建筑，并将馆址选在一直未加利用的校园一角的山崖处。最初准备将体育馆建在游泳馆的上层，但因在荷载和基本建设费方面存在许多不足，所以经过反复的研究后决定采用“体育馆在下、游泳馆在上，游泳馆屋顶为活动式玻璃窗穹顶”的方案。该方案的优点是：可以对基本建设费（主要是供暖费）、噪声、受阳光照射影响的建筑用地进行合理的规划与利用，具有一种置身户外的感觉，并可使其柔和的外观造型和标志性建筑得以凸现。

游泳池长25m，6个泳道之间用FRP（玻璃纤维加强塑料）隔开。针对学校与社会不同使用对象对水深要求的不同，池底部分采用了游泳池水量不变、池底深度可调的FRP（玻璃纤维加强塑料）格栅板。此外，由于每天来此游泳的人很多，且常年开放，需要加强对池水水质的管理，所以采取了消毒药液注入装置与臭氧灭菌净化装置并用的方式。

游泳馆内附设有两个排球场和一个篮球场，因该馆是一座地区性的体育馆，所以馆内还设有办公室和更衣室等。考虑到集会时便于使用，在体育馆的长轴方向建有舞台，短轴方向配有简易观众席。

因该设施是上、下跃层的2个大跨度结构建筑，加之又建在高差超过10m的山崖处，所以就会出现单侧土压等结构方面的问题，但这些问题已通过RC“倾格排梁结构”与现浇预应力混凝土（预应力混凝土后张法）等方法得以解决。

东侧外观

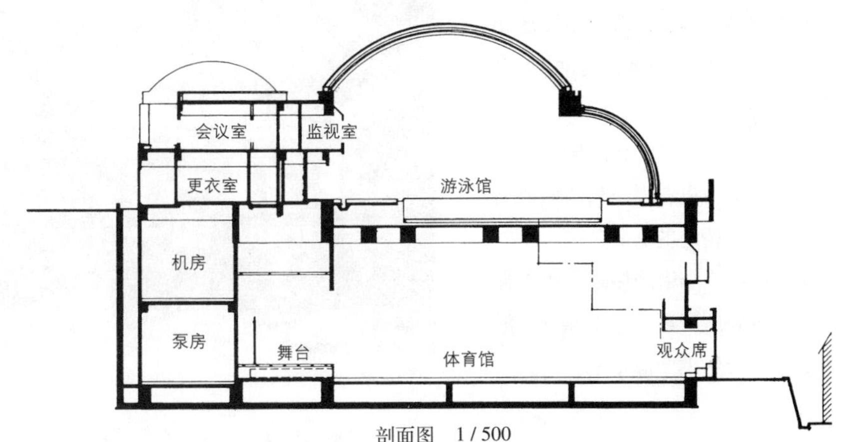

剖面图　1 / 500

游泳馆内景

体育馆内景

功能　公益性设施

都市中的中央休闲区

川崎市民广场是一个以从儿童到老年人的所有人为对象，以“成为一个可促进人们身心健康的设施”为主题而建造的综合性体育设施。其设计理念是：力图设计成一个集体育、文化、艺术、教育、福利、休闲娱乐于一体的活动场所。

川崎市民广场的一层为温水游泳馆（25m池、5泳道比赛池和儿童池），二层为室内体育馆，地下层设有健身房等。

在欧美，这种使用人群广泛、具有多种功能的多元化设施被称为comprehensive（综合性）公共设施。

川崎市民广场的中心建有全天候型的多功能室内广场。室内广场上方的玻璃屋顶由4根树状钢结构柱支承，并从周围的RC结构延伸开来。

室内广场位于通往各个不同活动场所的动线中心处，它既是川崎市民广场中的标志性建筑，也可作为各种集会、盂兰盆会、音乐会的剧场，所以在确保观众的观看视线和音响效果方面也进行了精心的布置。

川崎市民广场中的热源主要来自毗邻的垃圾处理厂所产生的余热，每年都是利用余热调节温度的。

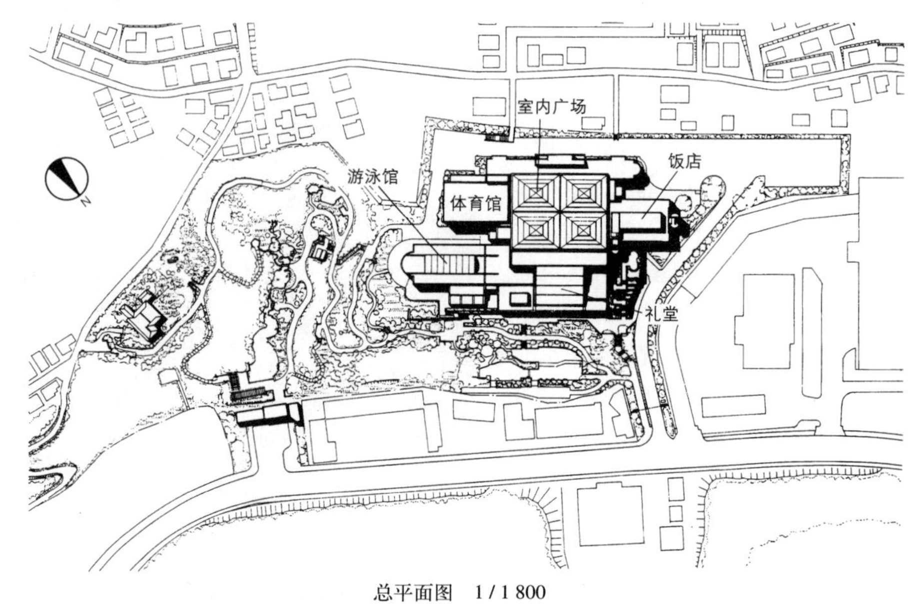

总平面图　1/1 800

室内广场

游泳馆内景

运动会场面

[摄影：和木通（彰国社）]

礼堂观众席

公园与体育设施

深受福冈市民欢迎的“博多之森球场”位于可在假日期间携家人游览、休憩和度过愉快时光的东平尾公园内。在占地94.4公顷的公园里，那些可观赏到四季景色变化的游路、适于各种人活动的体育设施，以及可举办国际性运动会的大型体育设施被装点在山坡上、湖泊边和丛林中。其中的博多之森球场就是于1995年8月为在福冈举办的世界大学生运动会而建成的，之后又作为现在的日本足球协会福冈阿比斯帕棒球场受到人们青睐。在漫山绿树成荫的公园内，球场被控制在合理高度，力图创造一个与绿色大自然融为一体的氛围。

为使人们观战时的紧张情绪得以舒解，球场外的湖边种有可供春天赏绿、秋天观红叶的各种植物，水中植有各种不同的花菖蒲，大自然中四季的变化似乎也被勾勒在建筑中。整个球场被森林中特有的清风和透过林间的柔和光线所包围，完全融入大自然中，形成了一个可轻松愉快地参赛和观赏的空间。

“博多之森”

· 田径比赛场（一类标准） 30 000人

· 球场 22 500人

· 网球比赛场 主网球场 1个

室外网球场 15个

室内网球场 4个

· 棒球场（第1～第3）

· 射箭场

· 福冈县设施

县立综合游泳馆

县立体育科学情报中心

全景鸟瞰图

东平尾公园总平面图

垃圾处理厂与温水游泳馆

王禅寺温水游泳馆是一个以市民为服务对象的综合性设施。该设施修建在川崎市的丘陵地带，主要热源来自毗邻的垃圾处理厂的余热。该馆将其服务对象锁定在周围约4km内不同年龄段的市民，力图设计成一个“促进人们健康与交流的场所”。根据对建筑用地周边已建相关体育设施和川崎市民广场使用情况的调查，决定将王禅寺温水游泳馆建成一个集体育、文化、教育、福利等各种功能于一体的综合性设施。

作为体育设施，馆内设有温水游泳池（25m池、5泳道比赛池、周长130m的回流式游泳池、儿童池、嬉水池）、健身房、有氧健身运动室和桑拿浴等。

王禅寺温水游泳馆的平面为扇形，扇形的弧形外周建有一组4层的建筑群，弧形内的部分是游泳馆。游泳馆内大厅共享空间的屋顶为钢结构，由呈放射状排列的12根悬拱梁支承，天窗的玻璃与悬拱梁安装在一起，室外变化丰富的天然光可以直接照射到大厅共享空间内。

为能在建筑群的三层和四层走廊处俯瞰整个游泳馆，该处采用了满铺玻璃，从而产生出一种强调视觉上的连贯性并可感受到建筑群整体性的视觉效果。

之所以将游泳馆设计成数层贯通的大厅共享空间，就是因为这是一个利用余热的设施。

游泳馆内景

全景鸟瞰图（游泳馆前为垃圾处理厂）

追求身心健康

身心健康是20世纪60年代美国所倡导的综合性健康概念。身心健康的目标是：不仅要保证身体健康，而且还要保证有健康的心态和健康的社会生活，为此就要确定一个适于自己的理想的生活方式。

SFS运动俱乐部附设中老年公寓，是一个集运动、休闲娱乐、退休活动于一体，由医疗机构定期为服务对象进行体检的新型综合性设施，其宗旨就是使包括老年人在内的所有服务对象都能保持身心健康。

该设施建设的主要目的就是要建成一个可使生活那里的，以老年人为主的不同年龄段的所有人都能愉快生活、身体健康的综合性设施。为使那里的人们对自己的健康状况有所了解，俱乐部定期向每位居住者提供健康数据，并从各个角度关注他们的健康，形成了一个系统的管理体系。

在进行规划时，力图将各空间设计成一个可在喧闹的都市中使身心得到放松，加深相互交流与沟通的空间。建在设施中心的“水色王国”是一个充满水、花木和阳光的半露天式空间。为与室外的花木相协调，其外墙的基本色采用了树木的绿色，并在内装材料中剔除了具有冰冷感的金属等材料，而且对低于地表的建筑物标高也考虑了“与自然相协调”等因素。

外观

网球场

三层平面图

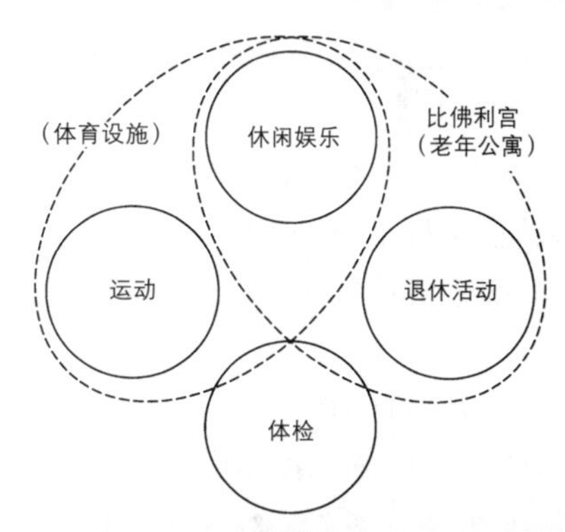

示意图

体育器械练习馆
游泳馆上部

二层平面图

温泉浴场

入口大厅
游泳馆
机房

一层平面图 1/1 000

水色王国

温泉浴

"中泽庄温泉度假村"位于群马县的草津町，20多年前作为高原开发项目即开始着手进行，后经努力终于使温泉疗养公园的设想得以实现。该方案以德国的温泉疗养公园为样本，并将草津自古就有的温泉疗法融入现代理念，提出在日本修建一个新型的健康疗养体育设施。"中泽庄温泉度假村"由以温泉浴为主的"瓦尔德"楼和以温水游泳池为主的"浴场"楼组成。"瓦尔德"楼主要以传统的计时浴为主，辅以活络浴、蒸汽浴、安眠浴等各种温泉浴。"浴场"楼则是以进行运动的温水游泳池为主，另外还可以在教练员的指导下在室内或室外的游泳池中进行各种利用水流、水压、气泡等的超声波旋流浴或乘坐水中滑梯。在使用功能方面，提供了客人游泳后可直接穿着游泳衣入浴的各种桑拿浴服务，并配备了桑拿浴后稍事休息的临时休息室。在设备方面引进了可保证游泳池水质的臭氧灭菌净化装置，对于大量的热负荷，则采用了以发动机或涡轮机带动发电机发电并利用其废热供暖的发电及废热供暖系统。在设计方面，游泳馆内采用了大截面的木结构梁，以试图表现出木质的温暖感与结构美。

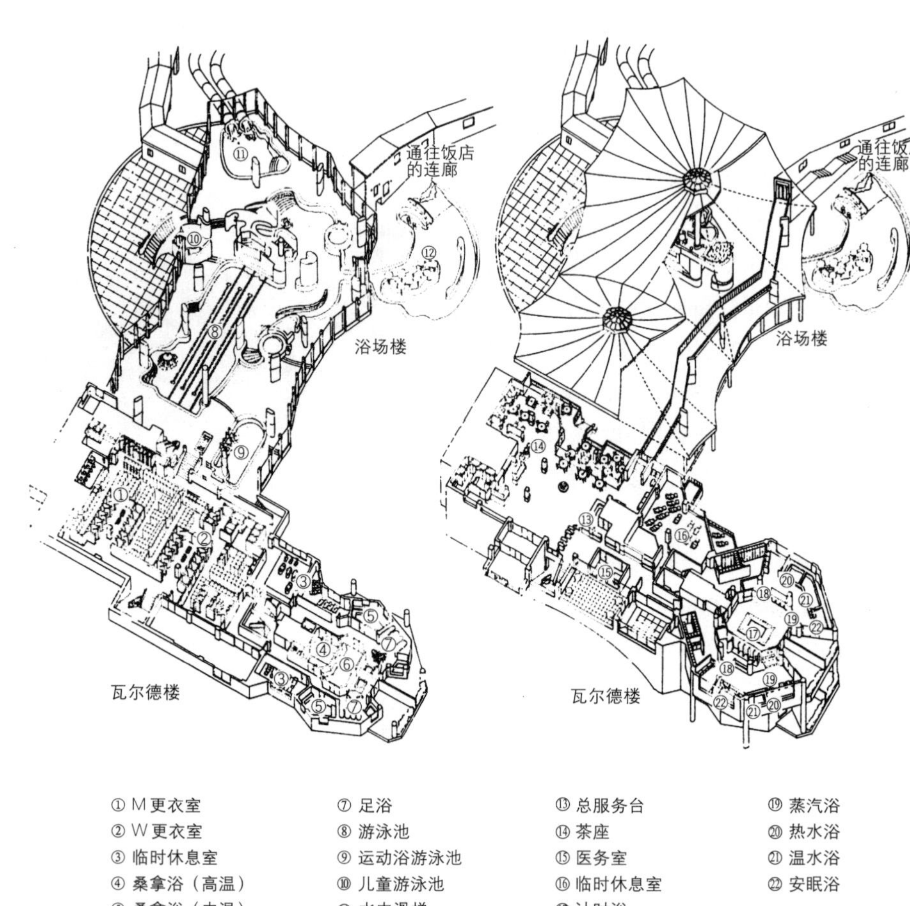

① M更衣室
② W更衣室
③ 临时休息室
④ 桑拿浴（高温）
⑤ 桑拿浴（中温）
⑥ 雾气浴
⑦ 足浴
⑧ 游泳池
⑨ 运动浴游泳池
⑩ 儿童游泳池
⑪ 水中滑梯
⑫ 室外游泳池
⑬ 总服务台
⑭ 茶座
⑮ 医务室
⑯ 临时休息室
⑰ 计时浴
⑱ 活络浴
⑲ 蒸汽浴
⑳ 热水浴
㉑ 温水浴
㉒ 安眠浴

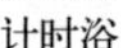

计时浴

浴室（上图和下图）

无障碍化设计

大阪市残疾人体育中心是日本最早建成的残疾人专用体育设施，是从那些倍受身体和精神折磨的残疾人的角度出发，按照下述三个原则进行设计的。

① 安全。

② 平坦。

③ 通俗易懂。

首先，在进行设计时应进行认真细致的考虑，采用从物理上和心理上都令人感到安心的防滑、防碰撞的地面材料，配备便于轮椅通行的平面为圆形的电梯厢、厕所间，和突发事件发生时通往太平门的疏导装置；其次，为便于轮椅通行，室内、外的地面应平坦无高差，通往二层或进入游泳池的地面应为缓坡形式，应尽量将比赛场地设在1层，而且通往各处的动线应简单明了，标识通俗易懂。除此之外，还在其他方面做了如下考虑：安有防轮椅碰撞的不锈钢护墙板，在厕所或浴室内设置救助装置，并设置了对室外进入室内的轮椅轮进行冲洗的装置等，力图为残疾人相互交流的场所创造出一个轻松愉快、和谐的氛围。

在大阪还有一个这种富于人性化的设施——友情舞洲。该设施同时还设有残疾修复中心，是一个可与家人和亲朋好友交流、活动的场所。今后，这种残疾人福利设施和老年人福利设施作为地区必备的设施一定会得到重视。

大厅中的坡道

平面为圆形的电梯厢

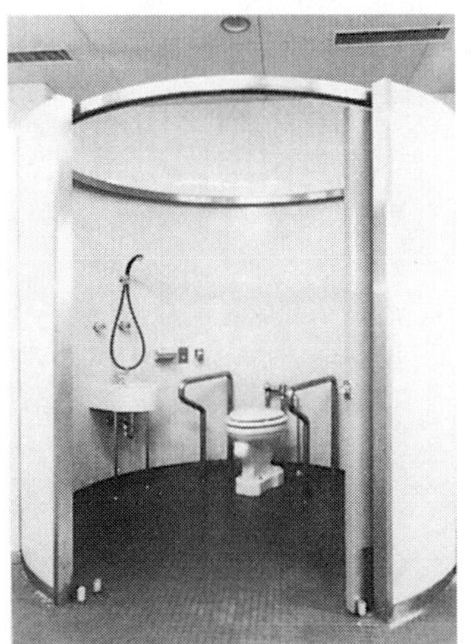

平面为圆形的厕所

游泳池坡道

实现无障碍化的三个原则

安全	物理上的安全性	● 地面材料：防滑的特殊软质橡胶地砖及表面为凹凸条纹状地砖 ……防滑、可缓解腋下拐对地砖的撞击 ● 护墙板：高350mm，不锈钢制 ● 安全门指示装置：利用音响、电子显示屏、文字等进行紧急报警、疏导 ● 圆形电梯：可在电梯内掉头
	心理上的安全感	● 圆形电梯厢：部分电梯墙采用透明玻璃 ● 圆形厕所间
平坦	室内外的地面均不得影响轮椅的通行	● 坡道：W-2.5m，坡度1/14 ● 游泳池池畔：至游泳池池底坡度 进入游泳池的坡度
通俗易懂	动线简单明了，前往各处的标识通俗易懂	● 平面示意图：入口大厅内通往各处的标识通俗易懂、设置部位合理

策划篇 P.54、56、61、63

东京体育馆（穹顶）

所 在 地　东京都文京区后乐 1-3
用　　途　棒球场 · 综合比赛场
业　　主　东京体育馆（穹顶）
设　　计　日建设计 · 竹中工务店
施　　工　竹中工务店
占地面积　111 371.97m²
建筑面积　46 755.48m²
总建筑面积　116 463.24m²
建筑覆盖率　62.09%（容许 80%）
建筑容积率　190.97%（容许 266.66%）
建筑层数　地下 2 层，地上 6 层
尺　　寸
　最高高度　56.19m
　檐高　35.90m
　层高　一层 5.5m，标准层 5.0m
　室内净高　室内比赛场 61.4m
主 跨 度
　室内赛场　201m × 201m
结　　构　钢框架钢筋混凝土结构
　桩 · 基础　现浇混凝土灌注桩及地下连墙桩
　屋顶　低矢高悬索补强空气薄膜结构，受压环为钢框架钢筋混凝土结构，受压环的支撑构件为钢结构
空调设备
　空调方式　观众席人群活动区空调
　热源　燃气冷热水发生器，涡轮式冷冻机
卫生设备
　供水　上水 · 中水双系统电力供水方式
　供热水　锅炉，电热水器
　排水　内压与外压双系统排水方式（污水、杂排水分流方式）
电气设备
　供电　超高压66kV干线及备用线双回路供电
防灾设备
　消防　室内消火栓、自动喷洒装置、泡沫灭火器、卤化物灭火器、高压水枪
　排烟　机械排烟、蓄烟
　其他设备　大型视频装置、信息服务、电视转播、各庆典活动的相关设备、垃圾处理

体育馆鸟瞰全景

室内赛场全景

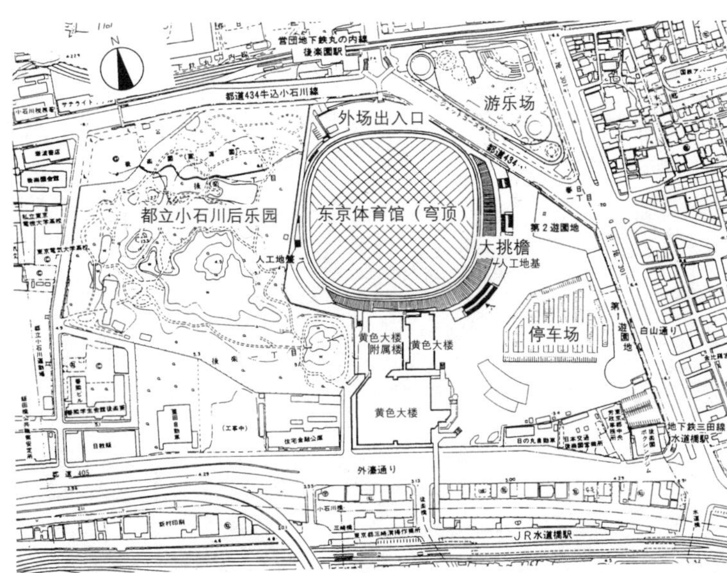

总平面图　1 / 8 000

设 计 时 间　1984 年 4 月 ~ 1988 年 3 月

施 工 时 间　1985 年 5 月 ~ 1988 年 3 月

外　装　修

屋顶　薄膜屋面特氟隆（聚四氟乙烯）树脂涂层纤维布 t=0.8

安装件：铝合金氧化膜 14 μ，清漆 7 μ受压环，铝板 t=1.0 涂刷氟树脂

外墙　混凝土原浆饰面或在镶嵌的 PCF 板上喷涂瓷漆

大挑檐：钢管桁架 FE，安全玻璃 t=10，金属板氧化铝膜处理

开口部位　氧化铝膜处理，钢制 FE

室外结构　人工地基：铺贴三角形彩色瓷砖

阶梯：防滑混凝土砌块

内　装　修

室内比赛场

地面　场　地：人工草皮

观众席位：混凝土原浆饰面，PC

墙壁　场　地：橡胶面挡球墙

观众席位：混凝土原浆饰面EP11，冲孔铝板

顶棚　特氟隆（聚四氟乙烯）玻璃纤维布

二层平面图　1 / 3 000

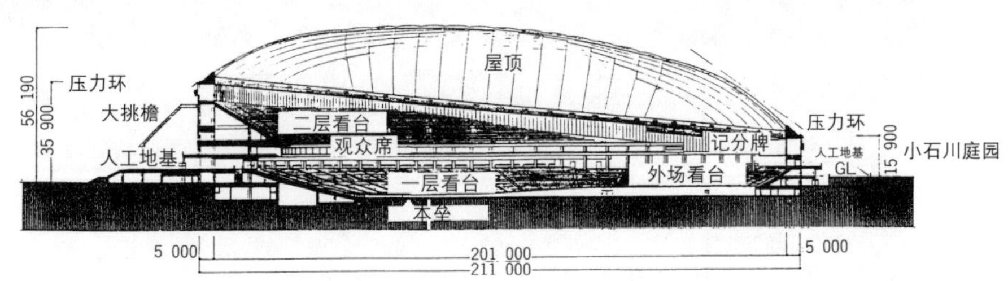

剖面图（3 垒侧）　1/3 000

建筑工程概况　　2

策划篇 P.56、65

福冈体育馆

所 在 地　福冈市中央区地行浜 2-2-2

用　　途　棒球场

业　　主　福冈大荣房地产公司

设　　计　竹中工务店，前田建设工业公司

施　　工　竹中工务店，前田建设工业公司

占地面积　169 159m^2

建筑面积　69 130m^2

总建筑面积　176 068m^2

建筑覆盖率　40.87%（容许 80%）

建筑容积率　104.08%（容许 400%）

建筑层数　地上 7 层

尺　　寸

最高高度　83.96m

檐高　40.80m

层高　一层 5.60m，标准层 5.60m

室内净高　一层 2.60m，室内比赛场 68.08m

主 跨 度

穹顶外表面直径　220m × 220m

结　　构　钢筋混凝土结构，钢框架钢筋混凝土结构

桩·基础　现浇钢管钢筋混凝土扩底桩　场地：PHC 桩

屋顶　对开球面式层状桁架

空调设备

空调方式　观众席人群活动区空调

热源　由地区冷暖气设备供给

卫生设备

供水　上水·中水双系统电力高压供水，处理后的雨水用于厕所冲刷或花木浇灌

供热水　由地区冷暖气设备集中提供热水，部分采用电热水器和煤气热水器

排水　污水处理系统·厨房排水双系统，厨房排水采用生物处理的方式

电气设备

供电　特殊超高压 22kV3 回路、定点电力网二次侧配电方式

体育馆穹顶开启时

内景

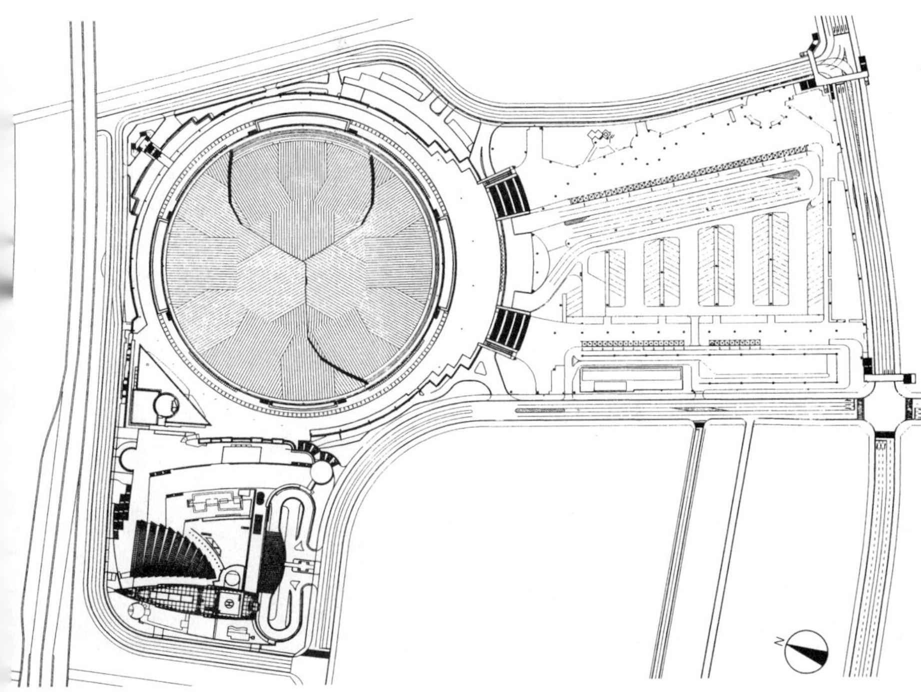

总平面图 1 / 6 000

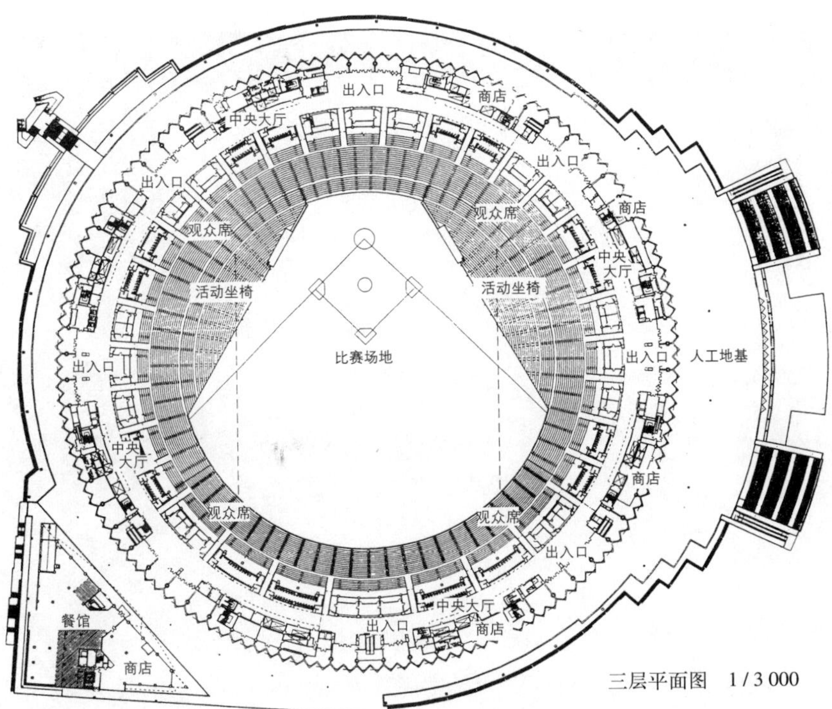

三层平面图 1 / 3 000

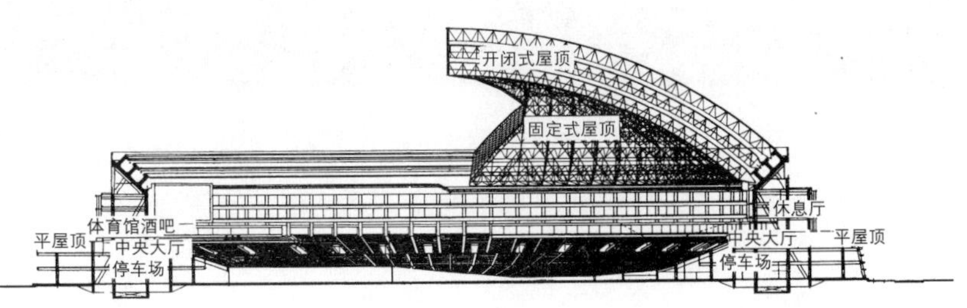

南北剖面图 1 / 3 000

防灾设备

消防 消防中心监控、火灾自动报警器、应急电话、煤气漏气火灾报警、报告消防部门、紧急广播、应急照明、紧急疏散指示灯、应急插座、烟传感器、联动设备、室内消火栓、火灾自动喷洒器、泡沫灭火器、卤化物灭火器、室外消火栓、高压水枪、消防用水连接管

排烟 机械排烟（部分自然排烟）
室内比赛场：蓄烟方式

其他设备 客用电梯 11 部、客货两用电梯 10 部、自动扶梯 21 部、大型视频设备、信息处理设备、各种不同集会活动的相应设备、垃圾处理设备、花木浇灌设备

设计时间 1990 年 8 月 ~ 1993 年 3 月

施工时间 1991 年 4 月 ~ 1993 年 3 月

外装修

屋顶 钛板 t =0.3，橡胶沥青油毡，高压刨花水泥板 t =25

外墙 镶嵌 50 × 50 瓷砖 PCa 板；
低层部分：混凝土原浆饰面

开口部位 铝板二次电解着色，钢制 FE

室外结构 人工地基：锁结式块料路面，部分铺贴 100 × 100 瓷砖
台阶：铺贴 100 × 100 瓷砖

内装修

场地 混凝土饰面，人工草皮 t =29，缠卷式，速干场地，投手区圆形土坡，挡球网

观众席 固定坐椅：PC 混凝土
活动坐椅：金属 t =4.5，高密度聚乙烯排椅

顶棚 玻璃棉 48kg/m^3，t =50，玻璃棉网，不锈钢，金属网 ϕ 3.2

名古屋体育馆

所 在 地　爱知县名古屋市东区大幸南一丁目 1-1

用　　途　棒球馆 · 表演场

业　　主　名古屋体育馆（穹顶）

设　　计　竹中工务店

施　　工　竹中工务店·三菱重工业联合体

占地面积　69 255.83m²

建筑面积　48 303.99m²

总建筑面积　119 707.36m²

建筑覆盖率　69.75%（容许 70%）

建筑容积率　150.32%（容许 200%）

建筑层数　地上 6 层（部分 M2）

尺　　寸

最高高度　66.9m

檐高　30.8m

层高　一层 6.5m，二层 5.5m，三层 5.0m，四层 4.0m，五层 4.0m，六层 6.8m

室内净高　一层 2.7m，标准层 2.7m
室内比赛场最高部位 64m

主 跨 度

屋顶结构跨度　（单层格构穹顶）183.6m

结　　构　钢框架钢筋混凝土结构，钢筋混凝土结构，钢结构

桩 · 基础　独立基础 · 现浇混凝土灌注桩及 PC 桩

屋顶　钢结构单层格构穹顶

空调设备

空调方式　室内比赛场：单风道空调机＋循环流风扇(体感温度控制)
其他房间：室外空调机＋风机盘管

热源　塔式供暖涡轮机、水制冷机、冷热水发生器、水蓄热槽、冰蓄热槽

卫生设备

供水　采用上水 · 杂用水双系统高压供水方式，杂用水为雨水的再利用

供热水　中央、局部供热水并用

排水　污水、杂排水合流方式

电气设备

供电　超高压77kV双回路供电，9个6kV变电所

体育馆外观

室内比赛场内景

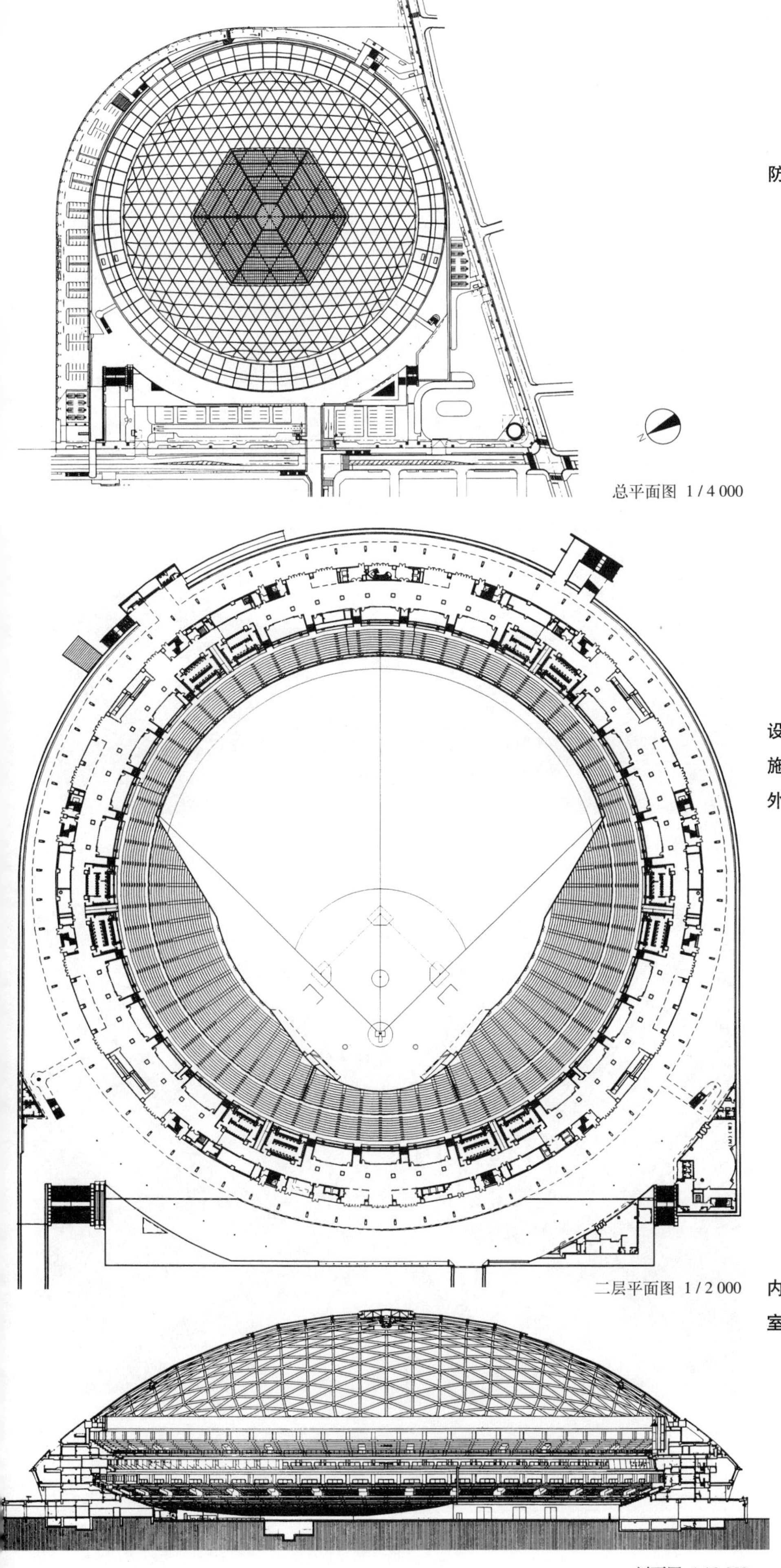

总平面图 1/4 000

二层平面图 1/2 000

剖面图 1/2 000

防灾设备

消防 室内比赛场火灾自动报警装置、室内消火栓、室外消火栓、自动喷洒装置、泡沫灭火器、二氧化碳灭火器、连接供水管、综合操作盘、消防视频监视、高压水枪

排烟 室内比赛场：蓄烟方式
其他部位：机械排烟方式

其他设备 大型视频设备，信息服务，垃圾处理设备，电视·广播转播设备，室内比赛场照明设备，室内比赛场音响设备，活动坐席，升降式投手板，卷帘式遮光装置，升降式对中装置，升降式接手区挡球网，室内比赛场活动间隔幕帘

设计时间 1992年3月～1994年5月

施工时间 1994年8月～1997年2月

外装修

屋顶 不锈钢屋面板 t=0.4 涂刷氟树脂
透光部位 外侧：辊压钛板框，含铅锡玻璃（贴防脱落薄膜）12t；
内侧：钢框，不锈钢饰面，磨砂安全玻璃（贴防脱落薄膜）10t

外墙 凝土原浆饰面，聚氨酯弹性喷涂面砖

开口部位 铝制挤压成型件，氧化铝膜饰面（贴防脱落薄膜），含铅锡玻璃 15t

室外结构 体育馆周围的人行道：铺设锁结式块料路面
室外停车场：铺设沥青

内装修

室内赛场

地面 场地：人工草皮
观众席：混凝土表面涂刷聚氨酯

墙壁 场地：EPDM橡胶面挡球墙
观众席：混凝土原浆饰面，涂刷EP-11

顶棚 玻璃纤维 t=50，玻璃纤维布

建筑工程概况　　4

大馆树海体育馆

造型篇 P.46
策划篇 P.60、61

所在地　秋田县大馆市上代野字稻荷台1-1
用途　棒球场 · 综合比赛场
业主　秋田县大馆市
设计　伊东丰雄建筑设计事务所
竹中工务店
施工　竹中工务店
占地面积　110 250m²
建筑面积　21 910m²
总建筑面积　23 218m²
建筑覆盖率　19.8%（容许 70%）
建筑容积率　19.2%（容许 400%）
建筑层数　地上 2 层
尺寸
最高高度　52m
檐高　7.9m
主跨度
最大跨度　178m
结构　钢筋混凝土结构
桩 · 基础　现浇混凝土灌注桩
STK 倾向固定锚杆，钢筋混凝土独立基础
下部结构　钢筋混凝土结构
屋顶　秋田杉结构用集成材料
双向拱桁架结构
空调设备
空调方式
室内比赛场：单风道方式，地面送风方式，部分转换成向双重膜送风
其他房间：水热源热泵装置
办公室：空冷热泵装置
热源　发电及废热供暖系统 + 热水锅炉
卫生设备
供水　高压供水方式，蓄水箱 30m³
供热水　电热水器
排水　污水、杂排水，合并式化粪池
其他　井水、雨水的利用，路面融雪装置
电气设备
供电　高压 3 ϕ 3W6.6kV，2 050 kVA
发电及废热供暖系统
柴油发电机 300kVA × 2
防灾设备　应急照明，紧急疏散指示灯，火灾自动报警器，紧急广播，避雷装置，室外消火栓，火灾自动喷洒器，自然排烟
其他设备　室内比赛场音响，记分牌
设计时间　1994 年 6 月 ~ 1995 年 3 月
施工时间　1995 年 7 月 ~ 1997 年 6 月
外装修
屋顶　特氟隆（聚四氟乙烯）树脂涂层，玻璃纤维布（t0.8 + t0.4 双重膜）
外墙　混凝土原浆饰面，涂刷防水剂
开口部位　聚碳酸酯树脂推拉窗（大型）
室内赛场
地面　人工草皮

体育馆外观

内景

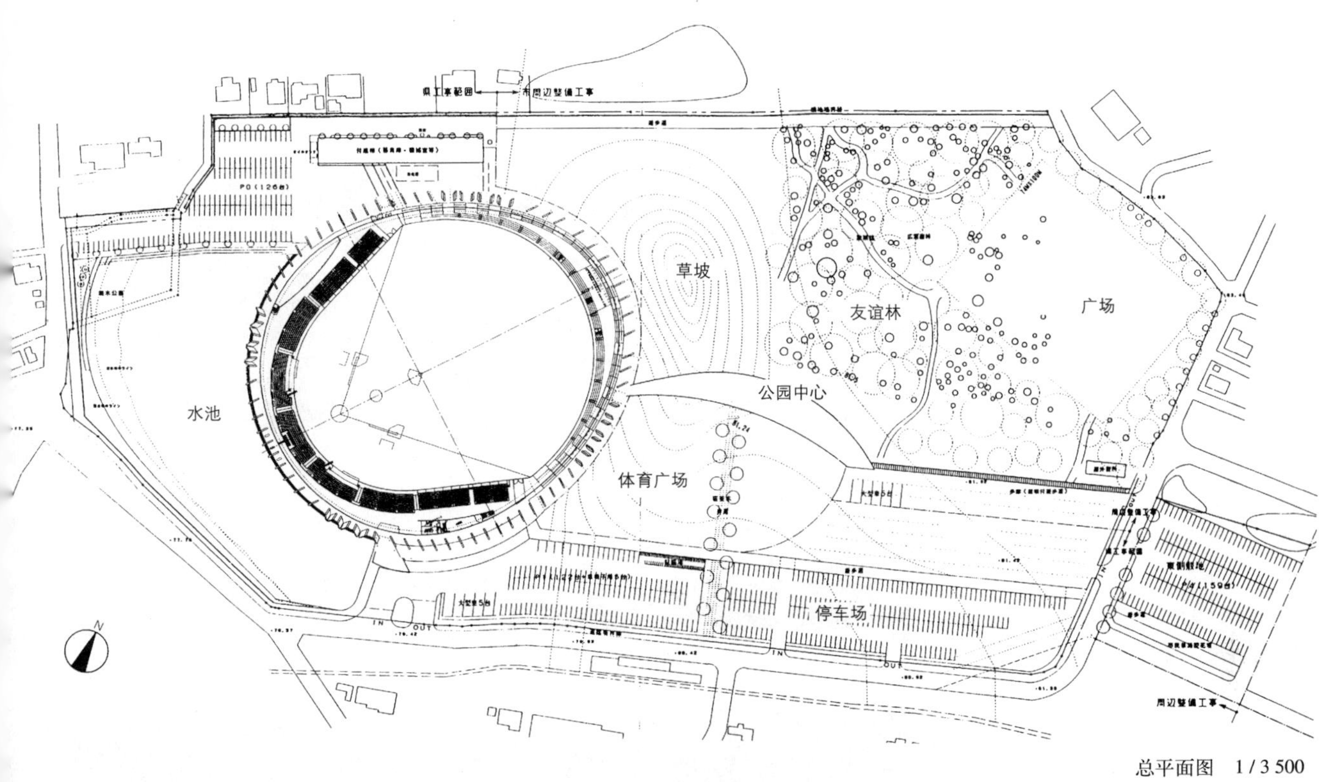

总平面图　1 / 3 500

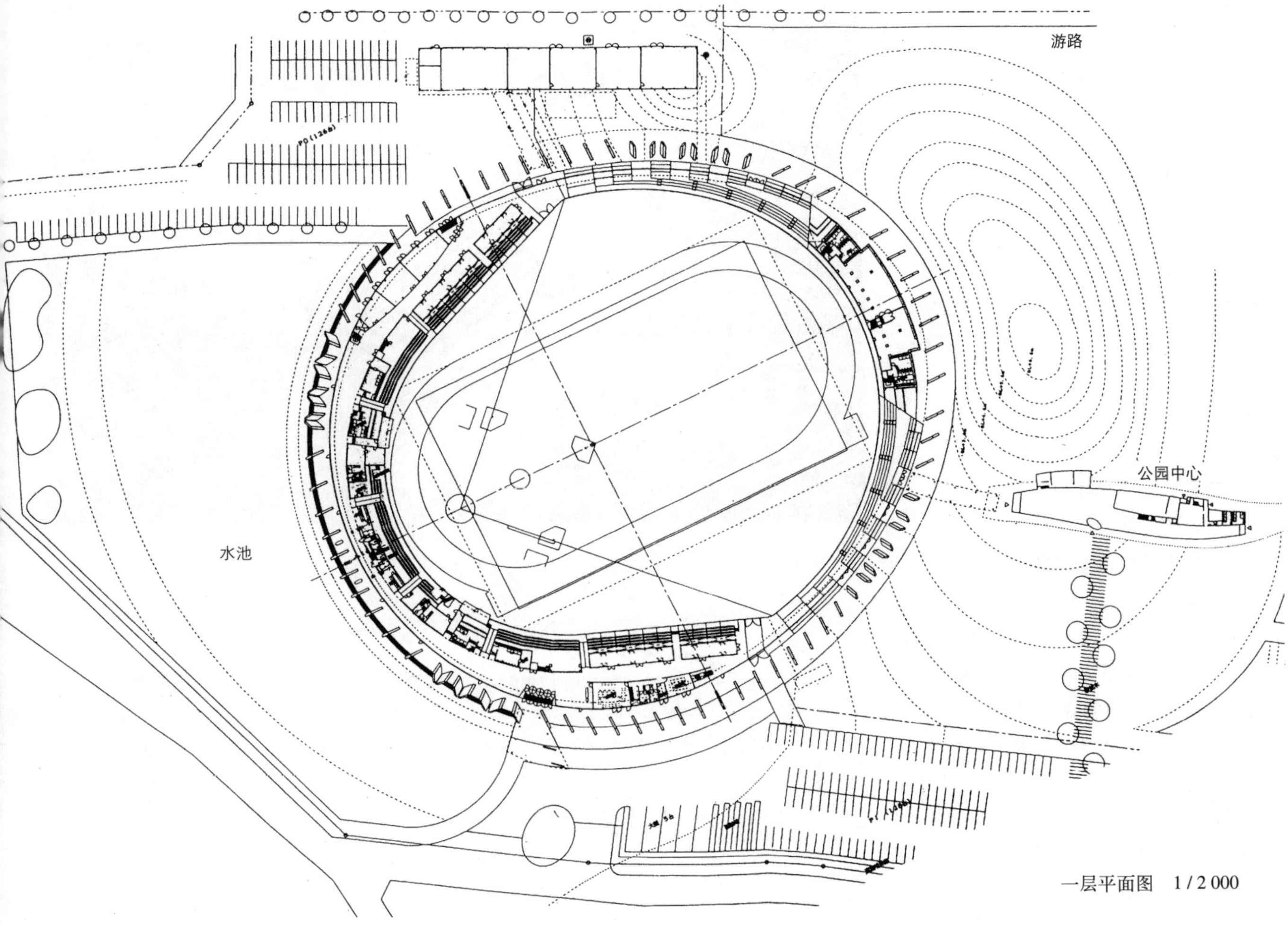

游路
公园中心
水池

一层平面图　1 / 2 000

前桥绿色体育馆

所 在 地　群马县前桥市岩神町 1-2-1
用　　途　综合比赛场
业　　主　前桥绿色体育馆
设　　计　松田平田·清水建设联合体
监　　理　前桥市，松田平田
施　　工
　建筑　清水建设·佐田建设联合体
　空调　清水建设·三洋关东联合体
　卫生　清水建设·大和设备联合体
　电气　清水建设·关电工联合体
占地面积　54 626.74m^2
建筑面积　25 384.80m^2
总建筑面积　59 832.49m^2
建筑覆盖率　46.4%
建筑容积率　109.5%
建筑层数　地下 1 层，地上 6 层，屋顶间 1 层
尺　　寸
　最高高度　41.207m
　檐高　30.975m
　层高　一层4.4m，二层(入口门厅层)5.3m
　室内净高　一层 3.0m，二层 3.7m，室内比赛场 37.0m
主 跨 度
　室内赛场　122m × 167m
结　　构
　桩·基础　扩展基础
　地下　钢框架钢筋混凝土结构
　地上　1～2 层钢框架钢筋混凝土结构，3～5 层钢结构钢筋混凝土结构（梁　钢结构）
　屋顶　张弦梁结构
空调设备
　空调方式　室内比赛场：单风道方式
　热源　燃气冷热水发生器
　　　热水吸收式冷冻机
卫生设备
　供水　高压送水，上水·再生水（利用雨水）双系统，上水贮水箱 90m^3，杂用水贮水箱 80m^3 及 60 m^3
　供热水　中央·局部供热水
　排水　污水、雨水合流式，排水调节槽
电气设备
　供电　高压 6kV，单回路送电铸型变压器，自备发电机

外观

内景

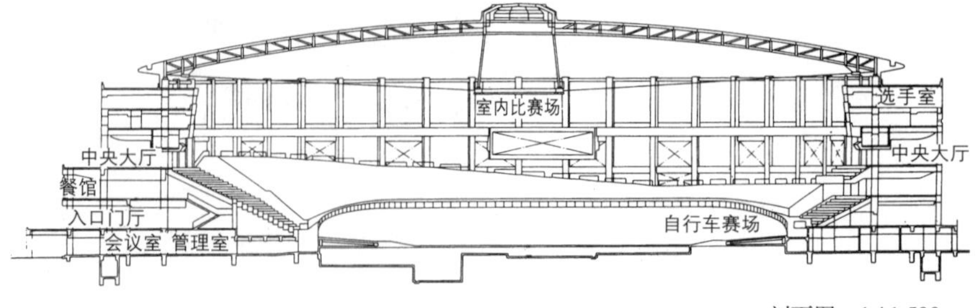

剖面图　1 / 1 500

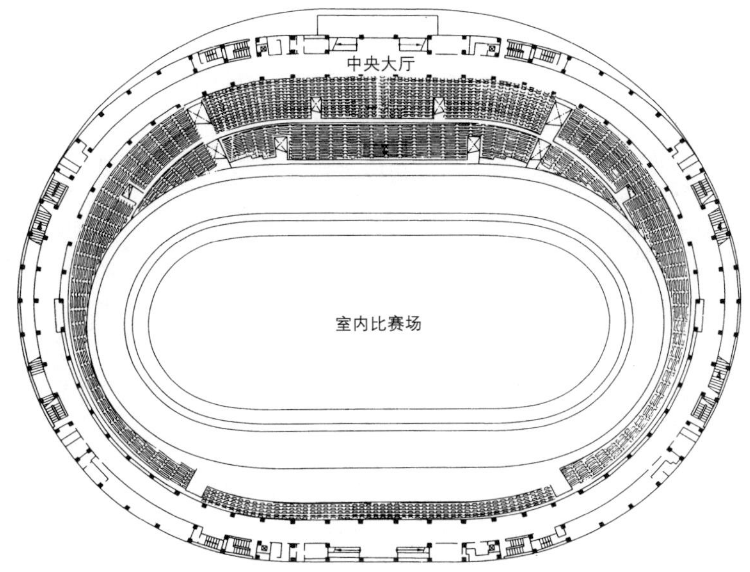

四层平面图

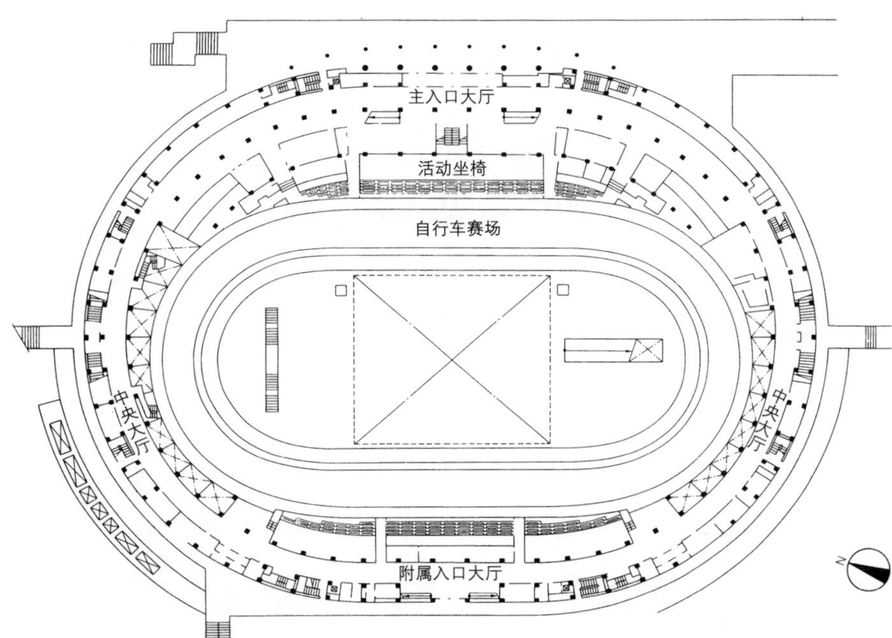

二层平面图　1 / 2 000

防灾设备

消防　高压水枪、室内外消火栓、消防用水

其他设备　大型视频设备、电子显示屏设备、激光设备、电视转播设备、舞台照明设备、舞台布景吊挂设备、中央监控设备

设计时间　1988 年 4 月 ~ 1988 年 8 月

施工时间　1988 年 9 月 ~ 1990 年 5 月

外装修

屋顶　抛光铜板　基底 ALC 板铺设沥青油毡

外墙　镶嵌 4 及 5 双顶头长瓷砖 + 混凝土原浆饰面，带肋 PCF 板

开口部位　铝板电解着色

室外结构　平屋顶屋面板　200 × 200 瓷砖，锁结式块料路面

内装修

室内比赛场

地面　观众席：预制混凝土阶梯地面

场地：混凝土基底 · 人工草皮 · 活动地板

跑道：铺设沥青

墙壁　玻璃纤维石膏板填充玻璃棉

顶棚　ALC 板下填充玻璃棉、贴彩色玻璃纤维布，部分为 LGS 基底玻璃棉，贴玻璃纤维布

中央大厅

地面　瓷砖，地毯

墙壁　混凝土原浆饰面、中空混凝土板，喷涂瓷漆

顶棚　岩绵吸声板

部分 PBD　EP

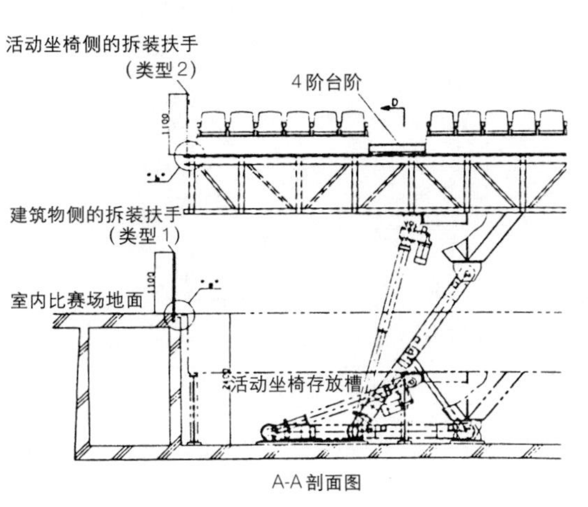

A-A 剖面图

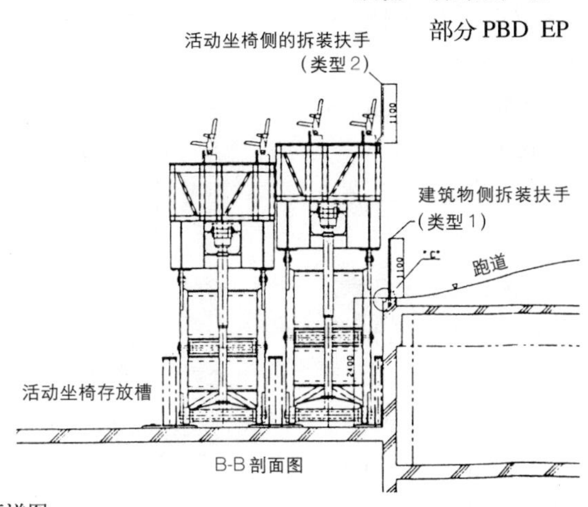

B-B 剖面图

活动地板详图

建筑工程概况 6

策划篇 P.66

横滨室内比赛场

所 在 地 神奈川县横滨市港北区新横滨3-10

用 途 综合比赛场

业 主 横滨室内比赛场

设 计 竹中工务店

施 工 竹中工务店

占地面积 26 691.42m²

建筑面积 20 373 .27m²

总建筑面积 45 800.46m²

建筑覆盖率 76.3%（容许 100%）

建筑容积率 171.59%（容许 800%）

层 数 地上5层，屋顶间1层

尺 寸

最高高度 29.80m

檐高 22.10m

层高 一层 5.00m，标准层 4.80m

室内净高 一层 3.40m，标准层 3.00m，室内比赛场等主要部分22.0m（未经修饰的原饰面）

主 跨 度

室内赛场 13.50m × 12.00m

结 构 钢框架钢筋混凝土结构

桩·基础 扩展基础及桩基（现浇混凝土灌注桩）

屋顶 室内比赛场大屋顶：钢结构（大跨度移动工法）

其他部位：钢筋混凝土结构

空调设备

空调方式 室内比赛场：总热交换器并用型空调机（送风口：特殊喷嘴）

其他房间：普通空调机

热源 吸收式冷热水发生器（680RT × 2），密封型塔式供暖机（400 RT × 1），蓄热槽约1 000m³

卫生设备

供水 建筑物内双系统（上水、杂用水），常压（杂用水）+高压（上水）供水方式

供热水 休息室淋浴系统：中央式（煤气热水器 + 不锈钢热水贮水箱）

饮用水系统：局部式（电热水器）

排水 建筑用地内污水、雨水合流式排

外观

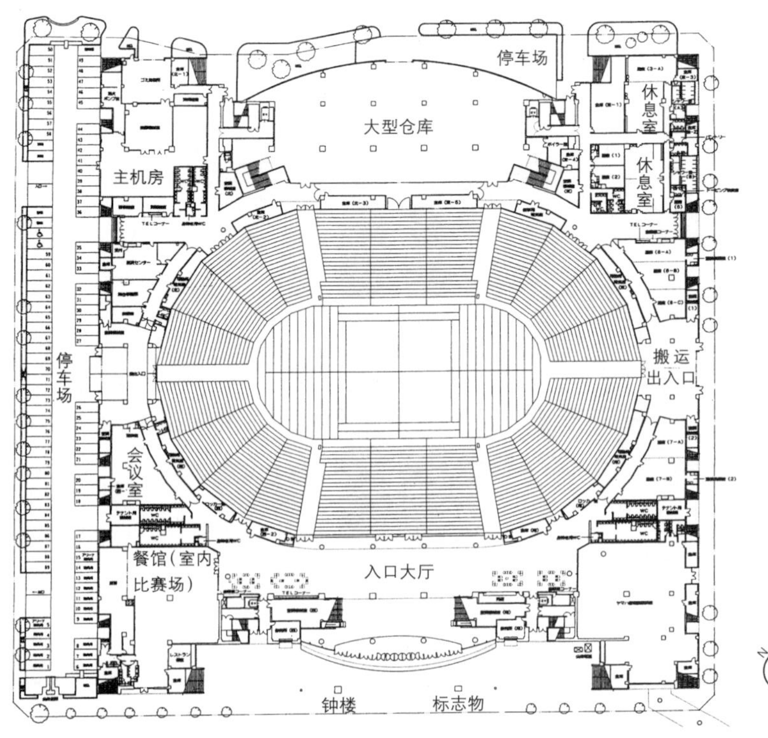

一层平面图 1/1 800

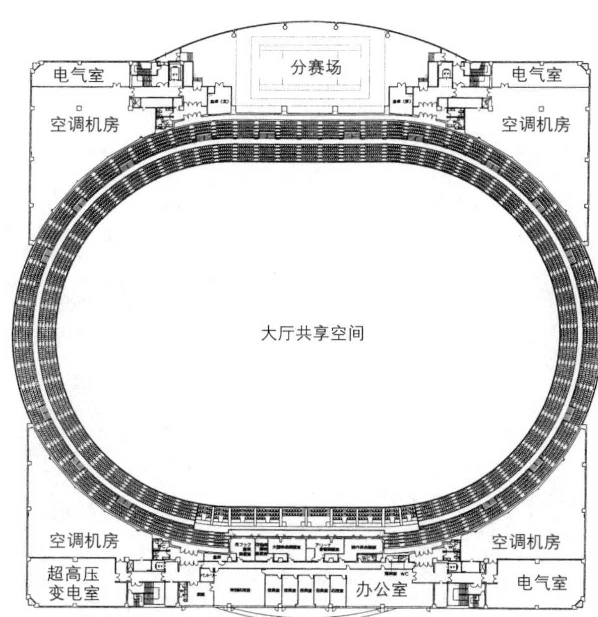

四层平面图

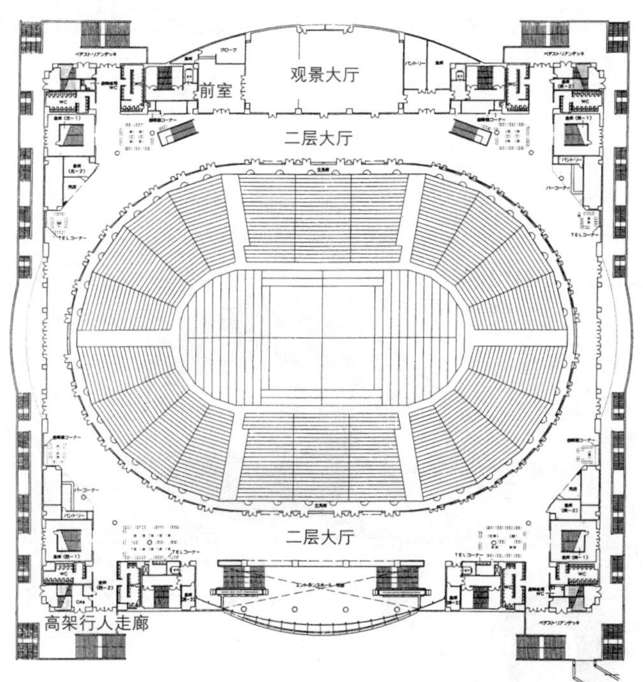

二层平面图

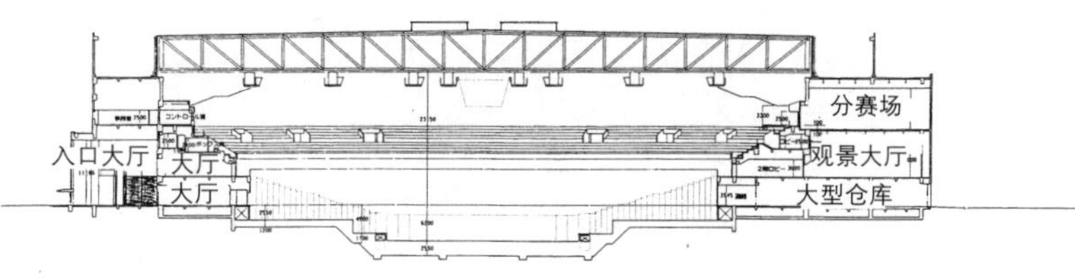

剖面图　1 / 1 800

水系统，雨水通过排水调节池排放

电气设备

供电　双回路超高压进线3 ϕ 3W66 000V，超高压变电室 6 600 V / 6 600V，Tr3 000kVA × 2，二次变电室 6 000 V / 210V 主体

防灾设备

消防　室内消火栓、连接供水管、室外消火栓、自动喷洒装置、卤化物灭火器、消防用水

排烟　室内比赛场：自然排烟（排烟口为电动式）
其他房间：机械排烟 × 8 个系统

其他设备　中水管：热风炉过滤方式 100m³ / 日，中央监控：台式（CRT 显示）中央监控器

设计时间　~ 1987 年 4 月

施工时间　1987 年 5 月 ~ 1989 年 2 月

外装修

屋顶　大屋顶：ALC 屋面板上进行 EPT 异丁橡胶薄板防水处理
其他部位：沥青防水、混凝土保护层

外墙　大屋顶处：ALC 板丙烯酸类树脂
其他部位：铺贴双顶头长瓷砖（镶嵌 PCF）

开口部位　氧化铝烤漆
玻璃：隔热玻璃

室外结构　铺贴瓷砖

内装修

室内赛场

地面　一层活动地板：桦樱木喷涂聚氨酯
二层站席、三、四层固定坐席：块状拼接地毯

墙壁　一层：玻璃棉玻璃纤维布
二 ~ 四层：金属冲孔板，丙烯瓷漆烤漆，填充玻璃棉

顶棚　中间：未做修饰的原饰面
四周：岩棉吸声板（带肋），有花纹

观景大厅

地面　块状拼接地毯（定制图案）

墙壁　乙烯布，部分为吸声陶瓷

顶棚　花纹岩棉吸声板（带肋）

建筑工程概况　　7

造型篇 P.44
策划篇 P.65

东京代代木国立综合体育馆

所 在 地　东京都涩谷区神南 2-1-1
用　　途　体育设施
设　　计
　建筑　丹下健三都市建筑研究所
　结构　坪井善胜研究室
　设备　井上宇市研究室，大泷设备研究所
　监理　建设省关东地方建设局
施　　工
　建筑　清水建设，大林组
　空调·卫生　三机工业
　电气　旭电机等
　音响　石井圣光研究室
占地面积　910 000m^2
建筑面积　20 620m^2
总建筑面积　34 204m^2
　主馆　25 396m^2
　分馆　5 591m^2
　配楼　3 217m^2
建筑覆盖率　23.9%（容许 70%）
建筑容积率　43.96%（容许 200%）
建筑层数　主馆　地下 2 层，地上 2 层
　分馆　地下 1 层，地上 1 层
尺　　寸
　最高高度　主馆 40.37m　分馆 42.29m
　室内净高　赛场最高部位 36.02m
　球场中间部位 13.50m
主 跨 度
　室内比赛场　126m × 44m
结　　构　钢筋混凝土结构，部分为钢框架钢筋混凝土结构
　屋顶　悬索结构，高拉力缆索
空调设备
　空调方式　大型喷嘴式送风
　热源　燃油锅炉，机械通风，热风供暖
卫生设备
　供水　高压供水，贮水箱 100m^3，游泳池用 150 m^3
　供热水　3 回路强排锅炉
　排水　污水、杂排水分流方式
电气设备
　供电　高压 3 000V
防灾设备
　消防　高压水枪
设计时间　1961 年 12 月 ~ 1962 年 12 月
施工时间　1963 年 2 月 ~ 1964 年 9 月
外 装 修
　屋顶　PL4.5mm 焊接，邻苯二甲酸饰面
　外墙　混凝土原浆饰面
内 装 修
主　　馆
　地面　活动地板：地板材料
　游泳馆：瓷砖
　墙壁　混凝土原浆饰面，部分为大理石
　顶棚　厚1.2mm铝压成型板，基底为厚25mm的玻璃棉板，彩色饰面

体育馆鸟瞰图

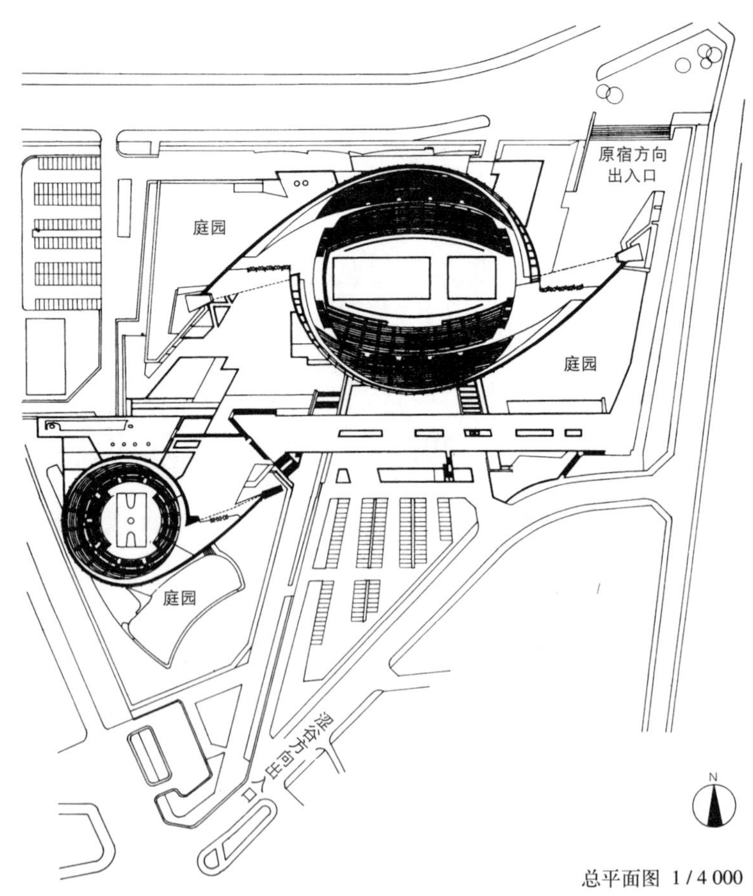

总平面图 1 / 4 000

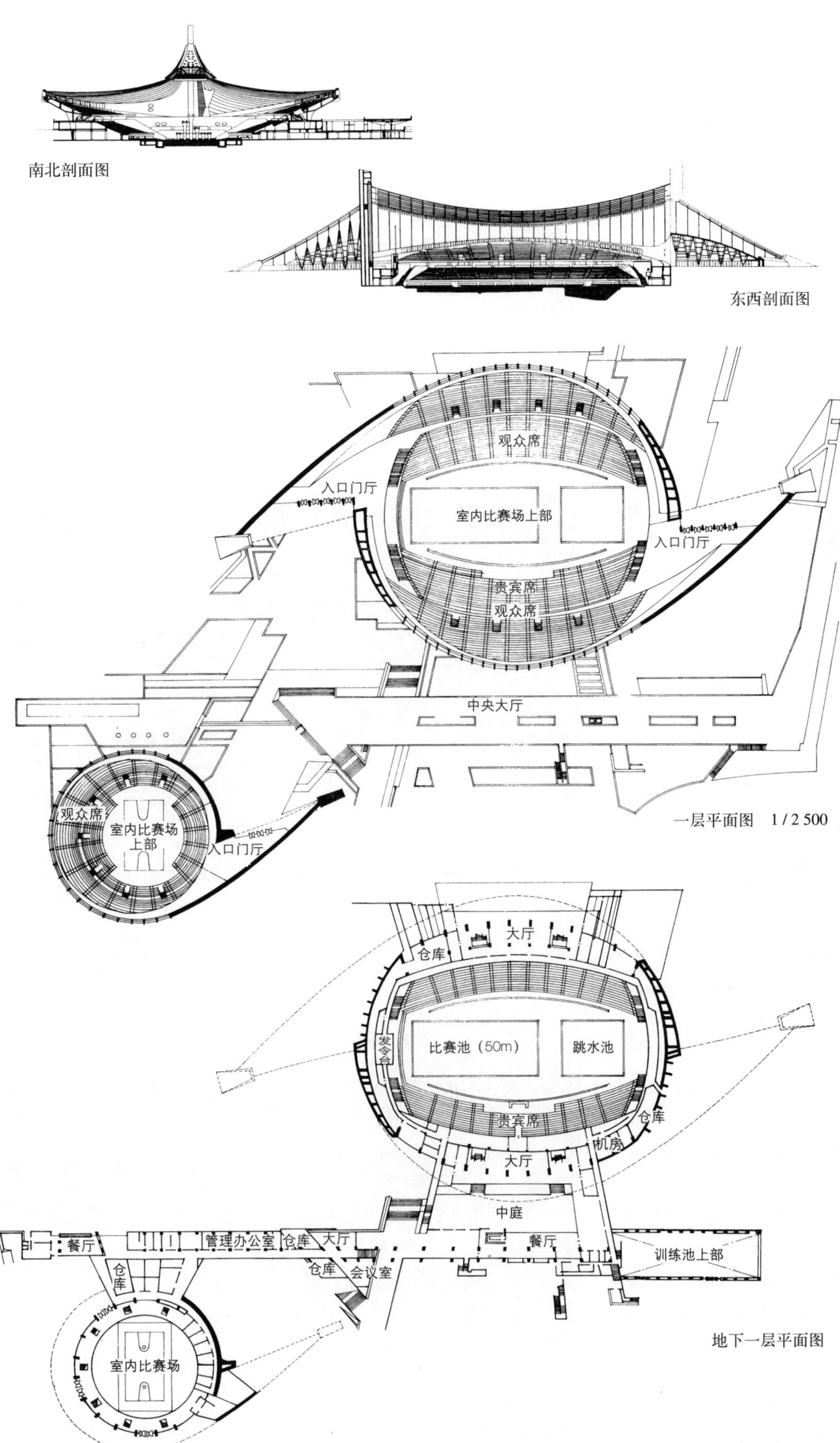

南北剖面图

东西剖面图

一层平面图　1 / 2 500

地下一层平面图

造型篇 P.51

东京体育馆

所 在 地　东京都涩谷区千驮谷 1-17-1
业　主　东京都
设　计
建筑　桢综合计划事务所
结构　木村俊彦结构设计事务所
设备　综合设备计划
室外结构　绿化：艾基普·埃斯帕斯
监理　东京都财务局修建部
桢综合计划事务所
施　工
建筑　清水·东急·鸿池·大日本·胜村·小川建设联合体
空调　朝日·建兴·泉屋·环境·昭热建设联合体
卫生　川崎·日管·高桥·东洋建设联合体
电气　近电工·东邦·三荣·日电工·松野建设联合体
占地面积　45 800m²
建筑面积　24 100m²
总建筑面积　43 971m²
地下二层　8 511m² / 地下一层 11 814m²
一层　13 621m² / 二层 6 373m²
三层　3 652m²
建筑覆盖率　52.69%
建筑容积率　96.01%
建筑层数　地下 2 层，地上 3 层
尺　寸
最高高度　29.50m
结构　钢筋混凝土结构，钢框架钢筋混凝土结构，钢结构
卫生设备
供水　上水与中水双系统供水，变速泵高压供水方式，游泳池的溢流水与淋浴排水的再利用（用于冲刷厕所）
供热水　中央供热（贮水箱）与局部供热（电热水器）方式
其他设备　液压电梯 3 部，350 英寸影像装置，350 英寸电子显示屏，音响设备，中央监控设备，记分显示屏（移动式），游泳池过滤设备
设计时间　1984 年 11 月 ~ 1986 年 9 月
施工时间　1986 年 12 月 ~ 1990 年 3 月

室内游泳馆内景　（※）

外 装 修

- **屋顶** 不锈钢减振铜板厚 0.2mm+0.2mm 焊接工法
- **外墙** 混凝土原浆饰面，喷涂渗透性防水剂，部分为瓷砖，铝合金板
- **开口部位** 铝合金，不锈钢
- **室外结构** 平屋顶部分：沥青防水，隔热层上铺撒水洗砾石
  边缘：水磨石砌块

内 装 修

主 馆

- **地面** 比赛场地：下铺 15mm 厚的胶合板，26mm厚木地板（加拿大槭木）涂刷聚氨酯
  观众席：块状拼接地毯
- **墙壁** 混凝土原浆饰面，吸声陶瓷（喷镀铝），方钢管烤漆，透孔铺接（吸声标准）
- **顶棚** 1.6mm 厚冲孔金属板烤漆，50mm 厚玻璃棉（32K），玻璃纤维布

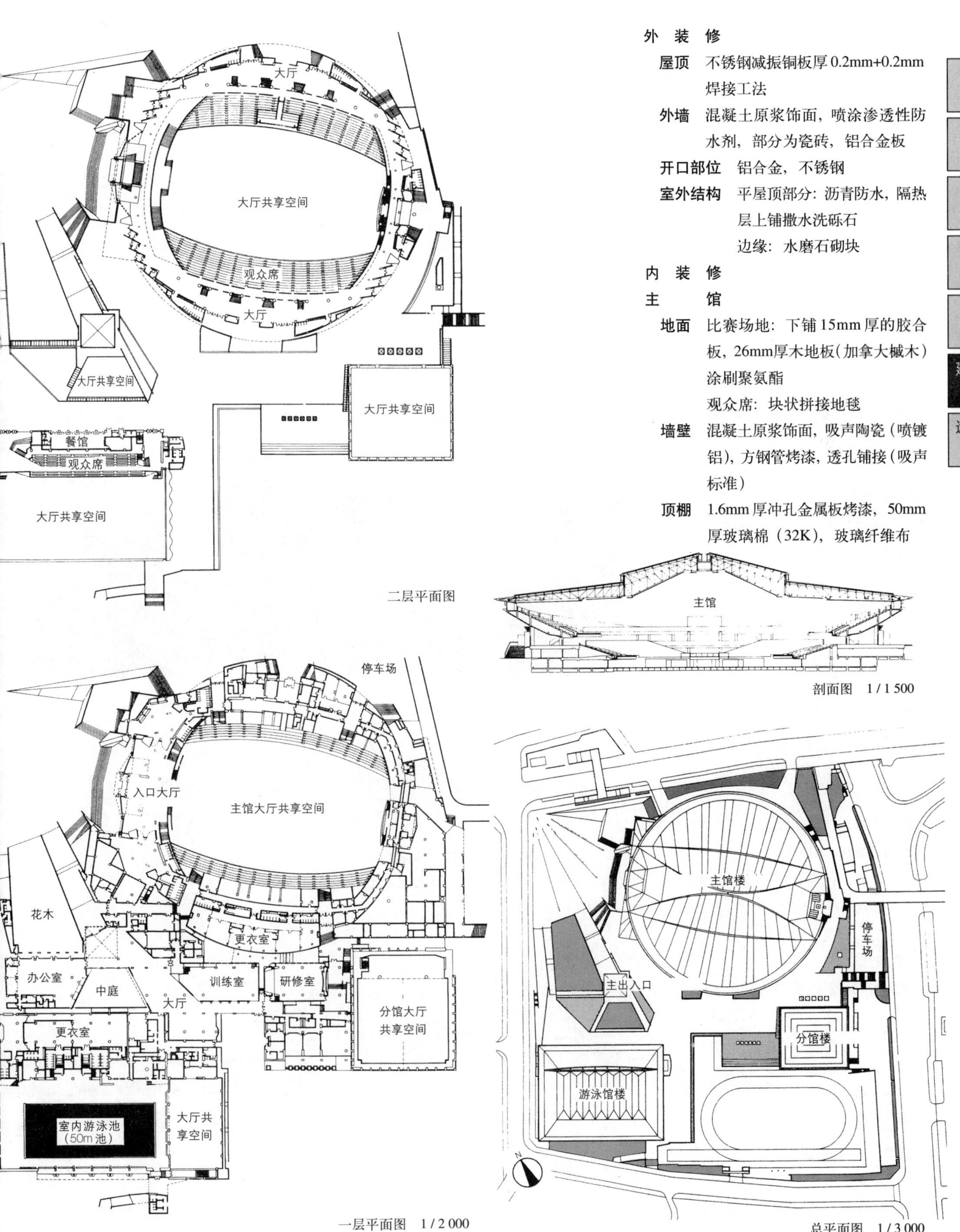

二层平面图

剖面图 1 / 1 500

一层平面图 1 / 2 000

总平面图 1 / 3 000

建筑工程概况　　9

酒田市国体纪念体育馆

造型篇 P.48
策划篇 P.61

所　在　地　山形县酒田市大字宫野浦字饭森山下 301

用　　途　体育馆

设　　计

建筑　谷口建筑设计研究所

结构　斋藤公男 + 结构计划

设备　樱井系统

室外结构　艾基普 · 埃斯帕斯

监理　住宅 · 都市配备公团东北公园建设事务所，谷口建筑设计研究所

施　　工

建筑　东急 · 加贺田 · 大井建设工程联合体

空调 · 卫生　大气社

电气　东邦 · 本间电气工程联合体

占地面积　57 408.27m²

建筑面积　8 068.83m²

总建筑面积　8 842.65m²

一层 6 951.57m²/ 二层 1 891.08m²

建筑覆盖率　14.06%（容许 60%）

建筑容积率　15.40%（容许 200%）

建筑层数　地上 2 层

尺　　寸

最高高度　17.85m

檐高　10.32m

层高　一层 4.51m

室内净高　室内主赛场 13.12m
室内分赛场 12.60m

主　跨　度

室内主赛场　53.30m

室内分赛场　41.00m

结　　构　钢筋混凝土结构，钢结构

桩 · 基础　PHC 桩 Q = 16m（B 型 8m + A 型 8m），桩基础

空调设备

空调方式　室内比赛场观众席位：直接采暖方式（板式散热器）；各房间：直接采暖方式（板式散热器）成套空调机组（热泵）

热源　热水器

电气设备

供电　室内密封配电盘 3 φ 3W 6 600V 50Hz

设备容量　580kVA，额定功率 335kW

备用电源　柴油发电机 3 φ 200V75kVA

外观全景　（※摄影：新建筑摄影部）

外观　（※）

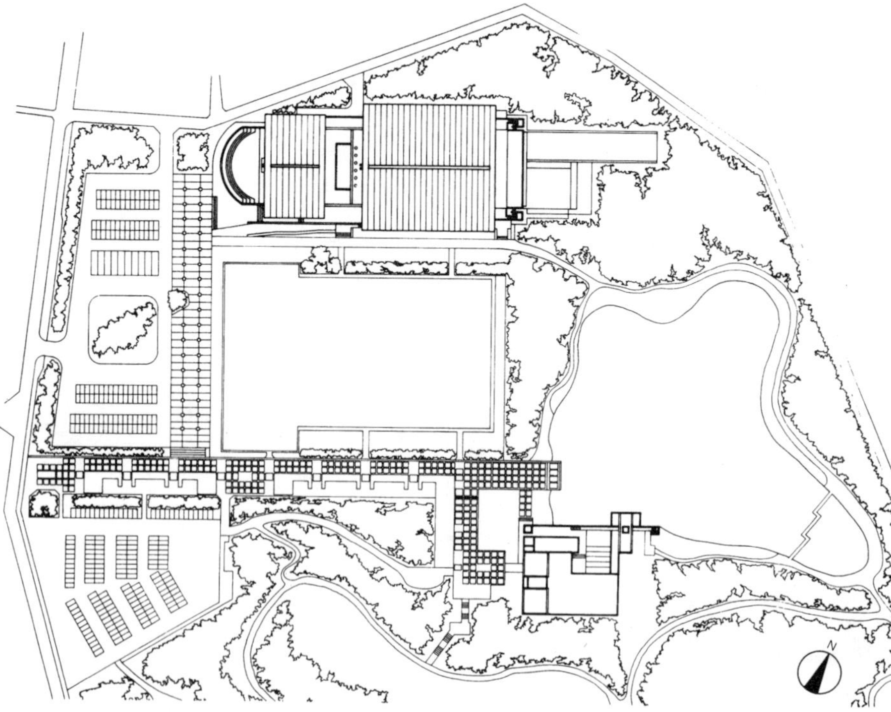

总平面图　1 / 4 000

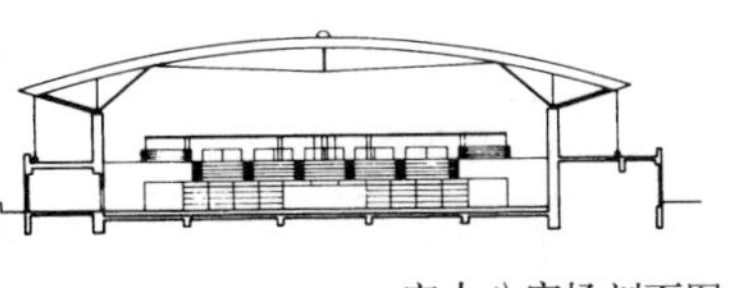
室内分赛场剖面图

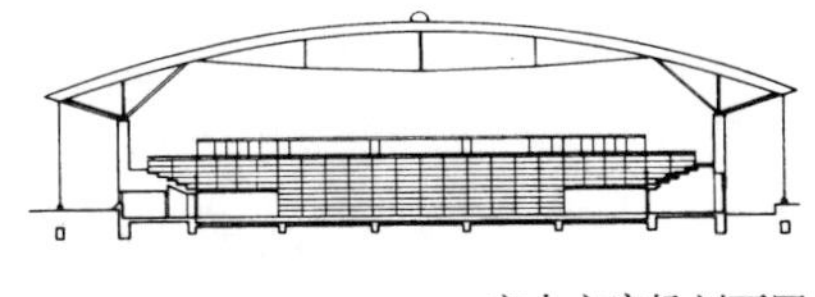
室内主赛场剖面图

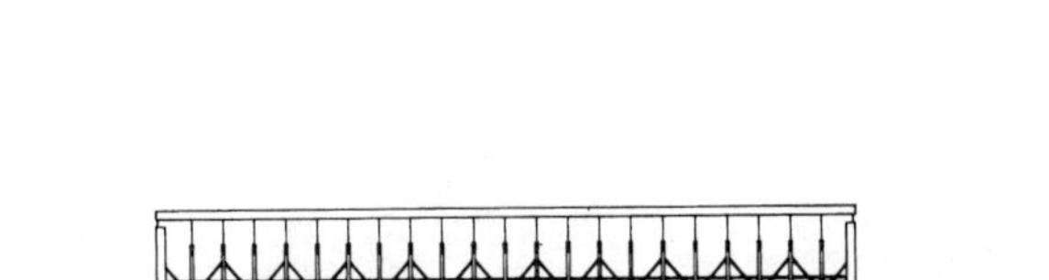
室内比赛场剖面图　1 / 1 400

防灾设备

消防　自动喷洒装置、辅助洒水栓

电梯　液压式、定员 11 人、750kg、45m/ 分钟（残疾人专用）

设计时间　1987 年 12 月 ~ 1988 年 10 月

施工时间　1989 年 10 月 ~ 1991 年 6 月

外装修

屋顶　特殊大屋顶，硅酮聚酯烤漆，不锈钢板厚 0.5mm

外墙　混凝土原浆饰面，涂刷氟树脂，0.5mm 厚热浸镀铝钢板，加工成方波纹状

开口部位　铝制门窗装配件，钢制门窗装配件

室外结构　透水性混凝土

内装修

室内比赛场

地面　18mm 厚桦樱木地面，上色抛光，涂刷聚氨酯

墙壁　9mm 厚白橡木胶合板，CL，有孔硬质刨花水泥板厚 12mm，AEP

顶棚　12mm 厚有色岩棉吸声板

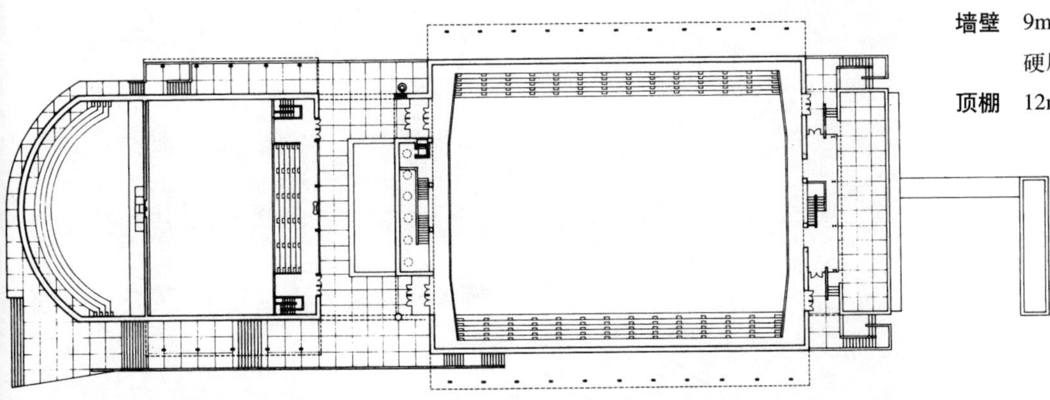
二层平面图

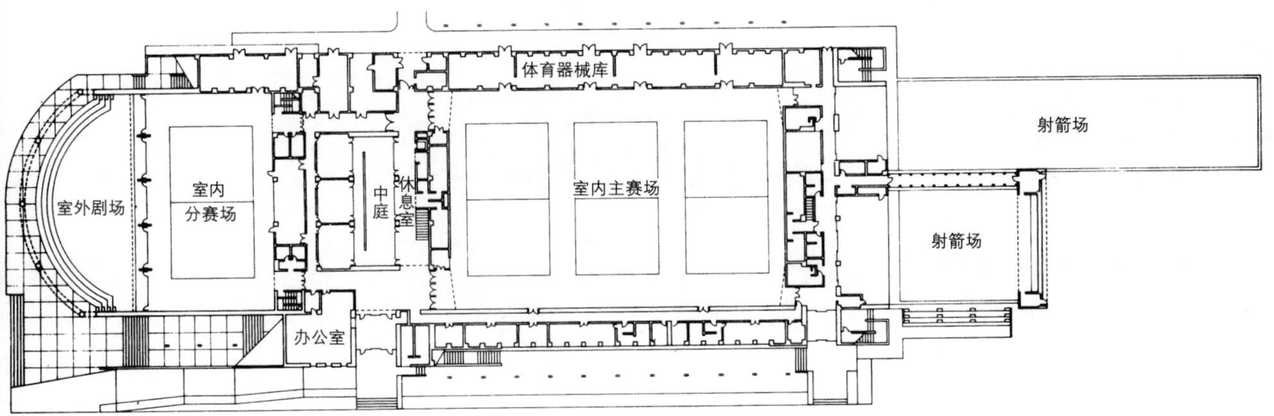

一层平面图　1 / 1 400

造型篇 P.52
策划篇 P.62

大阪市中央体育馆

所　在　地　大阪市港区田中3丁目八幡屋公园内

用　　途　体育馆

业　　主　大阪市教育委员会

设　　计　大阪市城市配备局修建部，日建设计

施　　工

建筑　大林·西松·浅昭联合体

空调　高砂热学工业·大成设备·精研联合体

东洋热工业·东芝空调·西原卫生工业所联合体

卫生　三晃空调·第一工业·五建工业联合体

电气　近电·北陆电气工程·中央电气工业联合体

住友电设·新生技术·弘电社联合体

占地面积　123 986.00m²

建筑面积　408.42m²

总建筑面积　42 664.90m²

地下三层　19 271.32m²

地下二层　17 478.58m²

地下一层　5 915.00m²

建筑覆盖率　0.3%（容许10%）

建筑容积率　30.1%（容许233.4%）

建筑层数　地下3层

尺　　寸

最高高度　26.00m

檐高　7.04m

层高　6.0m

室内净高　3.0m

结　　构　钢筋混凝土结构

桩·基础　现浇混凝土灌注桩基础

现浇钢筋混凝土地下连墙桩基础

屋顶　预应力钢筋混凝土球形壳体结构

空调设备　燃气吸收式冷热水机，空冷热泵制冷装置，单风道系统＋总热交换器＋VAV

卫生设备　高压供水，建筑物内分流，建筑物外合流方式

全景鸟瞰图　（※摄影：樋口尚俊）

室内比赛场全景　（※摄影：松村芳治）

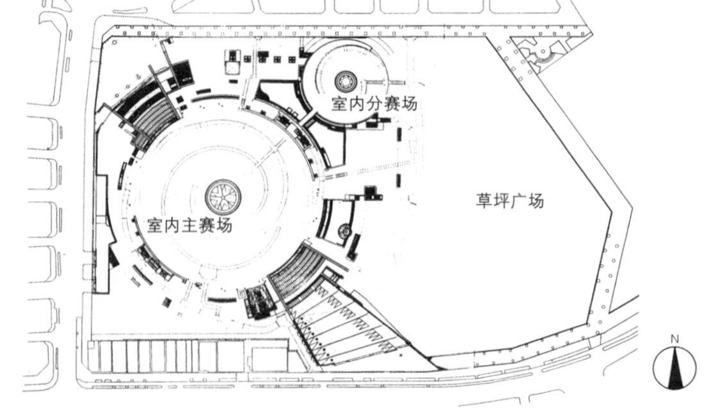

总平面图　1/5 000

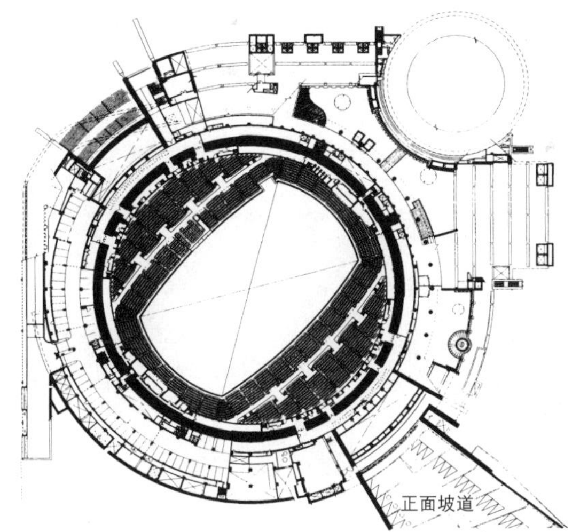

地下一层平面图　1 / 3 000

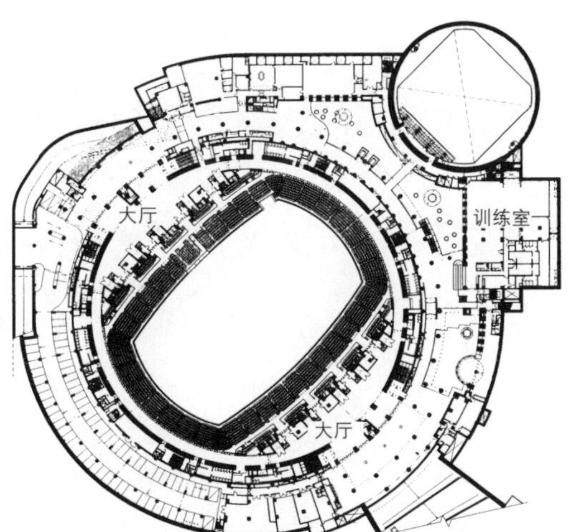

地下二层平面图

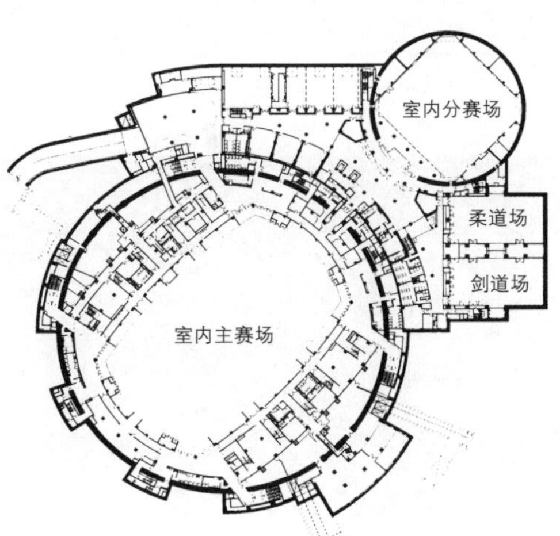

地下三层平面图

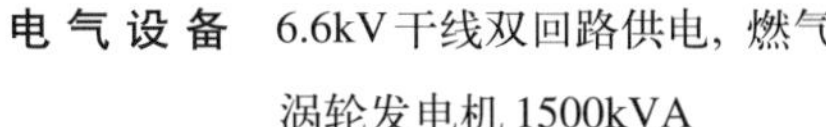

电气设备　6.6kV干线双回路供电，燃气涡轮发电机1500kVA

防灾设备　自动火灾报警装置，煤气泄漏火灾报警装置，防排烟设备，紧急疏散指示装置（动态指示），特殊火灾监控系统（红外线摄像机），无线通信设备（消防、警察用）

其他设备　中水设备，发电及废热供暖系统，游泳池过滤装置

设计时间　1992年4月 ~ 1993年3月

施工时间　1993年6月 ~ 1996年5月

外装修

屋顶　不锈钢无缝焊接工法，混凝土保护层上覆盖拌合土

外墙　花岗石饰面

室外结构　花岗石J & P饰面

内装修

室内比赛场

地面　桦木地板t20，涂刷聚氨酯

墙壁　金属冲孔板 GW + GC

顶棚　金属冲孔板

阳光庭院　（※）

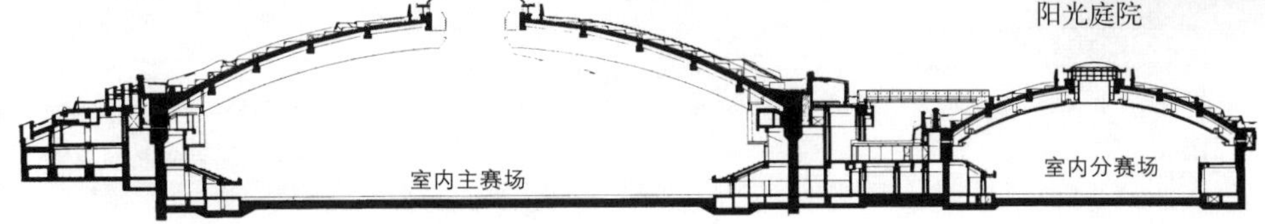

剖面图　1 / 1 800

龟田町综合体育馆

所　在　地　新泻县中蒲原郡龟田町大字茅野山1857-1

用　　　途　体育馆（含室内游泳馆）

业　　　主　龟田町

设　　　计　山下设计

园　　　林　综合都市开发

施　　　工

建筑　富士·田中·建久·栗田特定联合体

电气　尤阿蒂克·八重特定联合体

空调　大团

电气　大洋·小木特定联合体

占地面积　101 738.00m²

建筑面积　7 237.75m²

总建筑面积　9 606.79m²

一层　6 202.71m² / 二层　3 377.05m²

PH层　209.03m²

建筑覆盖率　7.11%

建筑容积率　9.44%

建筑层数　地上2层，屋顶间2层

尺　　　寸

最高高度　22.15m

檐高　室内主赛场9.5m，游泳馆12.2m，室内分赛场16.9m

层高　一层4.3m，二层4.5m

室内净高　一、二层2.7m，室内主赛场9.5~18.3m，游泳馆9.6m，室内分赛场10.0m

主　跨　度　室内主赛场48.0m，游泳池36.0m，室内分赛场24.85m

结　　　构

室内主赛场楼

桩·基础　预制钢筋混凝土桩B型 ϕ 500, 600　L=15.0m + 独立基础

地上　钢筋混凝土结构

屋顶　钢管空间桁架结构（球形节点）

游泳馆楼

桩·基础　预制钢筋混凝土桩B型 ϕ 500, 600　L=13.0m + 独立基础

地上　钢筋混凝土结构

屋顶　钢桁架结构(热浸镀锌) + 混凝土板

外观全景

室内比赛场内景

游泳馆内景

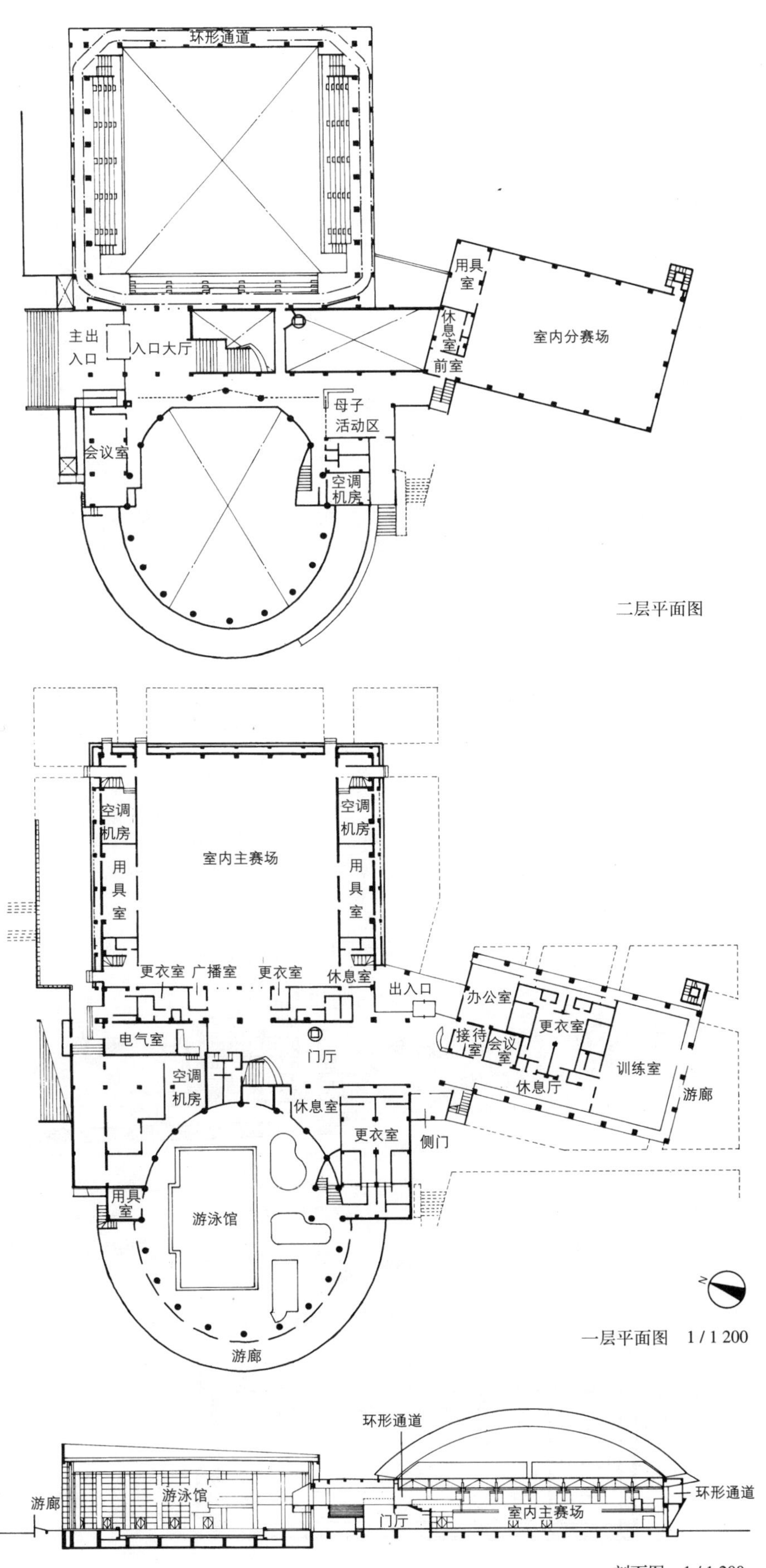

二层平面图

一层平面图　1 / 1 200

剖面图　1 / 1 200

室内分赛场楼

桩·基础　预制钢筋混凝土桩B型 ϕ 500, 600　L=15.0m + 独立基础

地上　钢筋混凝土结构

屋顶　钢筋混凝土结构（PC梁并用）

空调设备　空调机 + 风机盘管

热源　燃气吸收式冷热水机 + 燃气热水散热器

卫生设备

供水　高压式　贮水箱 80m^3

供热水　中央式

排水　污水、杂排水一并处理，雨水公用排水沟

电气设备

供电　高压 50Hz，3相3线，6.6kV，室内密封配电盘

防灾设备

消防　消防用水（利用游泳池池水）

设计时间　1992年8月～1994年1月

施工时间　1994年2月～1996年1月

外装修

屋顶　薄板防水层、氟树脂不锈钢屋面（室内主赛场）

外墙　瓷砖，混凝土原浆饰面 + 氟树脂

开口部位　铝制电解二次着色，含铅锡玻璃t6（普通部位）密封式玻璃幕墙　双层玻璃t5 + 空气层 + t5（游泳馆）

外部结构　花岗石，锁结式块料路面

内装修

室内主赛场

地面　地板 + 聚氨酯面层

墙壁　天然木饰面胶合板 + 吸声板

顶棚　裸露式空间桁架，岩棉吸声板

游泳馆

地面　透水性陶瓷面砖

墙壁　瓷砖，混凝土原浆饰面 + 氟树脂，陶瓷吸声板

顶棚　烤漆铝板

建筑工程概况　12

功能篇 P.73

北区立十条台小学　温水游泳馆·体育馆

所 在 地　东京都北区中十条 1-5-6

用　　途　温水游泳馆·体育馆

业　　主　东京都北区

设　　计

　建筑　阿尔科姆

　结构　结构设计集团 S.D.G.

　设备　PAC

施　　工

　建筑　鸿池组·越野建设联合体

　空调　昭和热学工业

　卫生　协进工业

　电气　佐藤电设工业

占地面积　7 924.80m²

建筑面积　1 447.45m²　原有 1 437.76m²

总建筑面积　3 441.80m²　原有 3 892.78m²

　地下三层　157.01m²

　地下二层　1 401.46m²

　地下一层　447.52m²

　一层　1 147.37m²

　二层　288.44m²

建筑覆盖率　36.4%（容许 60%）

建筑容积率　92.6%（容许 200%，部分 400%）

建筑层数　地下 3 层，地上 2 层

尺　　寸

　最高高度　18.753m

　檐高　16.764m

　层高　室内比赛场 11.3m

　室内净高　室内比赛场 8.8m

主 跨 度　室内比赛场　28.8 m × 24m

结　　构　钢筋混凝土结构

　桩·基础　现浇混凝土灌注桩（钻土施工法）

　屋顶　活动式玻璃窗穹顶（钢结构）

空调设备

　热源　燃气真空热水器

　空调方式　空气热源泵 + 无损耗型换气扇（各室）新型空调机 + 全热交换器，热水地面采暖 + 热水散热器，远红外线散热器（游泳馆），仅利用排风机通风（体育馆）

外观全景

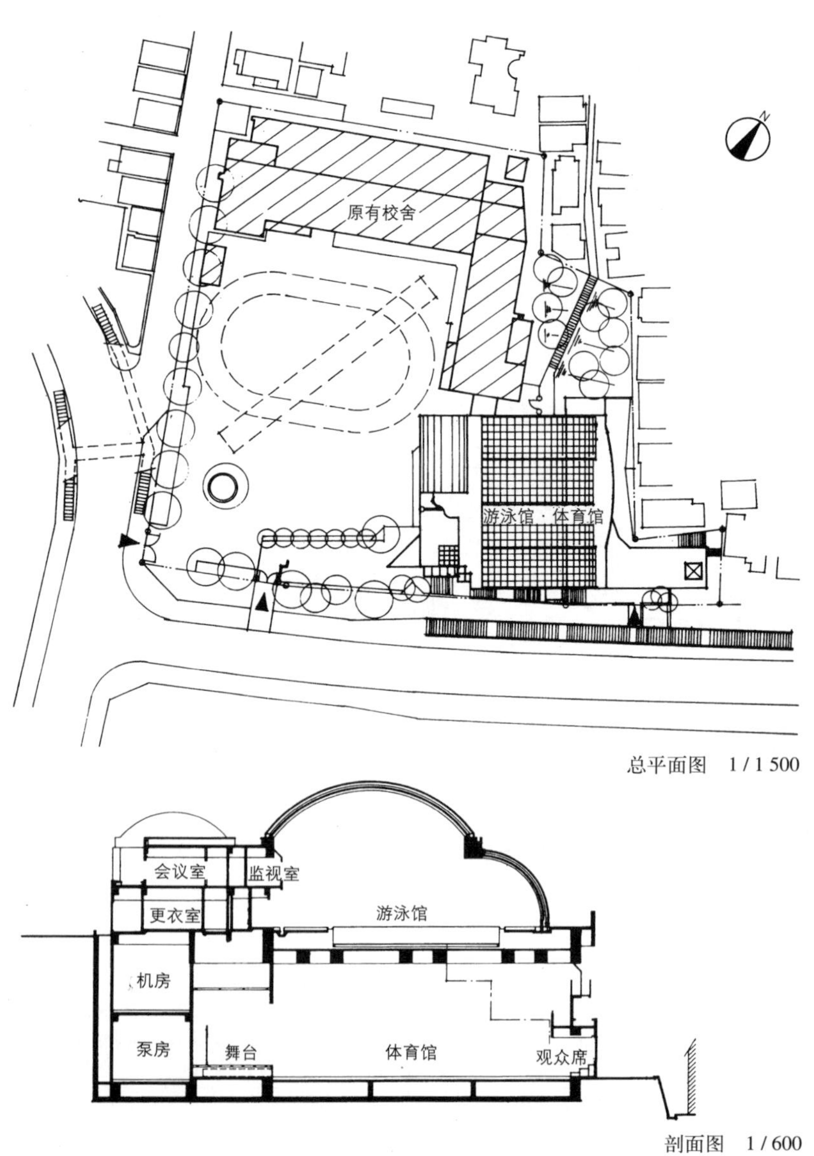

总平面图　1 / 1 500

剖面图　1 / 600

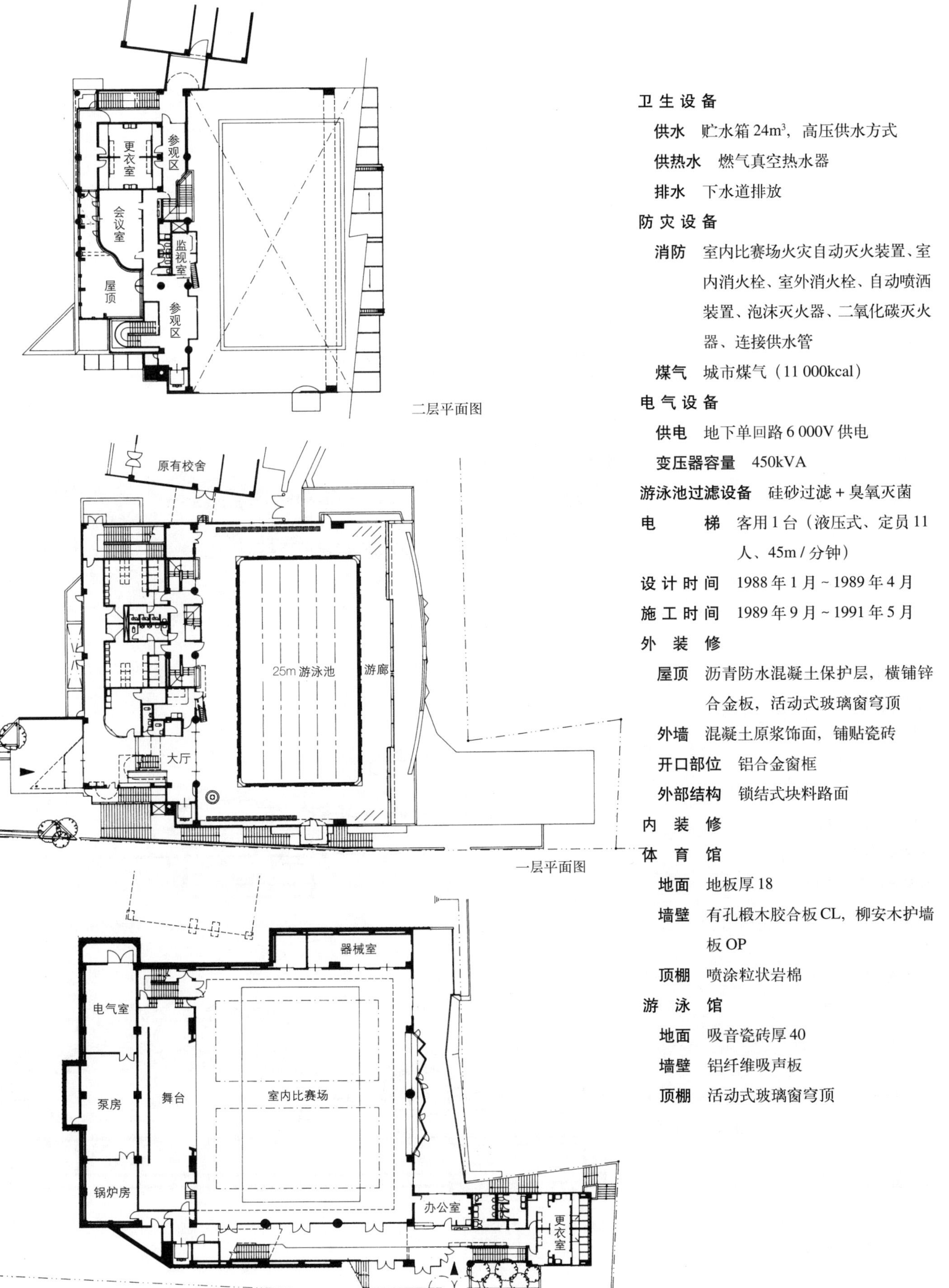

二层平面图

一层平面图

地下一层平面图 1 / 600

卫 生 设 备

供水 贮水箱 24m³，高压供水方式

供热水 燃气真空热水器

排水 下水道排放

防 灾 设 备

消防 室内比赛场火灾自动灭火装置、室内消火栓、室外消火栓、自动喷洒装置、泡沫灭火器、二氧化碳灭火器、连接供水管

煤气 城市煤气（11 000kcal）

电 气 设 备

供电 地下单回路 6 000V 供电

变压器容量 450kVA

游泳池过滤设备 硅砂过滤 + 臭氧灭菌

电　　梯 客用 1 台（液压式、定员 11 人、45m / 分钟）

设 计 时 间 1988 年 1 月 ~ 1989 年 4 月

施 工 时 间 1989 年 9 月 ~ 1991 年 5 月

外　装　修

屋顶 沥青防水混凝土保护层，横铺锌合金板，活动式玻璃窗穹顶

外墙 混凝土原浆饰面，铺贴瓷砖

开口部位 铝合金窗框

外部结构 锁结式块料路面

内　装　修

体　育　馆

地面 地板厚 18

墙壁 有孔椴木胶合板 CL，柳安木护墙板 OP

顶棚 喷涂粒状岩棉

游　泳　馆

地面 吸音瓷砖厚 40

墙壁 铝纤维吸声板

顶棚 活动式玻璃窗穹顶

建筑工程概况　13

造型篇 P.45

东京武术馆

所在地　东京都足立区绫濑 3-20

用途　武术馆

业主　东京都

设计

建筑　六角鬼丈＋六角鬼丈计划工作室

结构　花轮建筑结构事务所

设备　森村设计

园林　星野嘉郎

音响　永田穗建筑音响设计事务所

监理　东京都财务局修建部，六角鬼丈计划工作室

施工

建筑　大林 · 鸿池 · 日东 · 三蒲建设联合体

空调　理研 · 三信 · 亚科 · 管机建设联合体

卫生　关配 · 山本 · 三和建设联合体

电气　昭和 · 开发 · 铃木 · 小嶋建设联合体

占地面积　14 824m²

建筑面积　7 914m²

总建筑面积　17 604m²

地下层　5 236.31m² / 一层　7 258.81m²

二层　1 507.85m² / 三层　3 436.62m²

四层　164.67m²

建筑覆盖率　53%（容许 60%）

建筑容积率　119%（容许 200%）

建筑层数　地下 1 层，地上 4 层

尺寸

最高高度　21.5m

檐高　10.82m

层高　大武术场　地下室 5.15m，一层 2.85m，二层 3.0m

室内净高　大武术场 13.334m，第一小武术场 4.75m，第二小武术场 5.4m

主跨度　大武术场 43.2m，小武术场 18m

结构　钢筋混凝土结构，部分为钢框架钢筋混凝土结构

外观全景　（※摄影：新建筑摄影部）

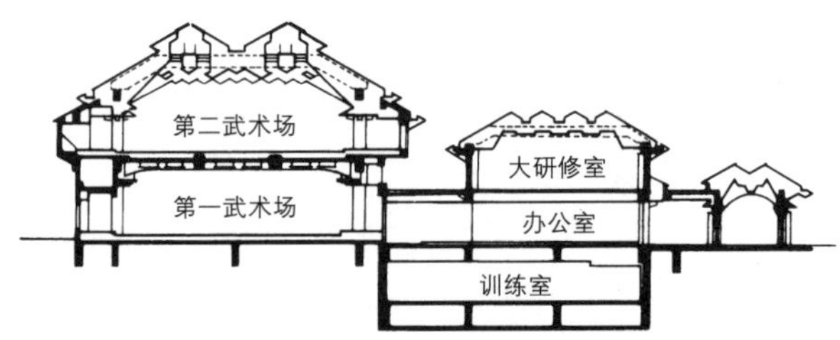

小武术场剖面图

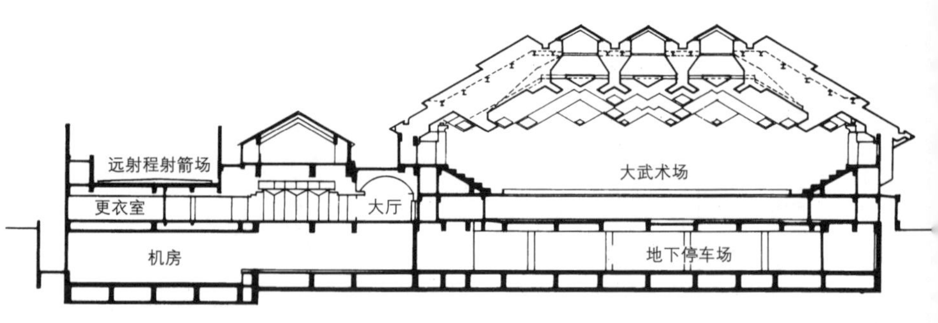

大武术场剖面图

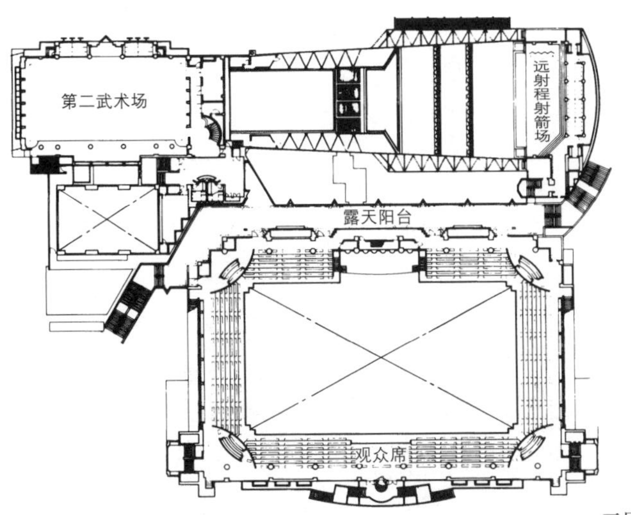

三层平面图

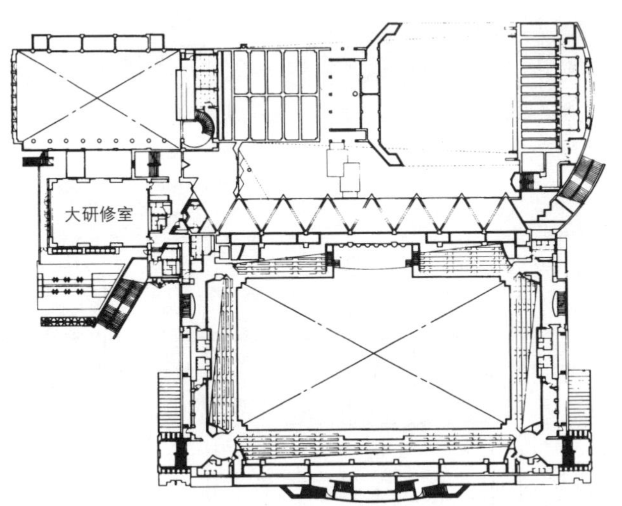

二层平面图

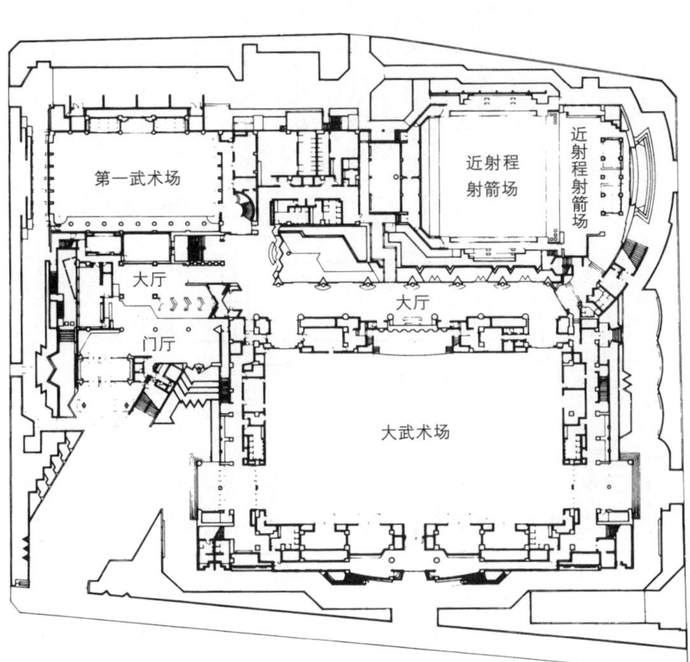

一层平面图 1/1 000

桩 · 基础 中掘沉桩法（在中空桩尖端插入钻孔机，一边排土，一边沉桩的施工方法——译者注）

屋顶 钢结构，部分为钢筋混凝土结构

空调设备 空调机 + 单风道式，风机盘管

热源 燃气冷热水机

卫生设备

供水 高压供水泵方式 上水贮水箱 18 + 40m^3，工业用水贮水箱 26m^3

电气设备

供电 地下线 6 600V 干线及备用线双回路

防灾设备

消防 自动喷洒装置（开放、封闭）、室内消火栓、连接供水管、泡沫灭火器、卤化物灭火器

其他设备 火灾自动报警装置，紧急疏散指示灯，紧急广播，避雷装置

设计时间 1986 年 11 月 ~ 1987 年 12 月

施工时间 1988 年 3 月 ~ 1989 年 12 月

外装修

屋顶 锌 · 不锈钢复合屋面板

外墙 镀锌钢板（涂刷氟树脂），RC 原浆饰面

开口部位 钢窗框(涂刷氯化橡胶树脂)，铝合金窗框

外部结构 预制混凝土，瓷砖等

内装修

大武术场

地面 橡木地板厚 18，着色，上油

墙壁 RC 原浆饰面，难燃白柳安木有孔板，着色 CL

顶棚 PB 厚 9EP，玻璃纤维板厚 25.50

策划篇 P.70

国技馆

所 在 地 东京都墨田区横纲 1-20-20

用 途 娱乐场

业 主 日本相扑协会

设 计 鹿岛设计，杉山隆建筑设计事务所

施 工 鹿岛

占地面积 18 280.2m²

建筑面积 12 388.1m²

总建筑面积 35 341.9m²

建筑覆盖率 67.8%（容许 100%）

建筑容积率 173.1%（容许 400%）

建筑层数 地下 2 层，地上 3 层

尺 寸

最高高度 39.6m

檐高 16.5m

结 构 钢框架钢筋混凝土结构，钢筋混凝土结构

桩·基础 现浇 RC 灌注桩，RC 独立基础

屋顶 钢结构

空调设备

大跨度空间 燃气蒸汽锅炉，吸收式冷冻机

协会事务所·博物馆等

空气热源热泵装置

卫生设备

供水 高压罐方式

雨水再利用设施

将大屋顶上的雨水贮存在雨水箱内，用于厕所冲刷和冷却塔补充水

电气设备

供电 6kV·双回路供电，额定功率 1 950kW

备用发电机 日常·应急兼用 6kV·1 250kVA × 2 台

蓄电池 250AH × 3（应急照明·电力控制兼用）

防灾设备 室内消火栓、消防队专用水栓、室外消火栓、卤化物灭火器、泡沫灭火器、自动喷洒装置、消防用水、火灾自动报警器、应急照

外观全景 （※摄影：村井修）

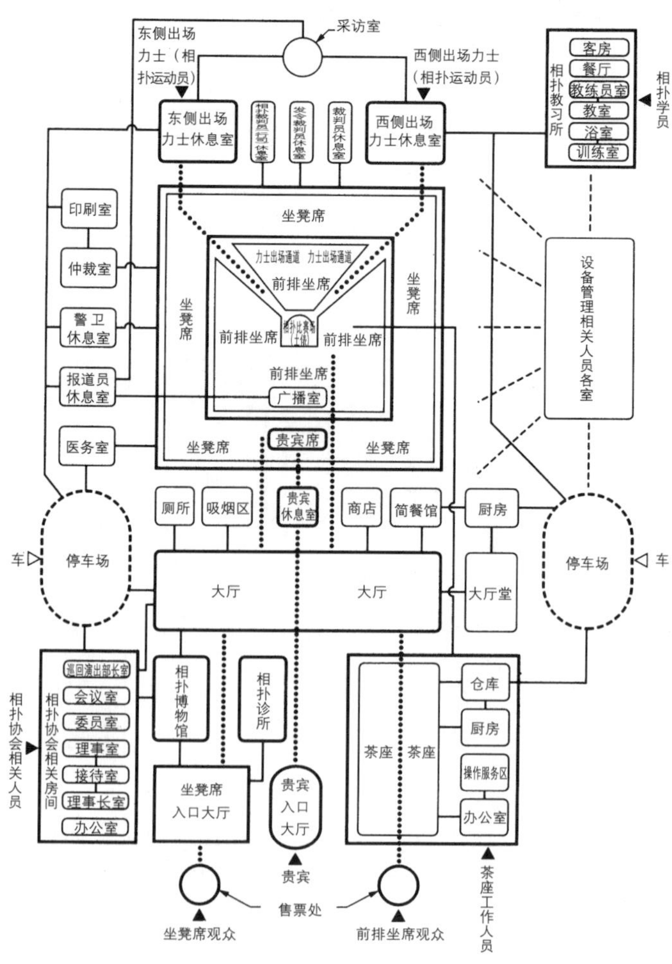

设施机构图

明、紧急疏散指示灯、无线通信设备、应急电话、紧急广播、防排烟设备、备用发电机、避雷针、警卫用电视摄像机

设计时间 1982年1月~1985年9月

施工时间 1984年4月~1985年11月

外装修

屋顶 踏步式铺设铜屋面板、仿铜锈色

外墙 贴瓷砖

馆前广场 铺贴花岗石

内装修

顶棚 裸露式钢桁架，有孔石棉硅酸钙板

墙壁 贴吸声瓷砖

地面 大张聚乙烯板

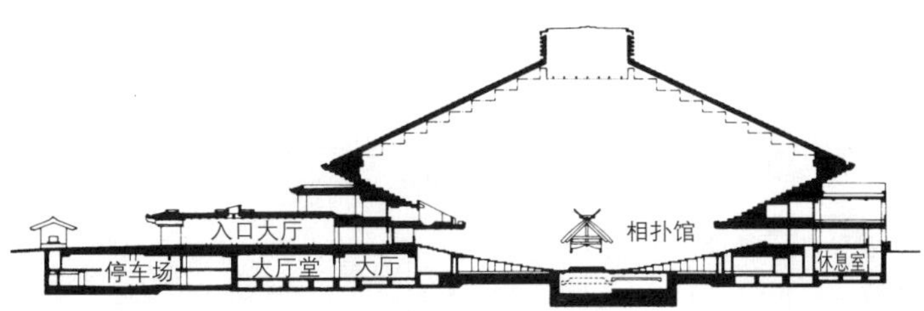

剖面图 1/1 800

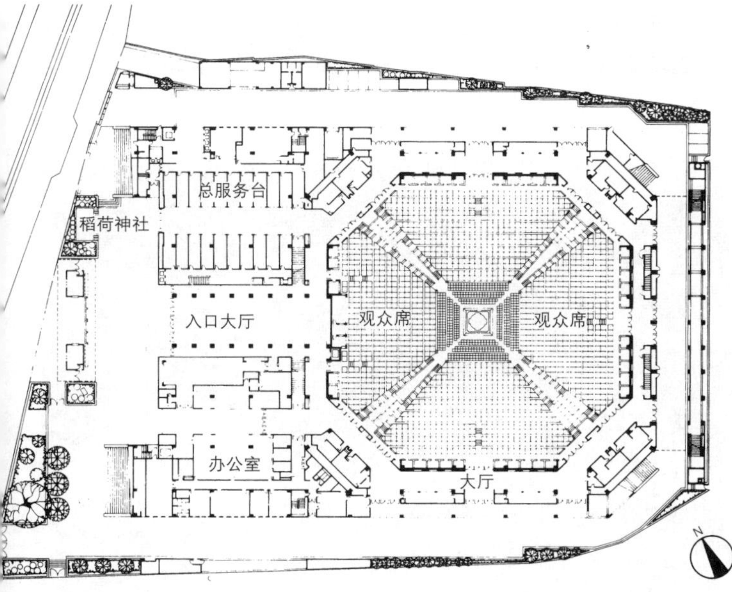

一层平面图 1/1 800

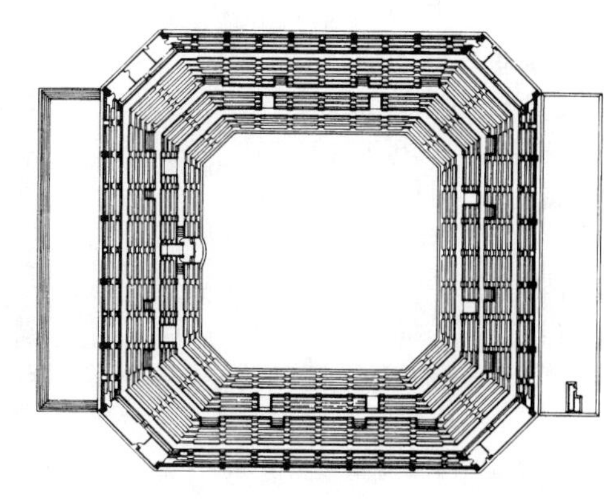

三层平面图

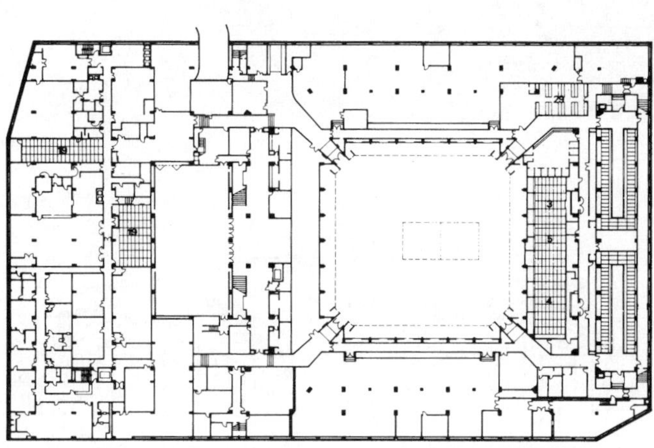

地下一层平面图

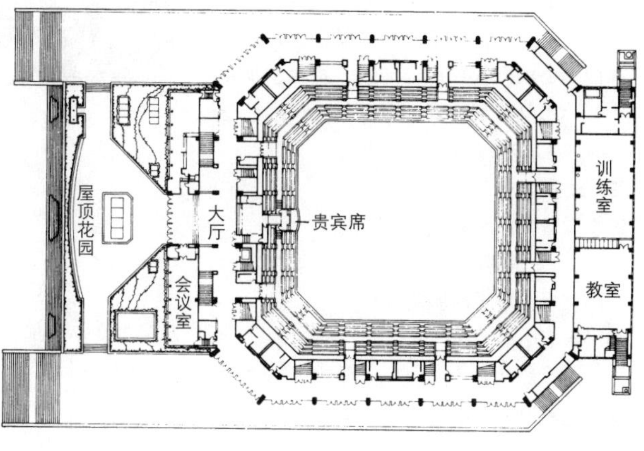

二层平面图

建筑工程概况 15

策划篇 P.66

东京辰巳国际游泳馆

所 在 地 东京都江东区辰巳 2-8-10
用 途 游泳馆
业 主 东京都港湾局
设 计
建筑 仙田满＋环境设计研究所
结构 结构计划研究所
设备 森村设计
园林 仙田满＋环境设计研究所，中谷耿一郎工作室
监理 仙田满＋环境设计研究所，结构计划研究所，森村设计
施 工
建筑 清水 · 大日本 · 胜村 · 丸石建设联合体
空调 大成温调 · 中设 · 七洋 · 中野 · 新冷建设联合体
卫生 三辰 · 平和 · 荣光建设联合体
电气 川北 · 三泽 · 佐藤 · 增田建设联合体
占地面积 22 772.353m²
建筑面积 12 319.269m²
总建筑面积 22 319.269m²
建筑覆盖率 54.1%（极限 60%）
建筑容积率 98.0%（极限 300%）
建筑层数 地下 2 层，地上 3 层
最高高度 37.2m
结 构 钢筋混凝土结构，部分为钢框架钢筋混凝土结构
桩 · 基础 PHC 桩基础（ϕ 600）螺旋钻液压冲击工法
屋顶 钢结构空间桁架
空调设备
锅炉设备 架空式火筒烟管锅炉，换算蒸汽 6 000kg / h × 2 台
冷冻机设备 吸收式冷冻机（蒸汽热源，双效用型）500USTR × 2 台
其他 空调机式单风道方式，密封空调机式单风道方式，水暖式地面采暖，热水供暖
卫生设备
供水设备 供水方式：高压供水
杂用水：游泳池池水的利用（仅用于冲刷厕所）
供热水 中央方式：淋浴、盥洗池供热
局部方式：开水房内设置电热水器
城市煤气设备 中压 锅炉用
低压 采暖用
电气设备 供电电压 6 600V，双回路
变压器 铸型变压器 3 050kVA
发电机 燃气涡轮型发电机（A重油）350kVA
照明设备 室内主赛场 1 500 lx（最大）

外观全景 （※摄影：藤塚光政）

内景 （※）

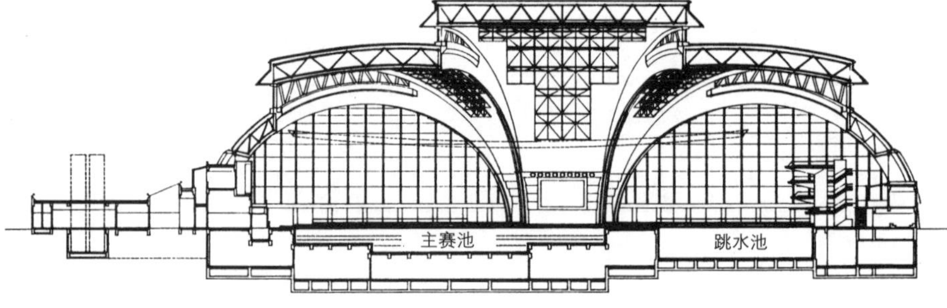

剖面图 1 / 1 300

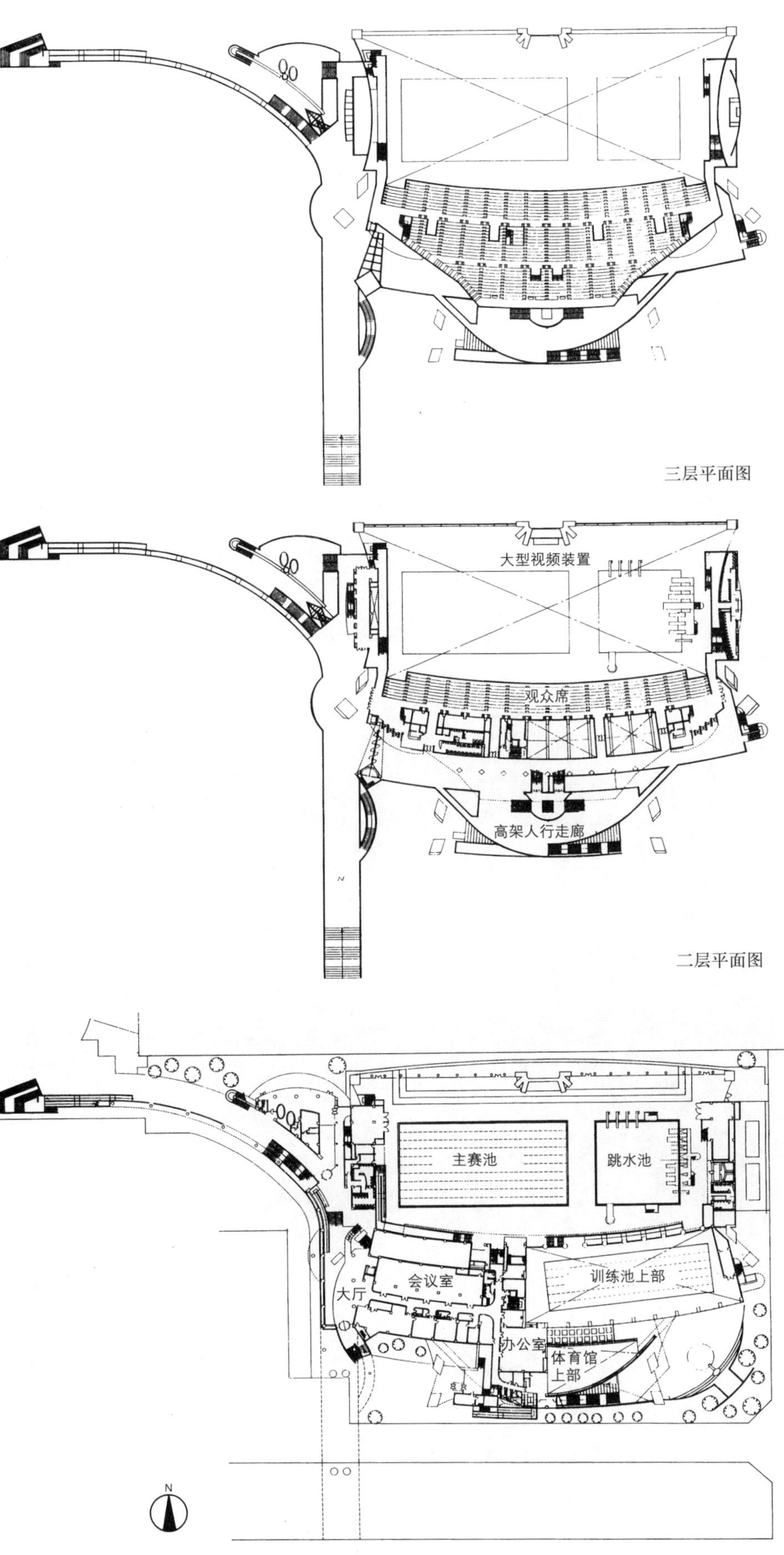

三层平面图

二层平面图

一层平面图　1 / 2 000

消 防 设 备　室内消火栓、室外消火栓、自动喷洒装置、卤化物灭火器、消防用水

水处理设备

游泳池　普通系统：砂过滤 + 臭氧灭菌（脱色剂、除臭）；溢流水系统：砂过滤 + 凝结剂；共用系统：氯灭菌（次氯酸钠）加温用热交换器及冷却用热交换器各 1 台 × 3 系统

浴池　砂过滤 + 紫外线灭菌 + 氯灭菌（次氯酸钠）

水面确认装置　用于跳水池，确认跳水池水泡出泡情况

其 他 设 备

电梯设备　液压电梯 × 2 部

大型视频装置　卫星转播电视：屏幕尺寸约 28m²

电子显示屏　电子显示屏：外部 13.25m × 5.44m

特殊设备　游泳比赛用自动记时装置，高速摄像装置，游泳训练装置

设 计 时 间　1988 年 11 月 ~ 1990 年 3 月

施 工 时 间　1990 年 12 月 ~ 1993 年 3 月

外　装　修

屋顶　不锈钢t0.4，氟树脂烤漆，滚焊工法（信和工业）　顶棚铝合金折板 t2.0　檐口底部：不锈钢t1.0，氟树脂烤漆

外墙　混凝土原浆饰面，外涂保护材料，高架人行走廊，透水性瓷砖饰面

门窗装配件　铝合金五金件，铝合金玻璃幕墙，聚氨酯烤漆

内　装　修

室内主赛场

地面　环氧树脂铺设材料，部分为透水性瓷砖

层面：钢结构基底上铺贴罗汉柏木透条，涂刷防虫防腐材料

墙壁　混凝土原浆饰面，涂刷保护材料

顶棚　有孔铝折板t2.0，部分为裸露空间桁架

室内分赛场

地面　环氧树脂铺装材料，部分为透水性瓷砖

墙壁　混凝土原浆饰面，涂刷保护材料，铝烤漆吸声板

顶棚　铝烤漆吸声板（NDC 碳质页岩）

训　练　室

地面　混凝土板基底上贴加拿大槭木 t15（涂刷有色聚氨酯）

墙壁　铺贴橡木条板 t18 透条（涂刷有色聚氨酯）

顶棚　轻钢龙骨钢网吊顶涂刷 SOP

建筑工程概况　　16

福冈县立综合游泳馆

所　在　地　福冈县博多区下月隅字竹山223-1

用　　　途　游泳比赛馆

业　　　主　福冈县

设计、监理　福冈县建筑都市部修建科，石本·日本设计·内藤设计管理联合体

施　　　工

建筑　竹中·钱高·松本·今林·福岛·鹿毛建设工程联合体

空调　三晃·菱热·日冷建设工程联合体

卫生　一工·净研建设工程联合体

电气　大团·野里·西铁·旭建设工程联合体

占地面积　21 866m²

建筑面积　10 734m²

总建筑面积　12 746m²

建筑覆盖率　49.1%

建筑容积率　58.3%

建筑层数　地下1层，地上3层

尺　　　寸

最高高度　33.25m

檐高　17.9m

主　跨　度　游泳馆170m

结　　　构　钢筋混凝土结构，钢结构

桩·基础　现浇混凝土灌注桩及PC桩

屋顶　大张不锈钢钢板，棒状折叠缝铺法

空调设备

空调方式　风道式

热源　A重油

卫生设备

供水　上水管贮水箱方式

下水　排入公共下水道

电气设备

供电　单独的专用引线（高压），自备发电机

防灾设备

消防　自动喷洒装置，室内消火栓，室外消火栓，排烟设备，应急照明，火灾自动报警器

其他设备　游泳池池水循环装置

外观全景　　（※摄影：新建筑摄影部）

内景　　（※）

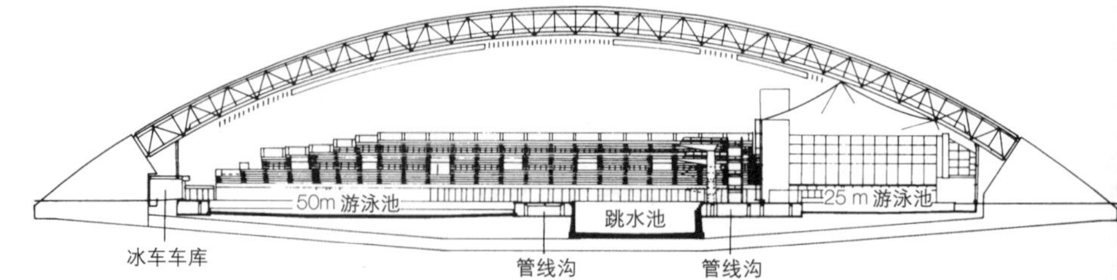

剖面图　1 / 1 500

开口部外观

设计时间 1986年12月～1987年8月

施工时间 1987年12月～1989年5月

外装修

屋顶 大张不锈钢钢板棒状折叠缝铺法

外墙 外墙台基铺贴花岗石

开口部位 玻璃幕墙（透明玻璃）

外部结构 沥青路面

内装修

游泳馆

地面 特制瓷砖

墙壁 玻璃幕墙，RC部分贴瓷砖

顶棚 金属板＋玻璃棉

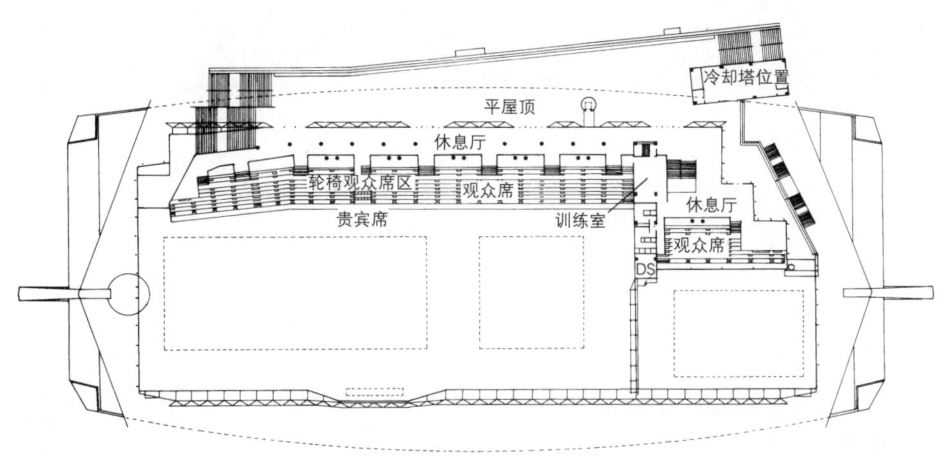

二层平面图

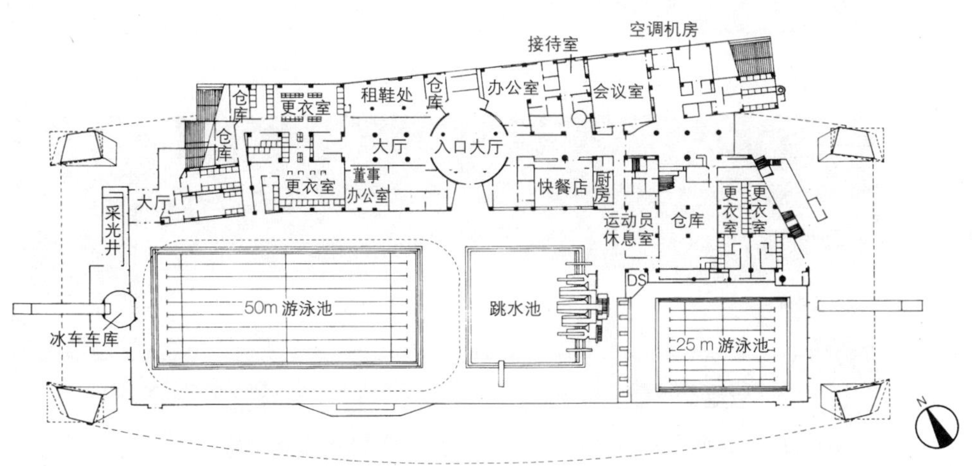

一层平面图 1/1 500

建筑工程概况　17

策划篇 P.59

武库川学院游泳馆（开闭式屋顶）

所　在　地　兵库县西宫市枝川町 4-16
用　　　途　游泳馆
业　　　主　学校法人 武库川学院
设　　　计　竹中工务店
施　　　工　竹中工务店
占地面积　67 370.95m²
建筑面积　2 237.91m²
总建筑面积　3 022.94m²
建筑覆盖率　26.90%（容许 60%）
建筑容积率　85.83%（容许 200%）
建筑层数　地上 2 层
尺　　　寸
　最高高度　13.5m
　檐高　7.5m
　层高　一层 2.7m，二层 4.35m
　室内净高　一层 2.5m，二层 10.8m
主　跨　度　屋顶桁架支座之间 46m
结　　　构　钢筋混凝土结构
　桩·基础　PC 桩，独立基础
　屋顶　钢结构
空调设备　第一种通风
卫生设备
　供水　高架水箱（原有水塔）
　供热水　燃气热水贮水箱
　排水　分流式，排入下水道
电气设备
　供电　高压 6 600V
防灾设备
　消防　室内消火栓
其他设备　游泳池池水过滤装置
设计时间　1989 年 1 月 ~ 1989 年 12 月
施工时间　1990 年 1 月 ~ 1991 年 3 月
外　装　修
　屋顶　透光性特殊材料（A 型）+0.88mm，不锈钢 + 0.4mm 滚焊工法
　外墙　喷涂瓷漆
　开口部位　铝合金窗框，透明玻璃 + 6
　外部结构　锁结式块料路面
内　装　修
游　泳　馆
　地面　缸砖（游泳池及游泳池池畔）
　墙壁　混凝土原浆饰面，VE
　顶棚　同屋顶

外观

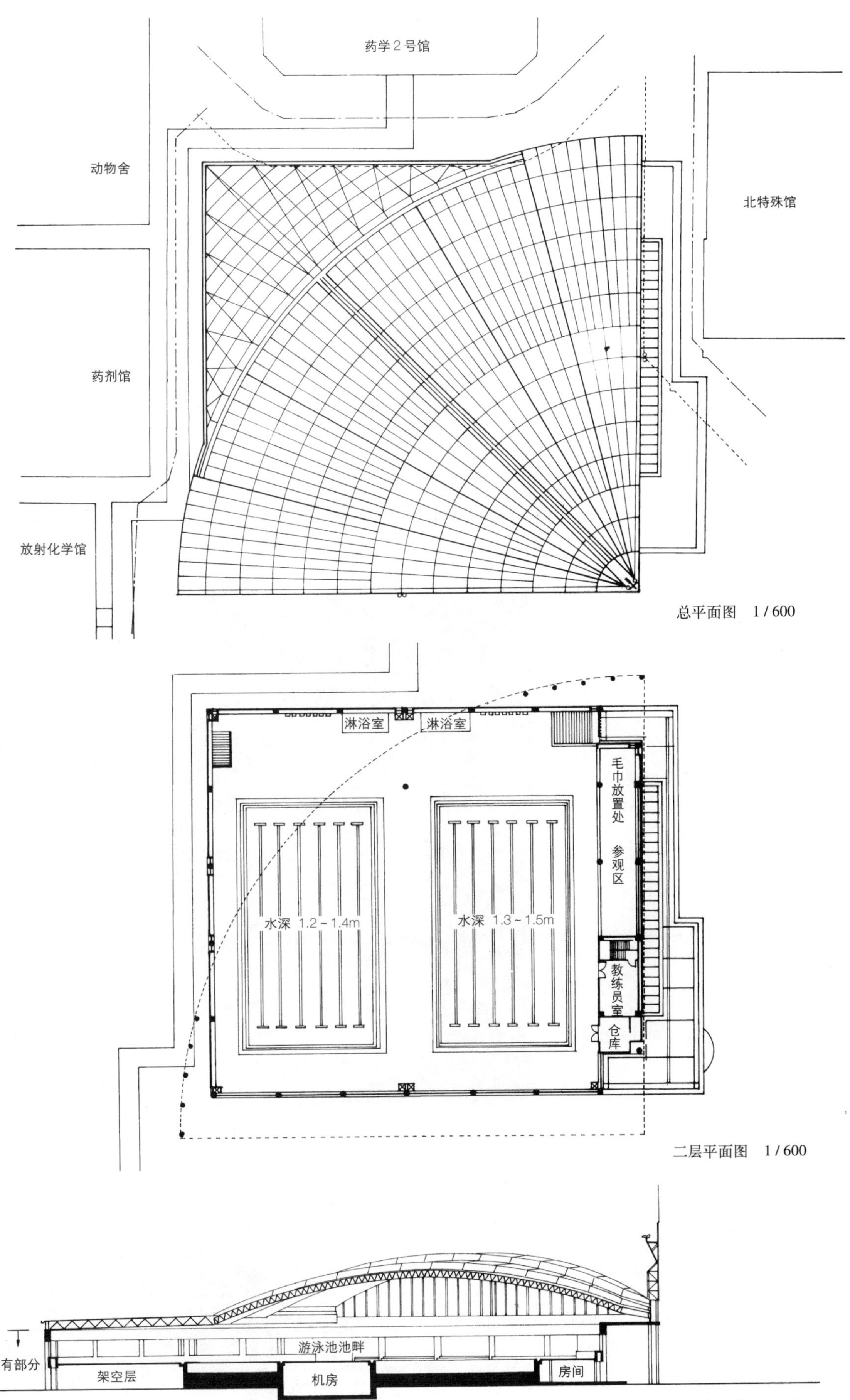

总平面图 1/600

二层平面图 1/600

剖面图 1/600

建筑工程概况　18

策划篇 P.68

长野市奥林匹克室内比赛场（波浪滑冰馆）

所在地　长野市北长池195
用途　体育馆·表演场（奥林匹克运动会时：速滑比赛场）
业主　长野市奥林匹克局设施科
设计
　建筑　久米·鹿岛·奥村·日产·饭岛·高木设计联合体
　监理　久米设计
施工
　建筑　鹿岛·奥村·日产·饭岛·高木建设联合体
　空调　大团·东横·金泽·羽生田建设联合体
　卫生　须贺·东芝·高田·田中建设联合体
　电气　日本电设·六兴·TECHNO·协电舍联合体
　通信　新生技术·日电工联合体
　音响　松下电器
　计时　T.I.C. 西铁城
占地面积　111 470.82m²
建筑面积　31 368.02m²
总建筑面积　76 189.26m²
　地下一层　31 818.56m² / 一层　30 621.28m²
　二层　11 788.58m² / 三层　1 914.84m²
建筑覆盖率　28.18%（容许60%）
建筑容积率　54.69%（容许200%）
建筑层数　地下1层，地上3层
尺寸
　最高高度　43.45m
　檐高　43.45m
　层高　一层3.9m
　室内净高　运动员休息室2.4m
主跨度　14.4m × 80.0m
室内比赛场
结构
　下部　钢筋混凝土结构，部分为预应力钢筋混凝土结构
　屋顶　大跨度结构用集成半刚性材料悬索屋顶　斜撑
　墙壁上部　钢结构
　桩·基础　预制混凝土桩(打入桩)大底板　室内比赛场部分：扩展基础
空调设备
　空调方式　室内比赛场：单风道系统+VAV方式，观众席：直接采暖方式　其他各室：主机+风机盘管
　热源　燃气制冷机，蒸汽吸收式冷冻机，热水吸收式冷冻机，潜热蓄热槽，冷冻用10m³，热水用30m³
卫生设备
　供水　自来水　井水　高压供水方式
　供热水　中央式压力循环·个别方式并用

外观全景　（※摄影：新建筑摄影部）

内景　（※）

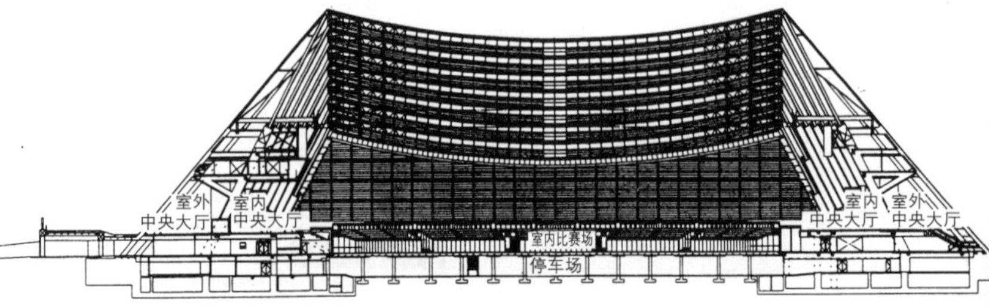

剖面图　1 / 1 600

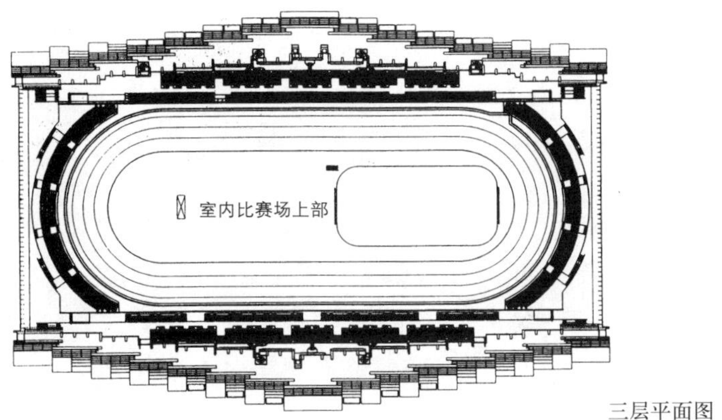

三层平面图

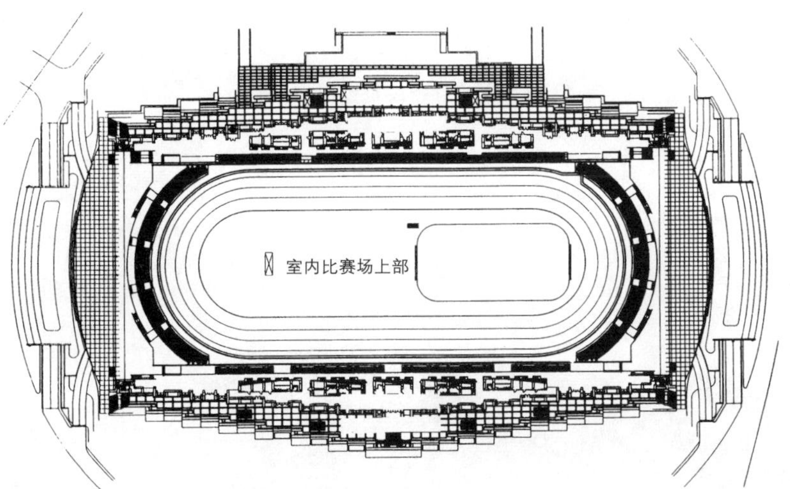

二层平面图　1/3 000

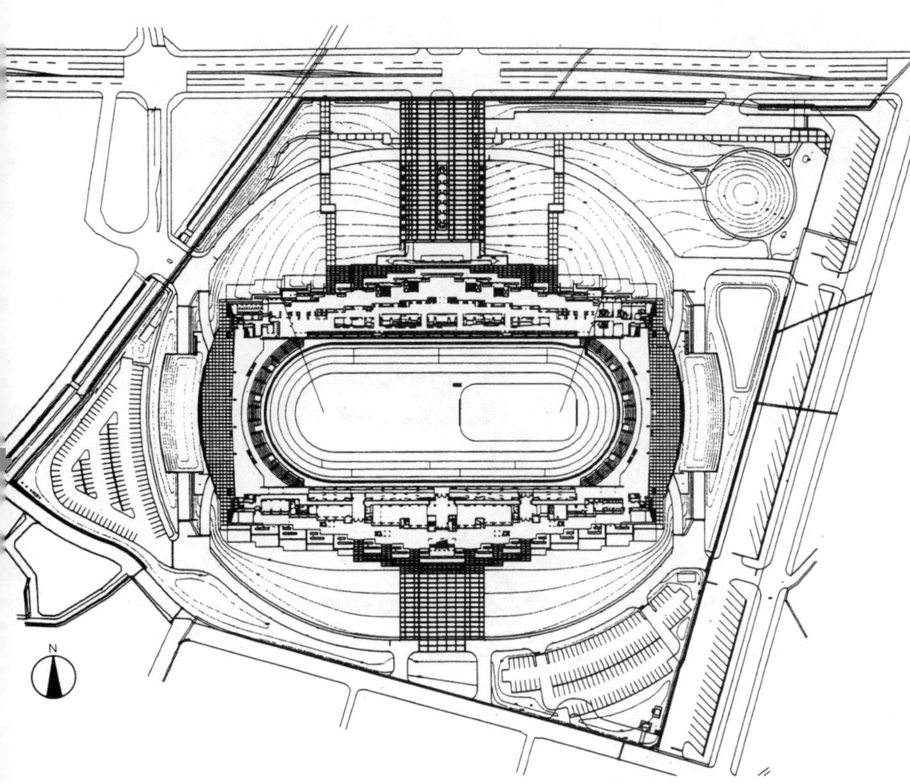

总平面图 · 一层平面图　1/4 000

排水　室内污水、杂排水分流 · 室外合流方式

电气设备

供电　6.6kV，额定功率 1 700kW（奥林匹克运动会时增加 2 500kW）

防灾设备

消防　全馆：自动喷洒装置、室内消火栓、灭火器

停车场：干式泡沫灭火器

室内比赛场：高压水枪

锅炉房 · 制冰机房：CO_2 灭火器

排烟　室内比赛场：蓄烟

其他各室：自然排烟、机械排烟、免排烟

制冰设备　通过燃气发动机驱动的冷冻机制冷方式

冰场：埋设长钢管

其他设备

电梯设备　定员 11 人的液压式客用电梯 × 4 部

特殊设备　大型视频装置，活动坐席，人工草皮缠卷装置，移动式舞台布景吊挂骨架、万向坐席

设计时间　1993 年 8 月 ~ 1993 年 12 月

施工时间　1994 年 3 月 ~ 1996 年 11 月

外装修

屋顶　不锈钢滚焊工法

基底：结构用胶合板上铺沥青

外墙　踏步式铺设不锈钢屋面板，亚光饰面

基底：结构用胶合板上铺沥青油毡，刨花板铜框边，混凝土原浆饰面，切缝，涂刷丙烯酸树脂清漆

开口部位　侧墙上部：透明聚碳酸树脂特殊热压成型板

铝合金窗框·加固框架：金属框，涂刷丙烯酸类长效防腐涂料

侧墙下部：上滑轨式双扇推拉门扇 SOP

高窗采光：铝合金窗框

外部结构　搔痕面混凝土板，贴 200 × 200 瓷砖

内装修

室内比赛场

地面　环氧树脂类防滑地面（外场），彩色混凝土（跑道、滑冰场、内场）

墙壁　混凝土原浆饰面，竖条勾缝集成材料

顶棚　带肋集成材料（涂刷防霉剂），隔热吸声材料（带有玻璃棉着色纸）

观众席

地面　PC 阶梯 涂刷聚氨酯类涂料

墙壁　混凝土原浆饰面，勾缝

顶棚　PB 岩棉吸声板（包厢部分）

建筑工程概况　　19

功能篇 P.75

东平尾公园 博多之森球场

所 在 地　福冈市博多区东平尾公园2丁目1-1
用　　途　球场
业　　主　福冈市
设　　计　大建设计
施　　工
　建筑　户田·东海·地崎·九洲·旭建设工程联合体
　空调　研信·东芝·三荣建设工程联合体
　卫生　波冷·大金·菱热建设工程联合体
　电气　电设工·昭和·三荣·福冈建设工程联合体
占地面积　58 600.00m²
建筑面积　13 934.72m²
总建筑面积　22 873.54m²
建筑覆盖率　47.52%
建筑容积率　41.21%
建筑层数　地下1层，地上5层
尺　　寸
　最高高度　28.0m
　檐高　24.29m
　层高　露天体育场看台顶高28.0m
　室内净高　标准层2.7m
主 跨 度
　室内赛场　龙骨结构172.8m
　　　　　　包括基础214.8m
结　　构　钢框架钢筋混凝土结构，钢筋混凝土结构
　桩·基础　现浇混凝土灌注桩及扩展基础（全套管钻孔灌注桩法）
　屋顶　钢结构
空调设备
　空调方式　成套空调机组
　热源　成套空调机组＋电气
卫生设备
　供水　高压供水方式，贮水箱90m³，中央供水＋局部
　供热水　中央供水＋局部
　排水　公共下水道
电气设备
　供电　额定功率1 200kW，紧急情况发生时使用自备发电机

公园全景

球场全景

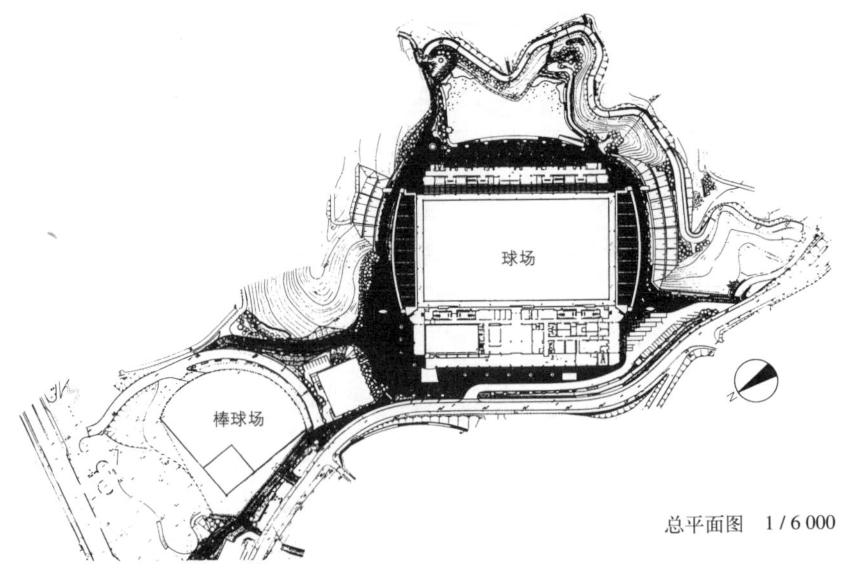

总平面图　1 / 6 000

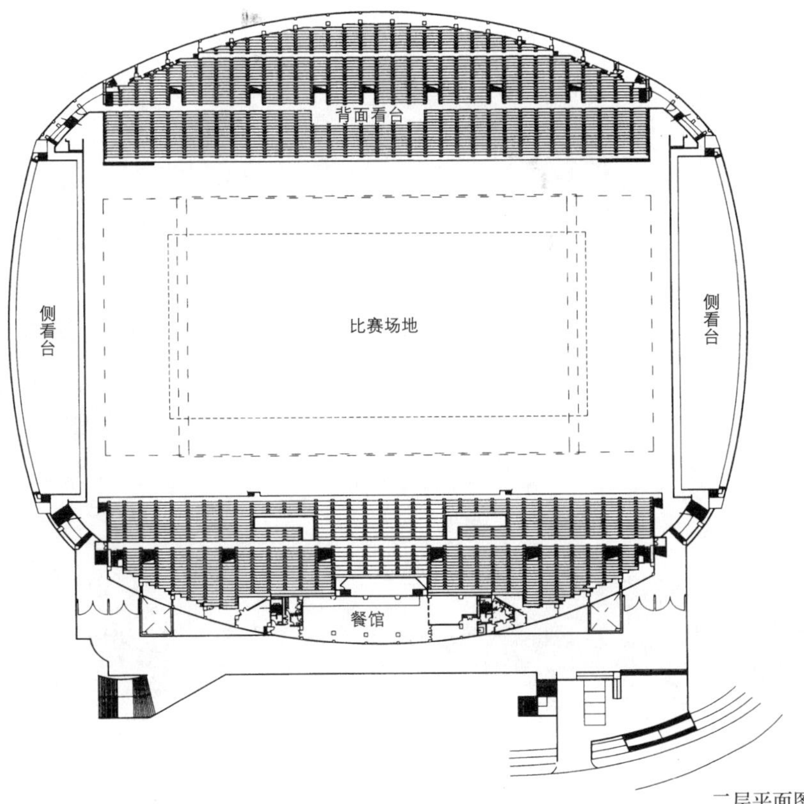

二层平面图

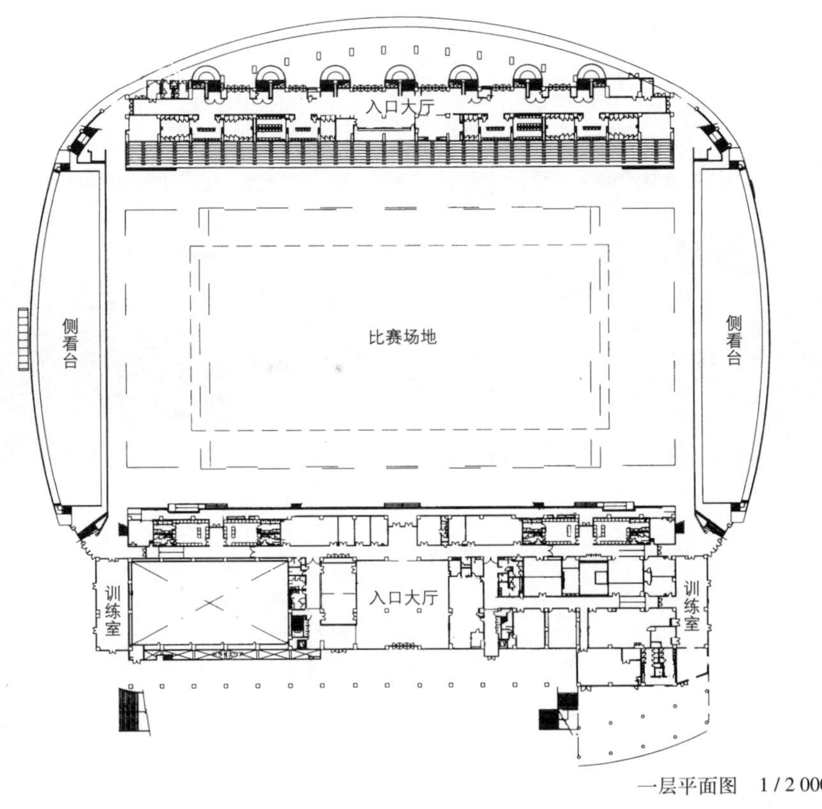

一层平面图　1 / 2 000

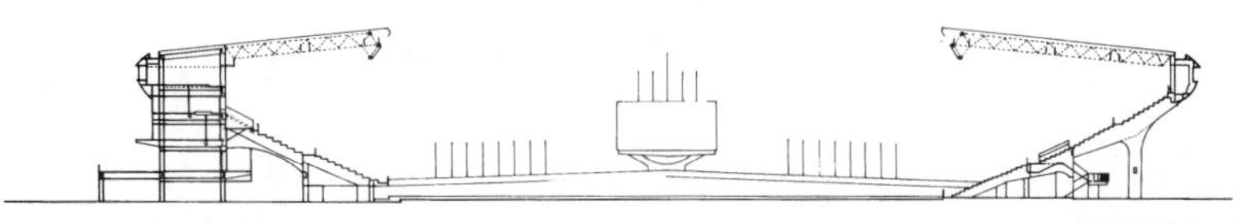

剖面图　1 / 2 000

防灾设备

消防　室内消火栓、自动喷洒装置、二氧化碳灭火器、室外消火栓、火灾自动报警器

设计时间　1991 年 9 月 ~ 1992 年 6 月

施工时间　1992 年 9 月 ~ 1994 年 10 月

外装修

屋顶　A 型薄膜、沥青防水层

外墙　贴 50 × 50 瓷砖，喷涂瓷漆

开口部位　铝合金窗框

外部结构　锁结式块料路面，花岗石

内装修

观众入口大厅

地面　乙烯树脂地板砖

墙壁　喷涂瓷漆

顶棚　BP 厚 9.5AEP

建筑工程概况　20

策划篇 P.70

茨城县立鹿岛足球运动场

所在地　茨城县鹿岛郡鹿岛町大字神向寺26-2传之乡运动公园内

用途　足球运动场

业主　茨城县

设计　茨城县土木部修建科，日建设计

施工

　建筑　竹中·住友·常总联合体

　空调　大气社

　卫生　大气社

　电气　近电

占地面积　40 000m²

建筑面积　11 769m²

总建筑面积　22 093m²

建筑覆盖率　29.4%

建筑容积率　55.2%

建筑层数　地上3层

尺寸

　最高高度　19.42m

　檐高　17.85m

　层高　一层3.8m，标准层8.85m，贵宾室2.7m

　室内净高　一层2.7m，贵宾室2.3m

主跨度　6.4m模数

结构　钢框架钢筋混凝土结构，钢筋混凝土结构

　桩·基础　PHC桩

　屋顶　钢结构

空调设备

　空调方式　电气小型空冷热泵机组

卫生设备　泵高压供水方式，集中供热水，单管道排水

电气设备　6.6kV，50Hz，单回路供电方式，室内密封配电盘，柴油发电机

防灾设备

　消防　消防用水箱40t × 2，自然排烟

其他设备　大型记分显示屏，场地照明（1 500lx），网络系统，1部定员11人客用电梯

设计时间　1991年8月～1992年3月

施工时间　1992年3月～1993年4月

全景鸟瞰图

外观

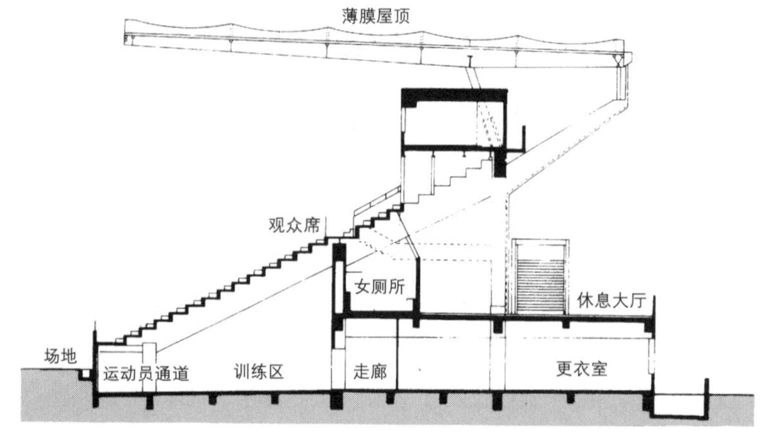

剖面图　1/800

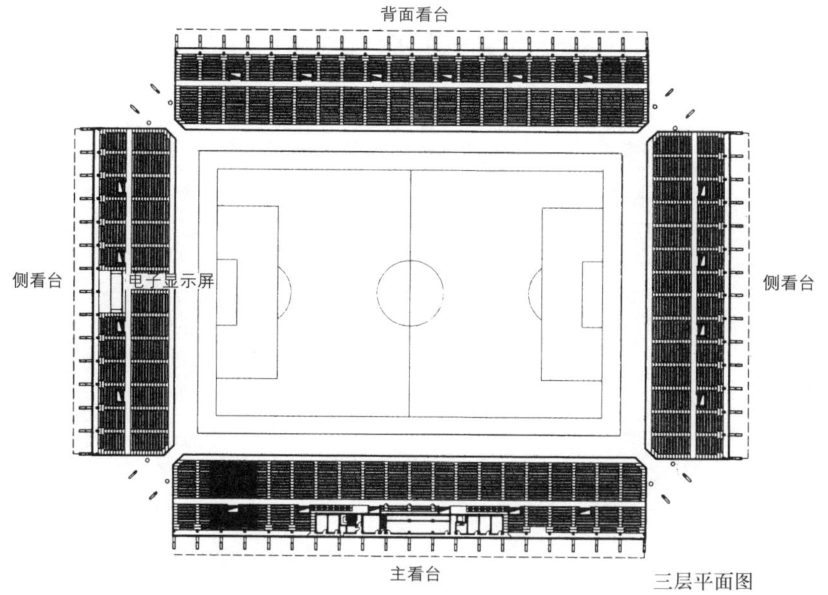

三层平面图

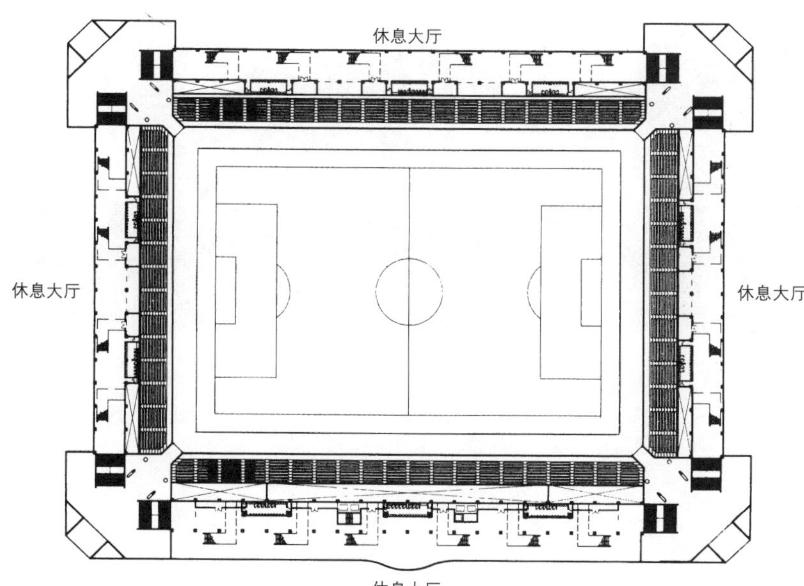

二层平面图

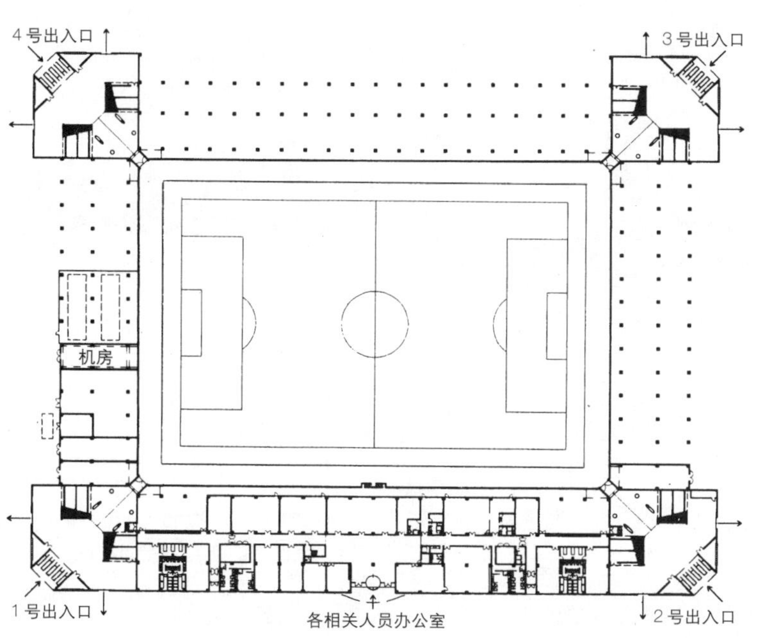

一层平面图　1 / 2 000

外　装　修

屋顶　特氟隆（聚四氟乙烯）树脂涂层玻璃纤维布

外墙　RC 原浆饰面

开口部位　铝合金窗框

外部结构　锁结式块料地面

内　装　修

地面　瓷砖地毯，乙烯树脂板

墙壁　乙烯树脂布，石膏板刷漆

顶棚　岩棉吸声板

功能篇 P.74

川崎市民广场（川崎市指定城市纪念馆）

所 在 地　神奈川县川崎市高津区新作1777

用　　途　大众化综合性设施

业　　主　川崎市

设　　计

建筑　川崎市建筑局建筑部，神谷·庄司计划设计事务所

结构　青木繁研究室

设备　川崎市建筑局建筑部，森村设计

园林　川崎市环境保护局，京央园林设计事务所

监理　川崎市建筑局建筑部，神谷·庄司计划设计事务所

施　　工　清水建设·小川组联合体

电气　丰国电气工业·东邦电业联合体

占地面积　33 171.36m²

建筑面积　6 343.76m²

总建筑面积　12 780.89m²

主馆

地下一层　2 604.86m² / 一层 5 595.39m²

二层　2 828.20m² / 三层 1 385.35m²

PH层　90.64m²

分馆总楼面面积　267.45m²

建筑覆盖率　19.12%

建筑容积率　38.35%

建筑层数　地下1层，地上3层，屋顶间1层

结　　构　钢框架钢筋混凝土结构

桩·基础　大直径钻孔灌注桩法墩式基础

屋顶　钢结构

空调设备　空调机或风机盘管

游泳馆　板式散热器，对流散热器

热源　由毗邻垃圾处理厂供给蒸汽（15kg/cm²，最大5 t / h）

卫生设备

供水　水箱式泵压供水，停止运转时为常压供水方式

供热水　中央供热，2个225 000kcal/h电水箱

电气设备

供电　三相三线6 600V，备用发电机电压6 600V、50Hz，输出功率420PS，容量350kVA，设备1 700kVA，额定功率970kW

防灾设备　室内消火栓

剧场：开放式自动喷洒装置

全景鸟瞰图　［日经建筑 1979 .3.19 期　摄影：三岛叡（日经BP社）］

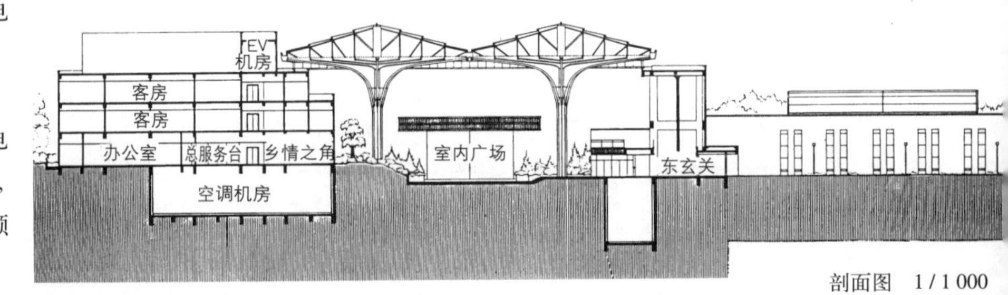

剖面图　1 / 1 000

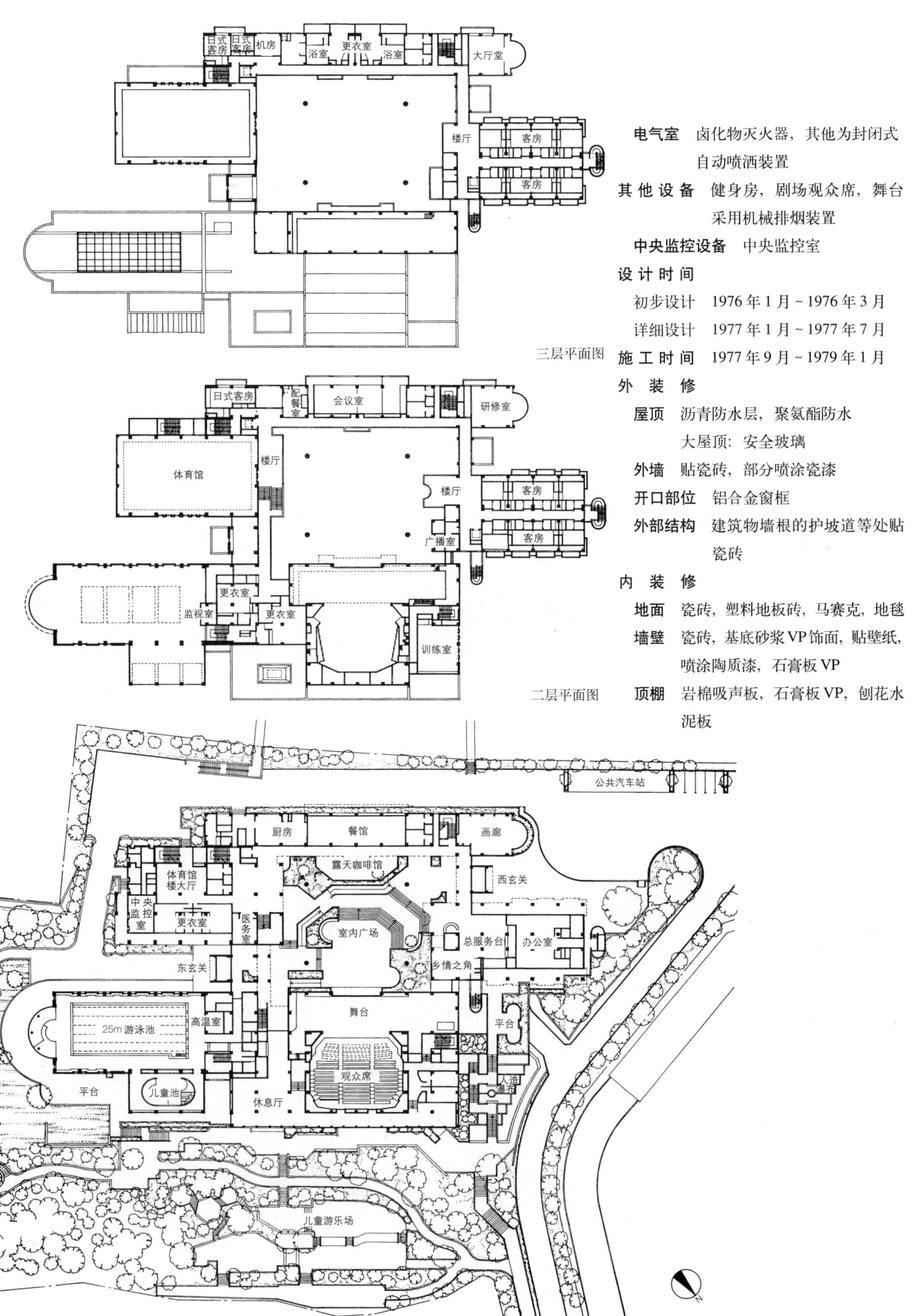

三层平面图

二层平面图

总平面图 · 一层平面图　1 / 1 200

电气室　卤化物灭火器，其他为封闭式自动喷洒装置

其他设备　健身房，剧场观众席，舞台采用机械排烟装置

中央监控设备　中央监控室

设计时间

初步设计　1976 年 1 月 ~ 1976 年 3 月

详细设计　1977 年 1 月 ~ 1977 年 7 月

施工时间　1977 年 9 月 ~ 1979 年 1 月

外装修

屋顶　沥青防水层，聚氨酯防水

大屋顶：安全玻璃

外墙　贴瓷砖，部分喷涂瓷漆

开口部位　铝合金窗框

外部结构　建筑物墙根的护坡道等处贴瓷砖

内装修

地面　瓷砖，塑料地板砖，马赛克，地毯

墙壁　瓷砖，基底砂浆 VP 饰面，贴壁纸，喷涂陶质漆，石膏板 VP

顶棚　岩棉吸声板，石膏板 VP，刨花水泥板

功能篇 P.76

川崎市利用余热的群众性设施 王禅寺温水游泳馆

所 在 地 神奈川县川崎市麻生区王禅寺1321
用　　途 大众化综合性设施
业　　主 川崎市
设　　计
建筑 神谷·庄司计划设计事务所
结构 川口卫结构设计事务所
设备 森村设计
监理 川崎市建筑局，神谷·庄司计划设计事务所，川口卫结构设计事务所，森村设计
施　　工
建筑 三井建设·行幸组联合体
空调 东横
卫生 川本工业·清水管工联合体
电气 京电社
占地面积 9 924.14m²
建筑面积 3 325.83m²
总建筑面积 9 840.64m²
地下层 3 059m² / 一层 3 209m²
二层 1 139m² / 三层 1 265m²
四层 1 112m² / 屋顶间 56m²
建筑覆盖率 33.5%
建筑容积率 99.15%
建筑层数 地下1层，地上4层，屋顶间1层
尺　　寸
最高高度 18.915m
檐高 17.315m
主 跨 度 游泳馆 39.530m
结　　构 钢筋混凝土结构
桩·基础 独立基础，部分为预制钢筋混凝土桩基础
屋顶 钢结构
空调设备 游泳馆：单风道方式
其他部分：单风道＋风机盘管机组
卫生设备
供水 高架水箱供水
供热水 中央供热
排水 化粪槽排水
电气设备
供电 三相三线 6kV50Hz
变压器 1 130 kVA
自备发电机 200 kVA

内景

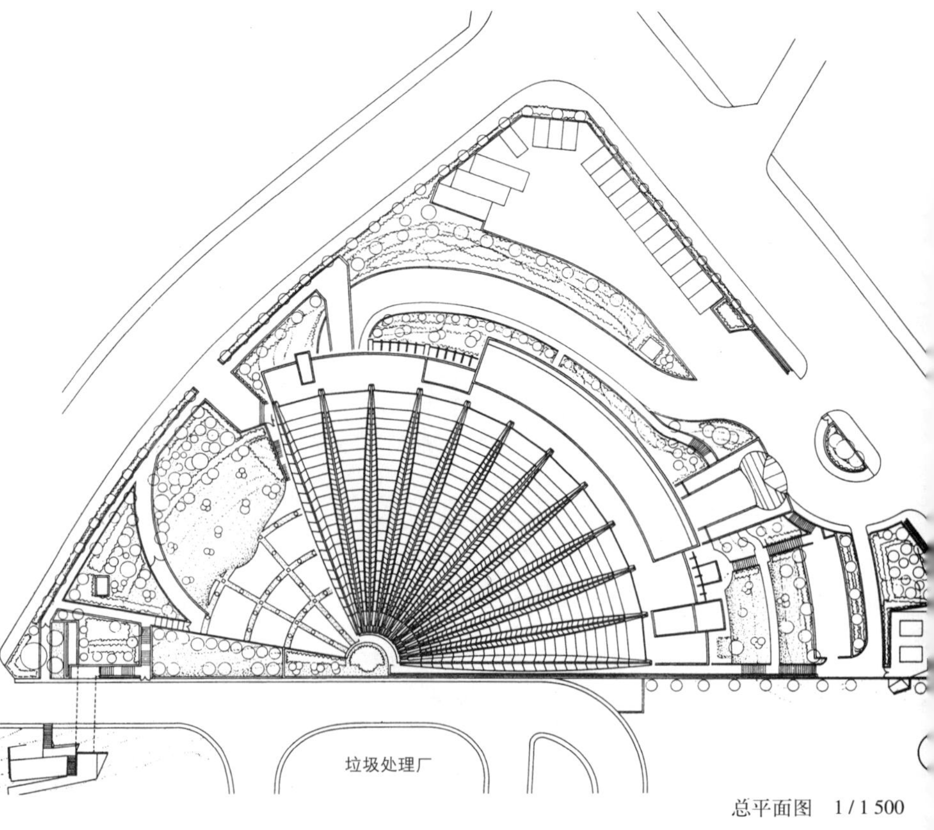

总平面图　1 / 1 500

蓄电池 HS-150E（DC24V-50AH）

防灾设备

消防 连接供水管、自动喷洒装置、室内消火栓、卤化物灭火器

排烟 自然排烟、排烟口、防烟调节风门

设计时间 1986年1月~1987年3月

施工时间 1988年2月~1990年3月

外装修

屋顶 耐候性钢板，顶部采光井天窗：铝合金五金件、铝合金板厚2.0，RC结构屋顶：沥青油毡

外墙 50 × 100马赛克

开口部位 铝合金窗框

内装修

游泳馆

地面 环氧树脂类地板涂料厚4.0

墙壁 砂浆基底，喷涂RE

顶棚 玻璃纤维板厚4.0，部分为岩棉吸声板厚12

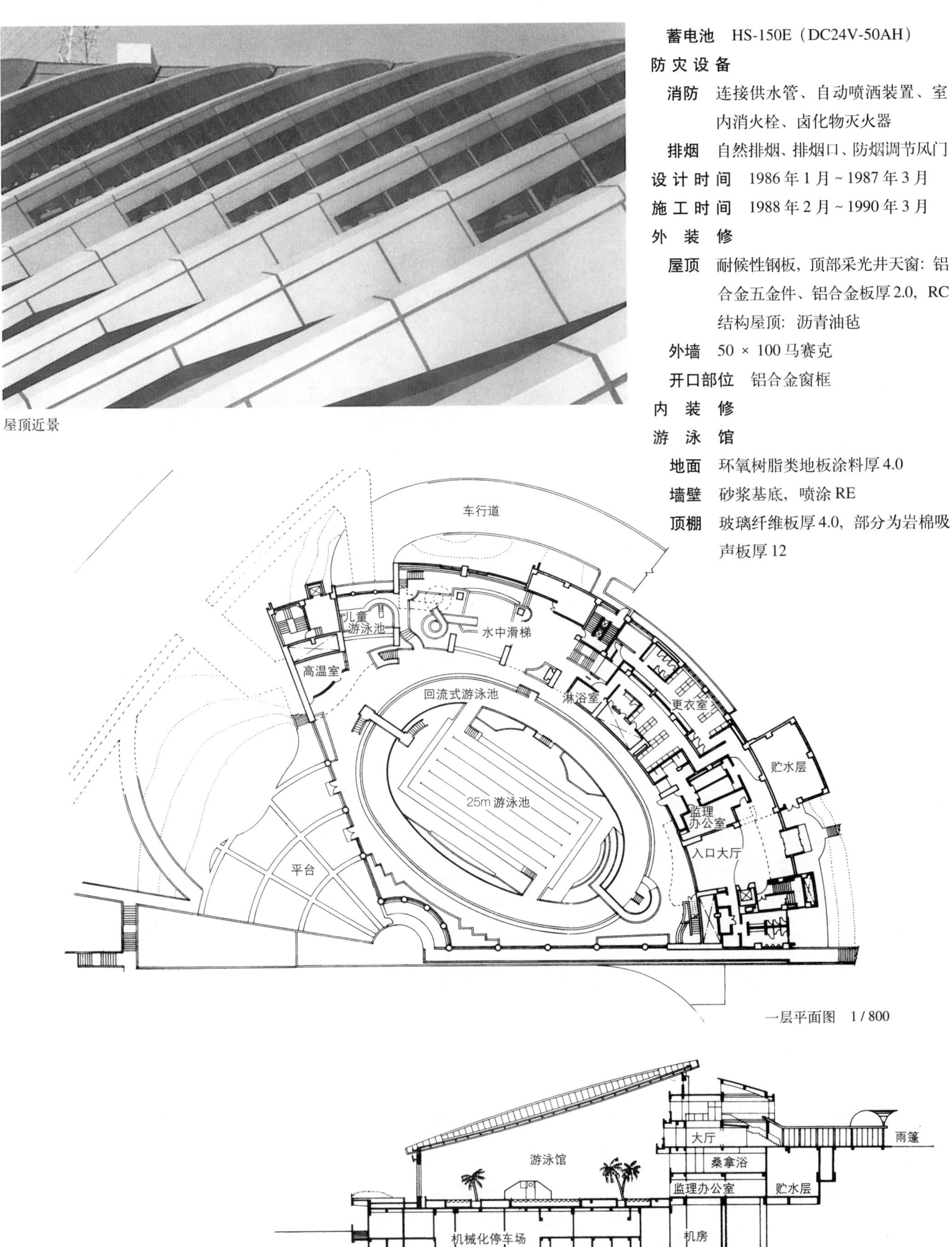

屋顶近景

一层平面图 1/800

剖面图 1/800

建筑工程概况　23

功能篇 P.79

大阪市残疾人体育中心

所 在 地　大阪市东住吉区长居公园1-32

用　　途　体育馆

业　　主　大阪市

设计监理　大阪市建筑局修建部（当时）+日建设计

施　　工

建筑　富士田

空调　大气社

卫生　三神工业

电气　近电

占地面积　13 274m²

建筑面积　4 610m²

总建筑面积　7 474m²

地下一层　636m² / 一层　4 551m²

二层　2 287m²

建筑覆盖率　34.73%

建筑层数　地下1层，地上2层

尺　　寸

最高高度　18.50m

檐高　12.00m

主 跨 度　12.5 ~ 25.6m

结　　构　钢筋混凝土结构，钢框架钢筋混凝土结构

桩 · 基础　离心钢筋混凝土桩基

屋顶　钢管空间桁架

空调设备

空调方式　8系统单系统成套空调机组

冷热源　三效蒸汽吸收式冷冻机

温热源　低压煤气蒸汽锅炉

卫生设备

供水　高架水箱

供热水　中央供热

电气设备

供电　6 600kV，388kW

配电　单相三线式，三相三线式

防灾设备　室内消火栓，自然排烟

其他设备　电梯，4部轮椅、定员37人、15m / 分钟 × 1部

设计时间　1972年4月 ~ 1972年6月

施工时间　1972年12月 ~ 1974年3月

外观全景

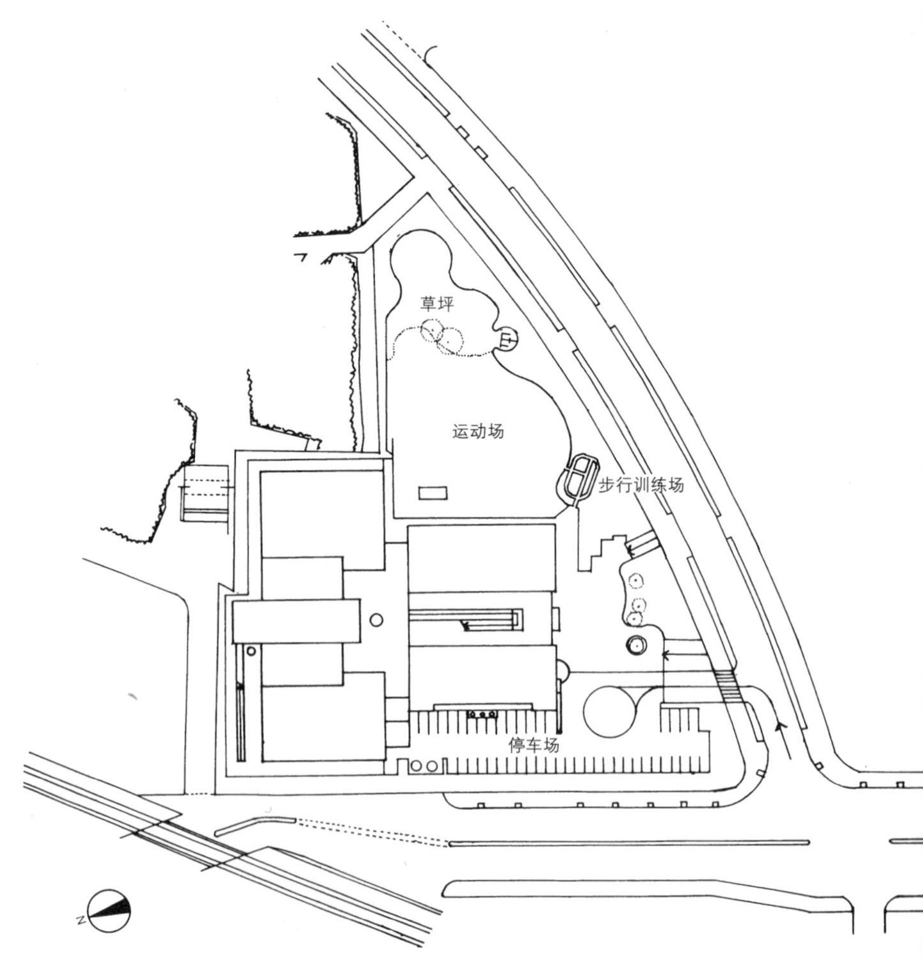

总平面图　1 / 2 000

外 装 修

屋顶 沥青上喷涂防水涂料

外墙 混凝土原浆饰面上喷涂瓷漆

门窗装配件 铝合金框喷涂树脂

外部结构 沥青路面

内 装 修

大 厅

地面 软质橡胶地板砖

墙壁 砂浆基底喷涂瓷漆

顶棚 岩棉吸声板，ALC 板

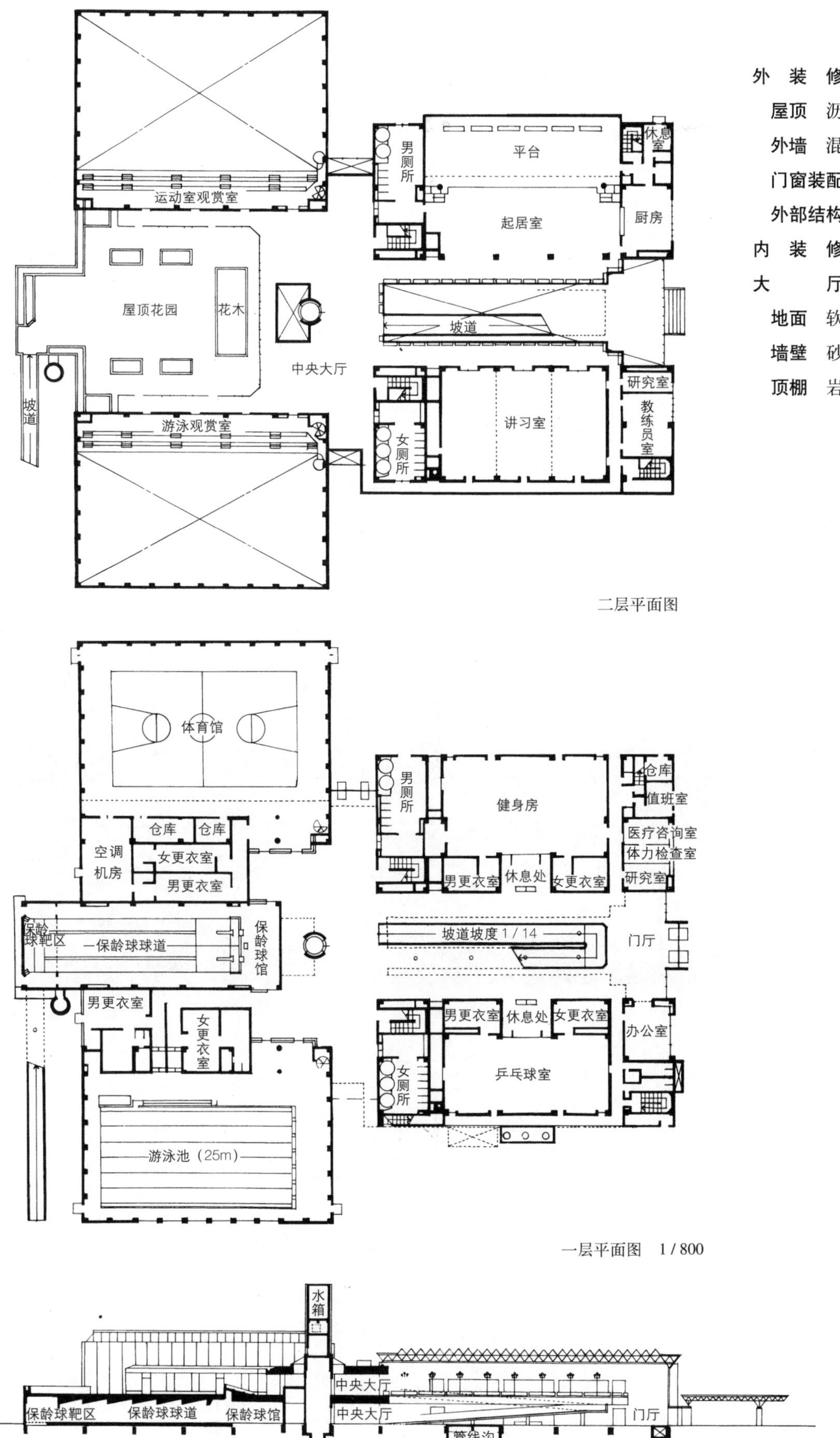

二层平面图

一层平面图 1 / 800

剖面图 1 / 800

建筑工程概况　24

策划篇 P.64

太阳之乡体育乐园

所在地 神奈川县茅崎市南湖7丁目1286-1

用途 游泳馆·俱乐部会所

业主 南湖庄

设计 竹中工务店

施工 竹中工务店

占地面积 9 800.55m²

建筑面积 1 669.90m²

总建筑面积 1 760.71m²

建筑覆盖率 17.04%

建筑容积率 17.97%

建筑层数 地上2层

尺寸

最高高度 9.90m

檐高 6.44m

主跨度 游泳馆　20m × 4m

空调设备

空调方式 对流式风机盘管，对流散热器，气冷式空调机组 + 热水盘管

热源 供冷：气冷式空调机组 + 煤气炉

供暖：燃油锅炉

卫生设备

供水 压力式，水箱20m³

供热水 中央供热，太阳能热源

排水 分流式

电气设备

供电 高压50Hz，三相三线6.6kV，室外密封配电盘

防灾设备

消防 消防用水（利用游泳池中的325m³池水）

施工时间 1983年2月~1983年9月

外装修

屋顶 ALC板，薄板防水，涂刷海波隆（氯磺化聚乙烯合成橡胶）涂料，与屋面为一体的太阳能集热器

外墙 石棉护墙板烤漆

内景

全景

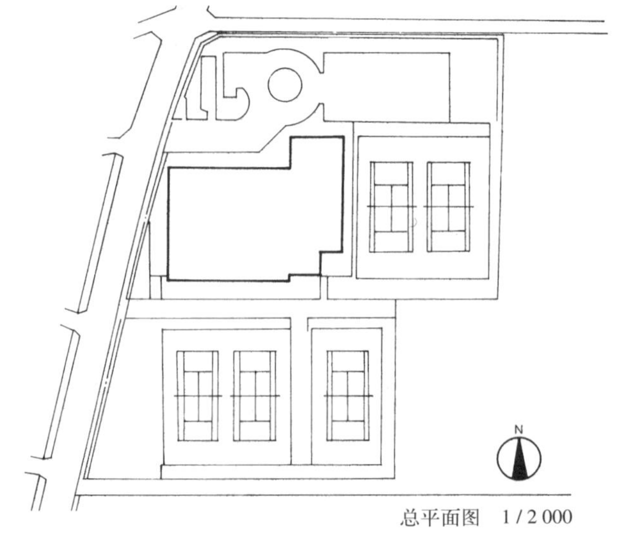

总平面图　1 / 2 000

（外）观　　（摄影：门马金昭）

剖面图　1 / 300

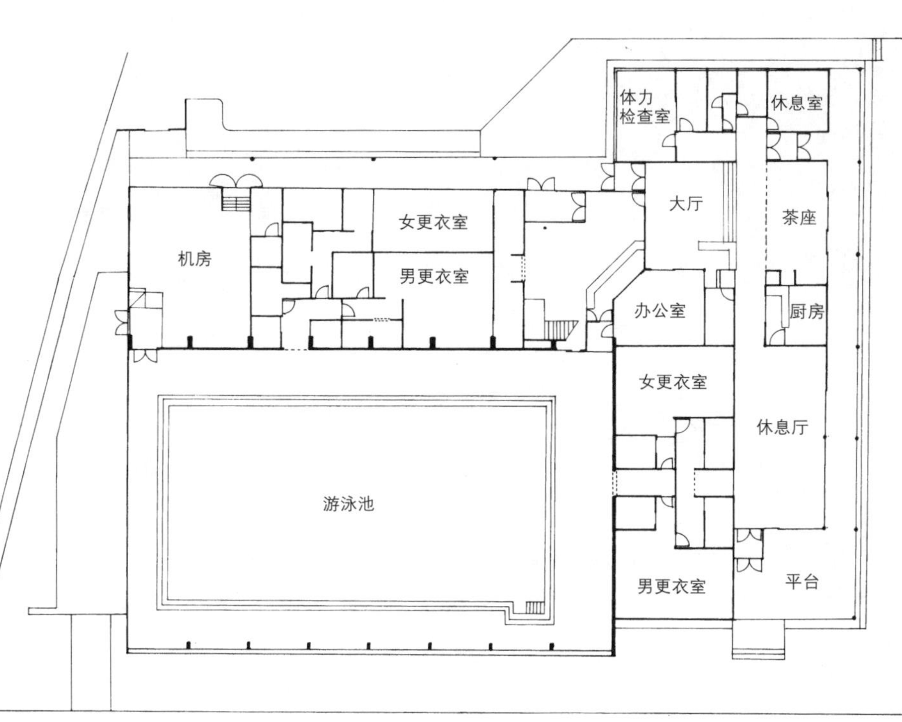

一层平面图　1 / 500

开口部位　（南侧）铝合金窗框：氧化铝膜处理，透明玻璃t6＋手动铝合金反光膜窗帘＋塑料窗框透明玻璃t6；被动式太阳能系统天窗：铝合金窗框进行了氧化铝膜处理、安全玻璃t6.8＋导电式铝合金反光膜窗帘＋透光性隔热窗扇；铝合金窗框为双层聚碳酸酯中空板（t6＋空气层t6＋t6）

外部结构　锁结式块料路面

内 装 修

游 泳 馆

地面　缸砖（游泳池与游泳池池畔）

墙壁　缸砖（h2 000水墙部分）及聚氯乙烯中空板

顶棚　ALC板T100及与屋面为一体的太阳能集热器，喷涂硬质聚氨酯泡沫

建筑工程概况 25

策划篇 P.58

拉勒波特室内滑雪馆

所 在 地 千叶县船桥市浜町 2-3-1
用 途 全年开放的室内人工降雪滑雪场
业 主 三井不动产
设 计 鹿岛设计，NKK
施 工
- **建筑** 鹿岛 · 日本钢管联合体
- **空调** 三机工业，新日本空调，高砂热学工业，东洋热学工业
- **卫生** 三机工业，城口研究所
- **电气** 关电工，东光电气工业，三机工业，钢管电设工程

占 地 面 积 98 773.27m²
建 筑 面 积 52 032.66m²
总建筑面积 109 398.13m²
建筑覆盖率 52.68%
建筑容积率 88.39%
建 筑 层 数 地上 4 层
尺 寸
- **最高高度** 98.20m
- **檐高** 89.94m
- **层高** 标准层 4.5m，滑雪馆 10 ~ 26m
- **室内净高** 标准层 3.0m，滑雪馆 7 ~ 23m

主 跨 度 滑雪馆 70 ~ 100m
滑雪馆下层 17.6m × 22m
结 构 钢结构，部分为钢筋混凝土结构
- **桩 · 基础** 现浇混凝土扩底灌注桩 L = 34 ~ 36m
- **地基改善** 永久性地下水位降低工法，水泥深层混合搅拌工法
- **屋顶** 钢结构

空 调 设 备
- **空调方式** 冷媒盘管机组，单风道，排热回收
- **热源** 螺旋式制冷机（R22）

卫 生 设 备
- **供水** 高压供水方式
- **供热水** 蓄热箱（发电及废热供暖系统），真空热水锅炉
- **排水** 化粪池 + 3 次处理槽

电 气 设 备
- **超高压变电器** 3 ϕ 5 000kVA（油）× 2 台，66 /6.6kV
- **额定功率** 5 300kW

防 灾 设 备 自动喷洒装置、室内消火栓、连接供水管、消防用水，卤化物灭火器、室外消火栓、移动式粉末灭火器
其 他 设 备 发电及废热供暖设备、燃气发动机 1 000kW × 2 台
设 计 时 间 1988 年 8 月 ~ 1990 年 11 月
施 工 时 间 1990 年 12 月 ~ 1993 年 4 月
外 装 修
- **屋顶 · 外墙** 彩色镀锌钢板
- **开口部位** 隔热气密门
- **外部结构** 锁结式块料路面

内 装 修
- **地面** （滑雪道）混凝土抹面，铺塑料地板砖
- **墙壁 · 顶棚** 玻璃纤维板 + 有色玻璃纤维布

外观全景

内景 （摄影：斋藤 SADAMU）

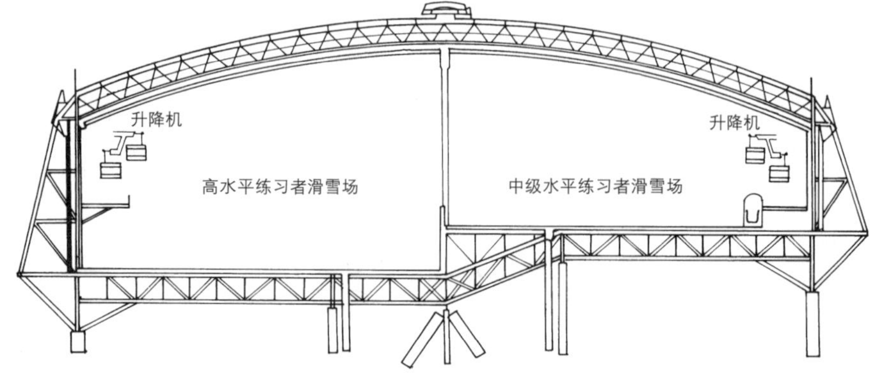

剖面图 1 / 800

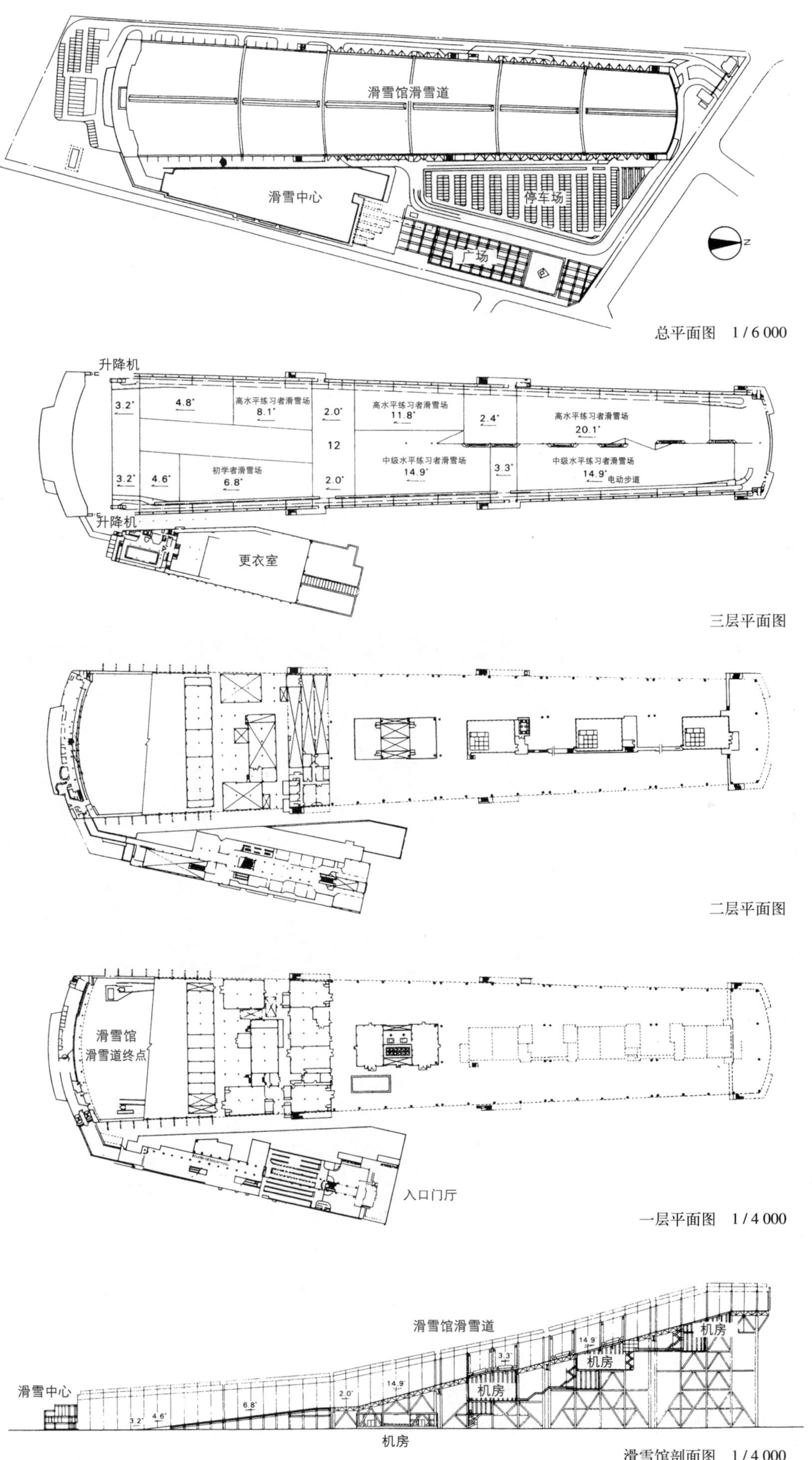

总平面图　1/6 000

三层平面图

二层平面图

一层平面图　1/4 000

滑雪馆剖面图　1/4 000

建筑工程概况　　26

功能篇 P.78

中泽庄“温泉度假村”

所　在　地　群马县吾妻郡草津町618
用　　　途　温泉馆
业　　　主　中泽庄
设　　　计
　建筑　观光规划设计社
　结构　结构计划研究所
　设备　苍设备设计
　监理　观光规划设计社
施　　　工
　建筑　鹿岛建设
　空调　三洋关东设备机器
　电气　关电工
占地面积　89 213.52m^2
建筑面积　3 825.45m^2
总建筑面积　6 643.91m^2
建筑覆盖率　11.78%
建筑容积率　33.35%
建筑层数　地下1层，地上2层
尺　　　寸
　最高高度　16.87m
　檐高　14.67m
结　　　构　钢筋混凝土结构
　桩·基础　浮筏基础　桩：PC桩
　屋顶　彩色钢板，游泳馆：屋顶为W结构
空调设备
　空调方式　空调机：AHU PAC，中央空调·各层空调，热水：密闭
电气设备　供电　高压6.6kV，备用发电机
防灾设备　自动喷洒装置·连接洒水管
设计时间　1989年6月～1990年6月
施工时间　1990年7月～1991年12月
外　装　修
　屋顶　彩色钢板t 0.7，齐口压边铺设
　外墙　混凝土原浆饰面，喷涂丙烯酸类瓷漆
　开口部位　铝阳极氧化着色铝合金窗框，双层玻璃
内　装　修
游　泳　馆
　地面　游泳池地面：陶瓷砖
　　　　游泳池池畔：马赛克
　墙壁　喷涂瓷漆
　顶棚　结构用集成材料，表面未加修饰

外观全景

内景

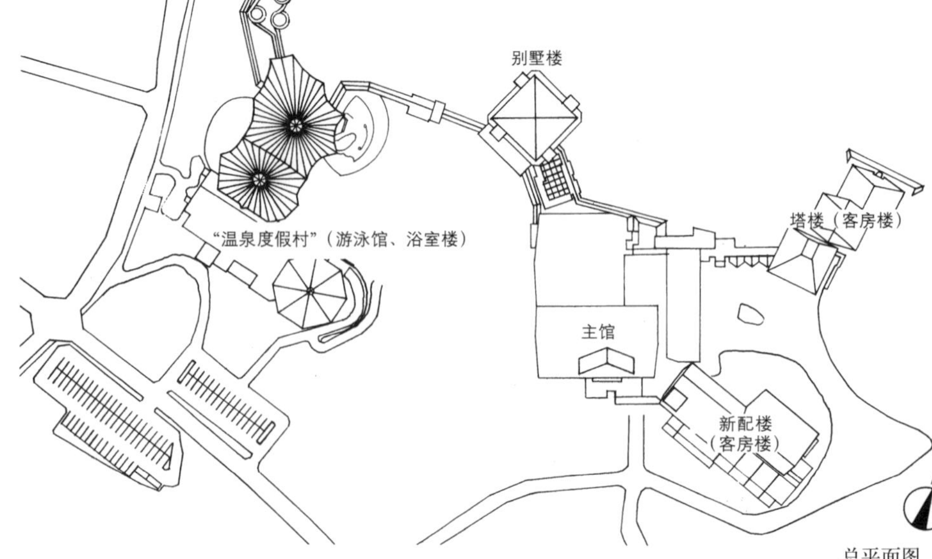

总平面图

二层平面图

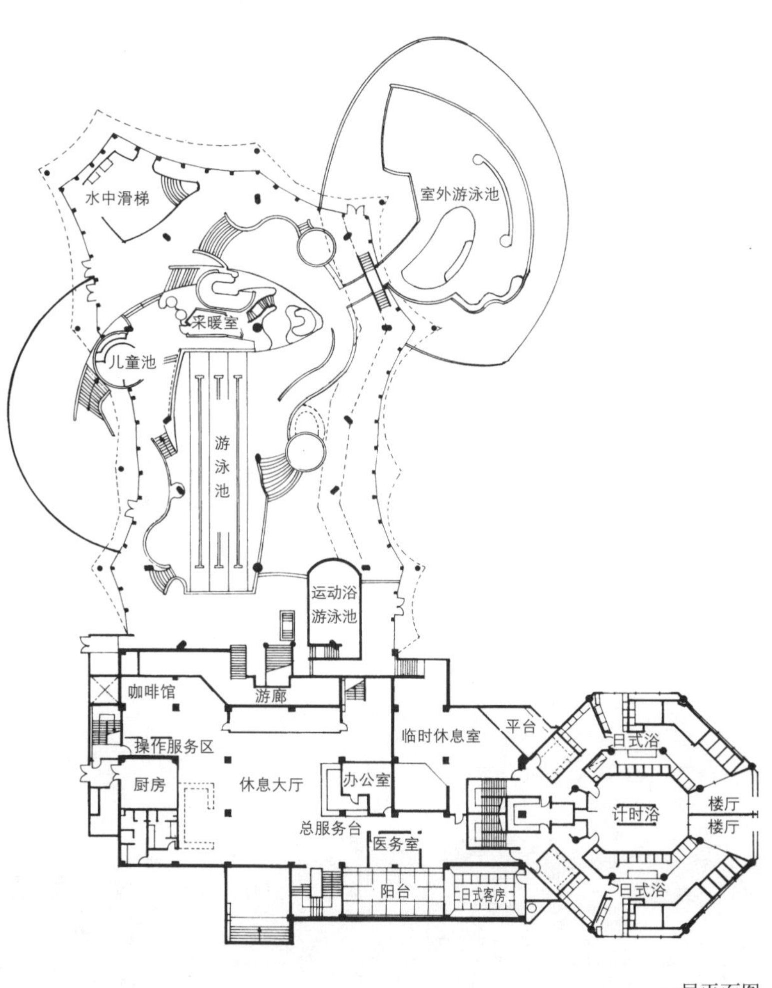

一层平面图

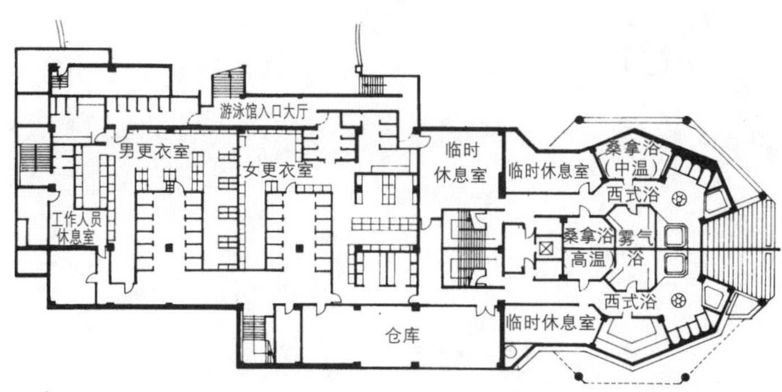

地下一层平面图

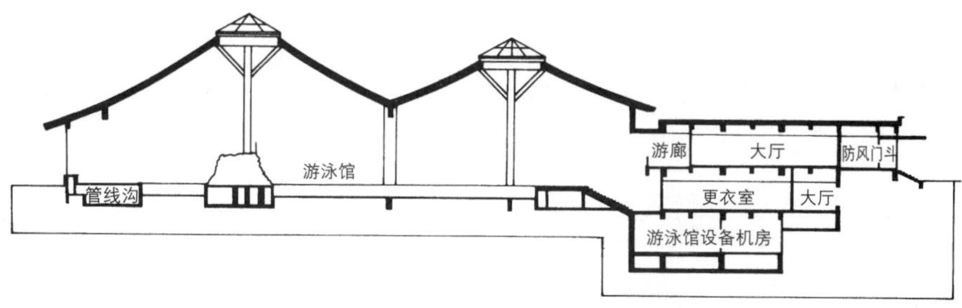

剖面图

策划篇 P.57

横滨野趣体育馆

所　在　地　神奈川县横滨市鹤见区平安町2-28-2

用　　　途　游泳馆

业　　　主　NKK（日本钢管）

设　　　计

规划·基本构思　NKK综合都市开发事业部

造型设计　CIA+研究工作室

建筑　久米设计

游泳馆设备　NKK娱乐空间技术部

基本计划园林设计监修　空间设计

园林设施设计　东宝影像美术

监理　久米设计

施　　　工

建筑　鹿岛·飞鸟·西松建设联合体

空调　大气社·NKK综合技术事业部联合体

电气　钢管电设工业

占地面积　30 024m²

建筑面积　15 803m²

总建筑面积　32 924m²

地下一层　979.7m² / 一层　14 888.4m²

二层　12 003.5m² / 三层　5 052.2m²

建筑覆盖率　67.6%（容许70%）

建筑容积率　129.4%（容许200%）

建筑层数　地下1层，地上3层

结　　　构　钢框架钢筋混凝土结构，钢筋混凝土结构，钢结构

屋　　　顶　8 200m²（其中20%为天窗）

空调设备　发电及废热供暖系统设备，燃气发动机480kW × 4台，双效吸收冷冻机240USRT，废热再利用型热水吸收冷冻机120 USRT，水制冷机80USRT+水蓄热槽，燃气单通道锅炉2.0t × 4台，空调机28 000m³/h × 15台，显热交换空调机组40 000m³/h × 2台，地面采暖，各室为FCU

卫生设备

普通供水　水箱420m³，高压供水

游泳池补充水　水箱325m³，高压供水

游泳池设备　人造波浪设备，过滤·灭菌设备

外观

内景

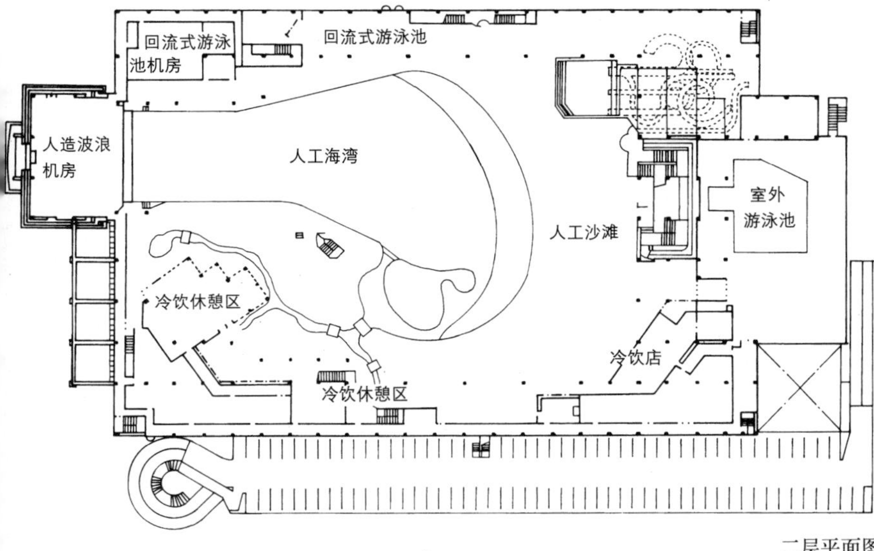

二层平面图

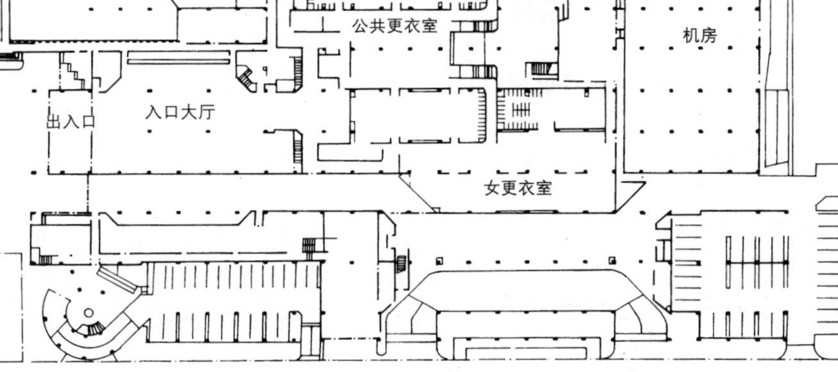

总平面图 · 一层平面图 1 / 1 600

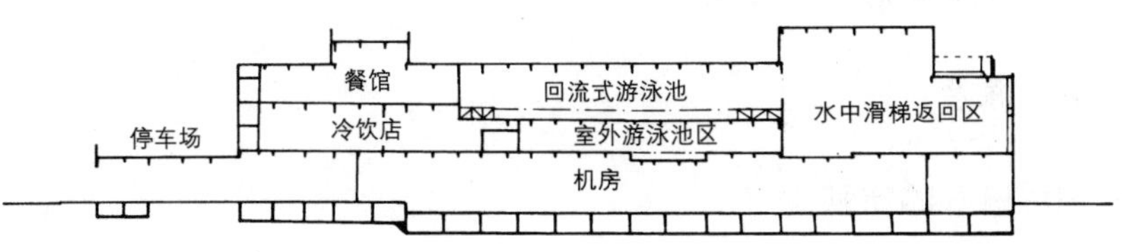

A-A' 剖面图 1 / 1 200

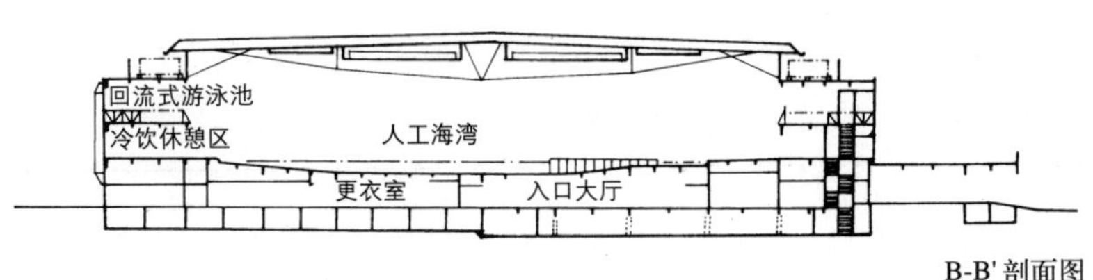

B-B' 剖面图

贮热水箱 8m³ × 4 个

其他 游泳池溢流水的再利用

电 气 设 备

供变电 高压 6.6kV

照明 水平照明 CPU 控制

音响 扩音器效果音

游泳池设备

人造波浪游泳池 20 ~ 55m（宽）× 93m（长）

人造波浪高 2m

回流式游泳池 5m（宽）× 350m（长）

水中滑梯 共 5 道 全长 600m

室外游泳池 19m（宽）× 20m（长）

施 工 时 间 1990 年 9 月 ~ 1992 年 4 月

外 装 修

屋顶 大张屋面折板

外墙 PC 板镶嵌 50 × 50 虹彩花纹瓷砖，混凝土原浆饰面，ALC 板基底喷涂瓷漆

开口部位装配件 铝合金窗框

内 装 修

地面 橡胶碎片基底聚氨酯弹性涂料地面材料

墙壁 ALC 板基底喷涂瓷漆

顶棚 折板内衬垫为无机材料，填充难燃隔热材料

其他体育设施的建筑工程概况

建筑物名称	设计	总建筑面积(m^2)	页码
出云体育馆	鹿岛设计	15 742.14	P25
秋田蓝天体育馆	鹿岛设计	12 158.00	P55
白龙体育馆（穹顶）	竹中工务店	2 620.00	P47
宫城县岩出山中学体育馆	山本理显设计厂	10 879.00	P48
东京都中央区体育馆	创造社	24 126.00	P43
调布市综合体育馆	久米设计	6 057.00	P62
小国町市民体育馆	绿叶设计事务所	3 215.63	P43
千叶市打濑小学	西勒坎斯	9 503.00	P72
有明娱乐馆	建筑模型研究所	30 952.00	P43
广岛体育馆（巨型拱结构）	东畑建筑事务所＋住宅都市配备公团	14 895.00	P43
长居田径运动场	昭和设计·大阪都市配备局	52 300.14	P67
枥木县绿色运动场	神谷五男＋都市环境建筑设计所	6 466.38	P43
友情舞洲	大阪城市配备局·类设计室	14 374.08	P79
宫崎长生岛“海洋体育馆”	三菱重工业	55 380.00	P57
“光世界乐园”明野宾馆	ソルテクト＋加藤工作室	114.00	P43
SFS 运动俱乐部	I.N.A. 新建筑研究所	——	P77
伊塔凯斯库什地下游泳馆	哈克里，卡尔夫耐恩，萨罗奈恩	——	P52
柏林 2000 规划馆	多米尼克·佩罗	——	P43
慕尼黑奥林匹克体育场	屈恩·伯尼修 & 帕特那	——	P50
戴姆勒体育场	施莱希 & 巴格曼，H·西盖尔，帕特那	——	P49
巴塞罗那体育馆	磯崎新工作室	——	P65

1 田径比赛场 (1 / 800)

190
3.66
11.25
37.898
40
1.592
0.5
76
8
60
30
沙坑
撑竿跳高海绵垫
20.852
11.25
70
37.898
140
3.66
16.5
铁饼 · 链球投掷圈
3.898
105
撑竿跳高区
撑竿跳高区
铅球投掷圈
25.398
11
3.5
7.5
4.02
2.01
11.75
r=39.898
投掷标枪助跑道
36.5
39
跳高助跑道
铅球投掷圈
68
障碍池
(3 000m 障碍跑)
跳远 · 三级跳助跑道
123456789
20.852
主看台
5
10
60
115

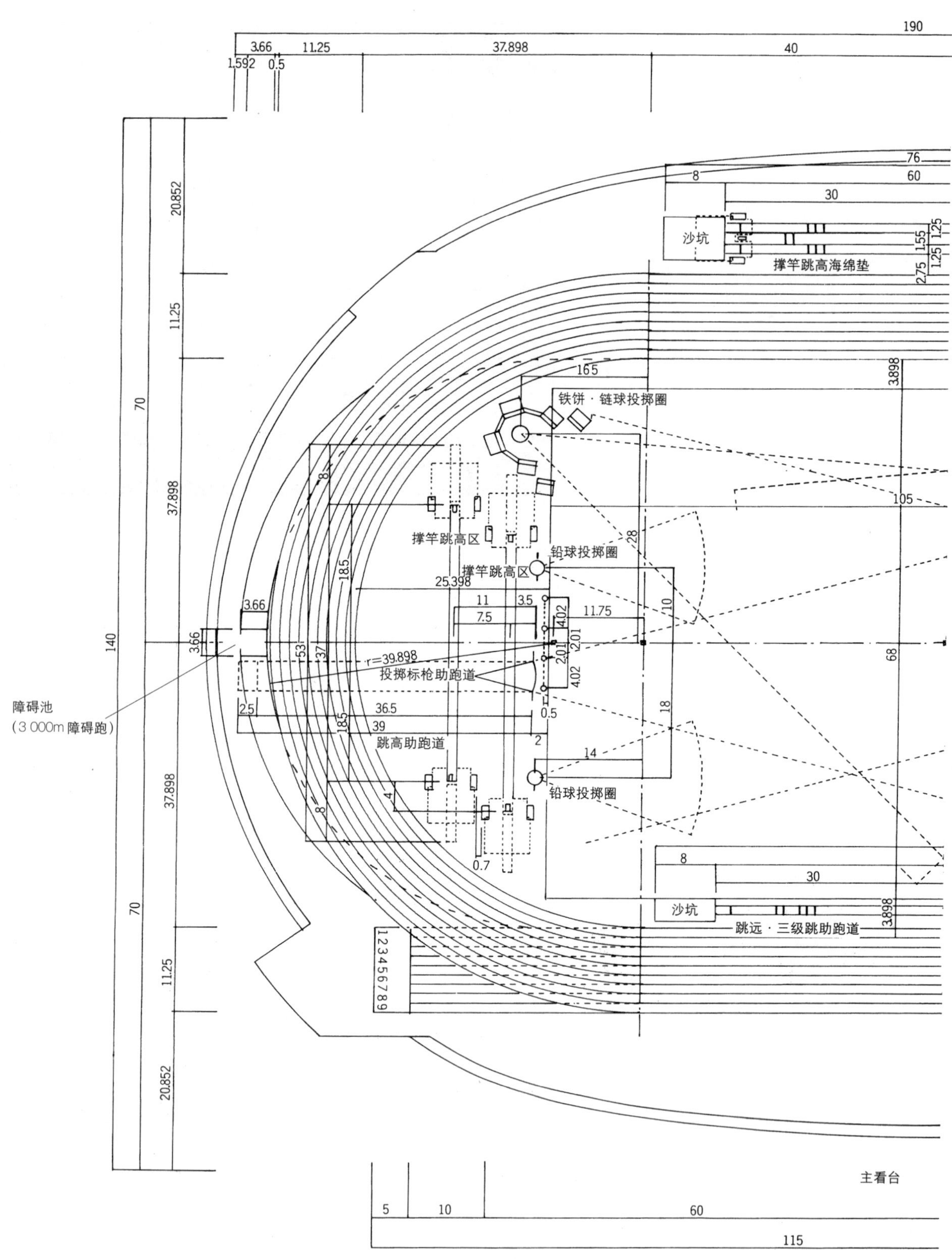

40
37.898
11.25
5.852
背面看台
8
30
撑竿跳高海绵垫
跳远 · 三级跳助跑道
撑竿跳高助跑道
沙坑
5.55
2
16.5
铁饼 · 链球投掷圈
8
撑竿跳高区
28
铅球投掷圈
撑竿跳高区
11
3.5
7.5
内场地
105m × 68m
10
4.02
2.01
12.06
2.01
4.02
标枪助跑道
球门柱
36.5
39
2.5
18.5
37
53
4
25.398
18
跳高助跑道
0.5
14
18.5
铅球投掷圈
4
8
76
60
8
30
0.7
沙坑
2.75
裁判台位置
7
4
40

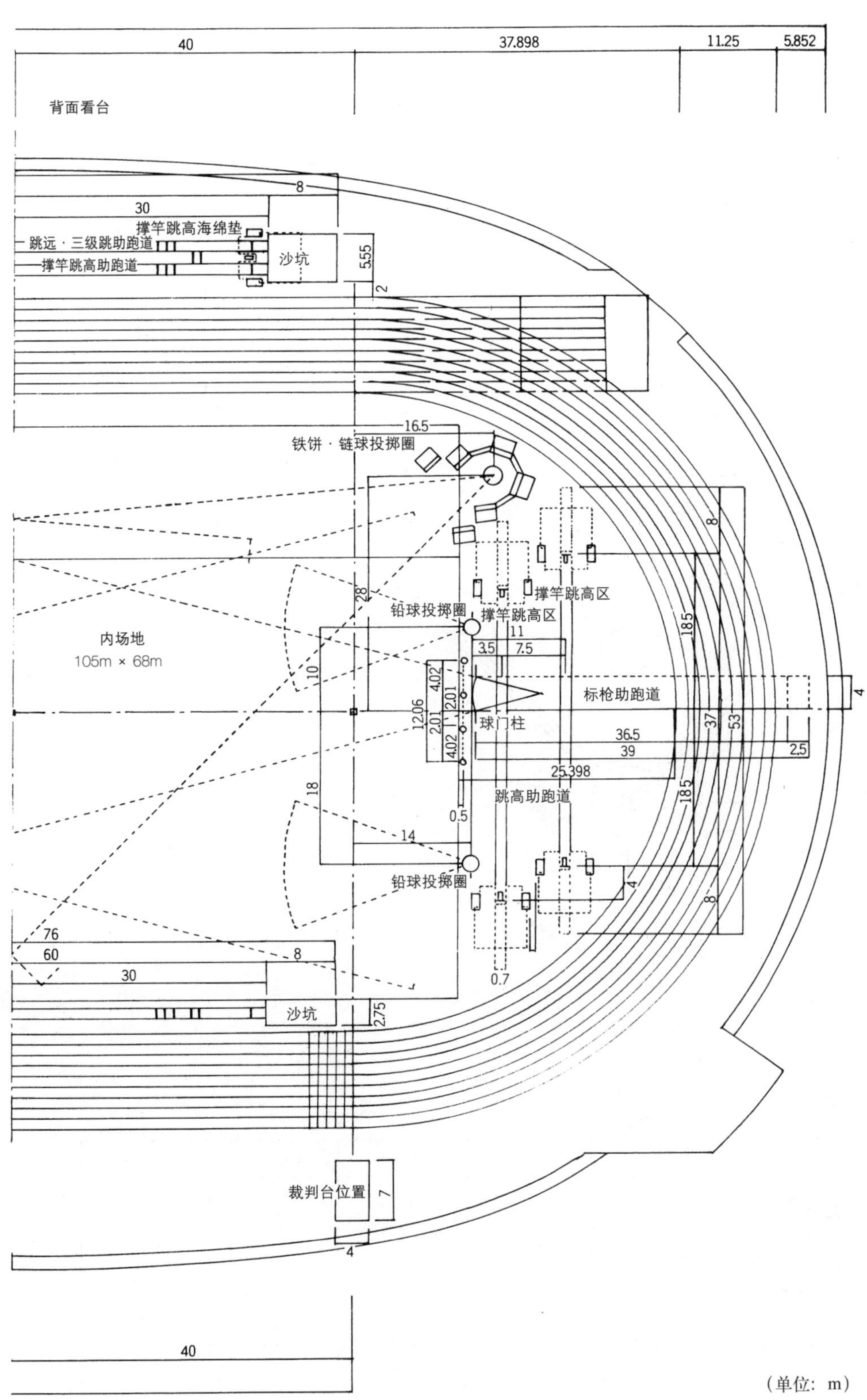

（单位：m）

2　棒球场 (1 / 800)

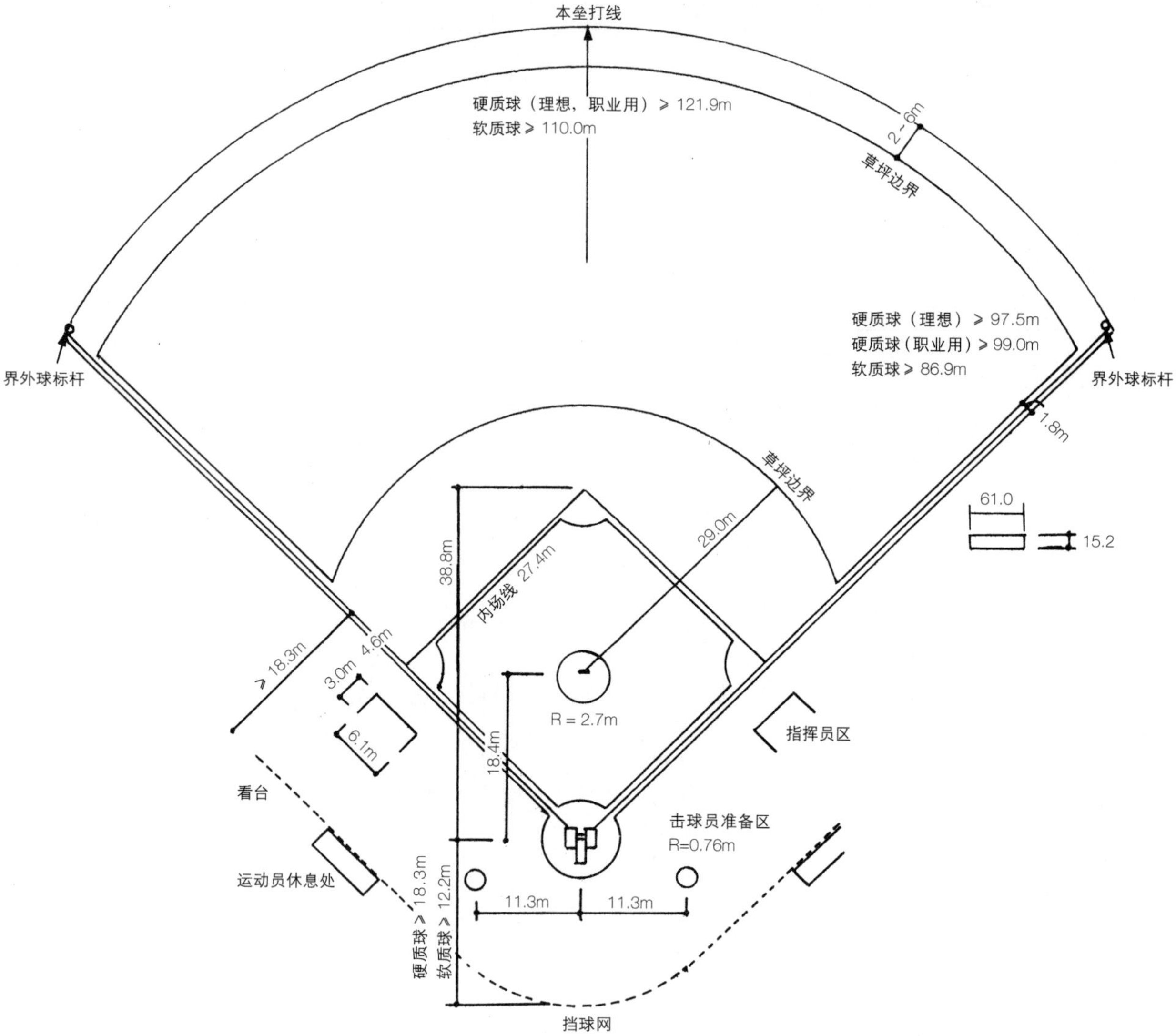

本垒打线
硬质球（理想，职业用）≥ 121.9m
软质球 ≥ 110.0m
2~6m
草坪边界
硬质球（理想）≥ 97.5m
硬质球（职业用）≥ 99.0m
软质球 ≥ 86.9m
界外球标杆
界外球标杆
1.8m
61.0
15.2
草坪边界
29.0m
38.8m
内场线 27.4m
≥ 18.3m
3.0m
4.6m
6.1m
R = 2.7m
指挥员区
18.4m
看台
击球员准备区
R=0.76m
运动员休息处
硬质球 ≥ 18.3m
软质球 ≥ 12.2m
11.3m
11.3m
挡球网

15.2
43.2
15.2
击球员区
21.6
21.6
91.4
182.8
121.9
73.7
121.9
17.8
17.8
109.2
243.8
接手区

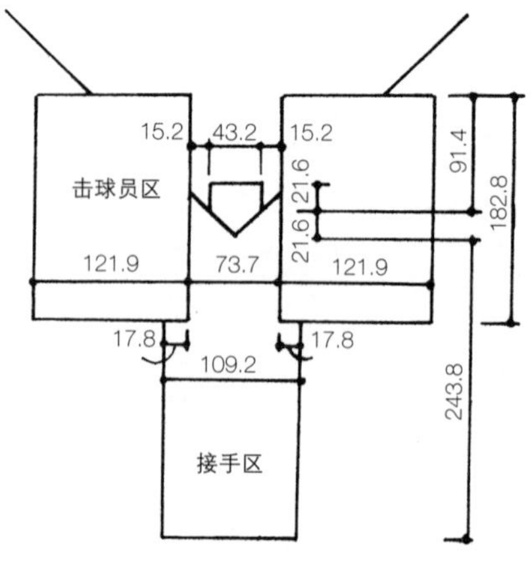

棒球

种　　类	周长（cm）	重量（g）	缝制数
硬质球	22.9 ~ 23.5	150	——
准硬质球（B 号球）	21.5 ~ 22.3	142	——
软质球（L 号球）	21.5 ~ 22.3	135	——
（垒球）			
比赛用球	30.5	177	108
练习用球	29.2	163	108
少年用球	25.4	113	84

（日本棒球规则委员会，日本垒球协会）

3　足球场 (1 / 1 000)

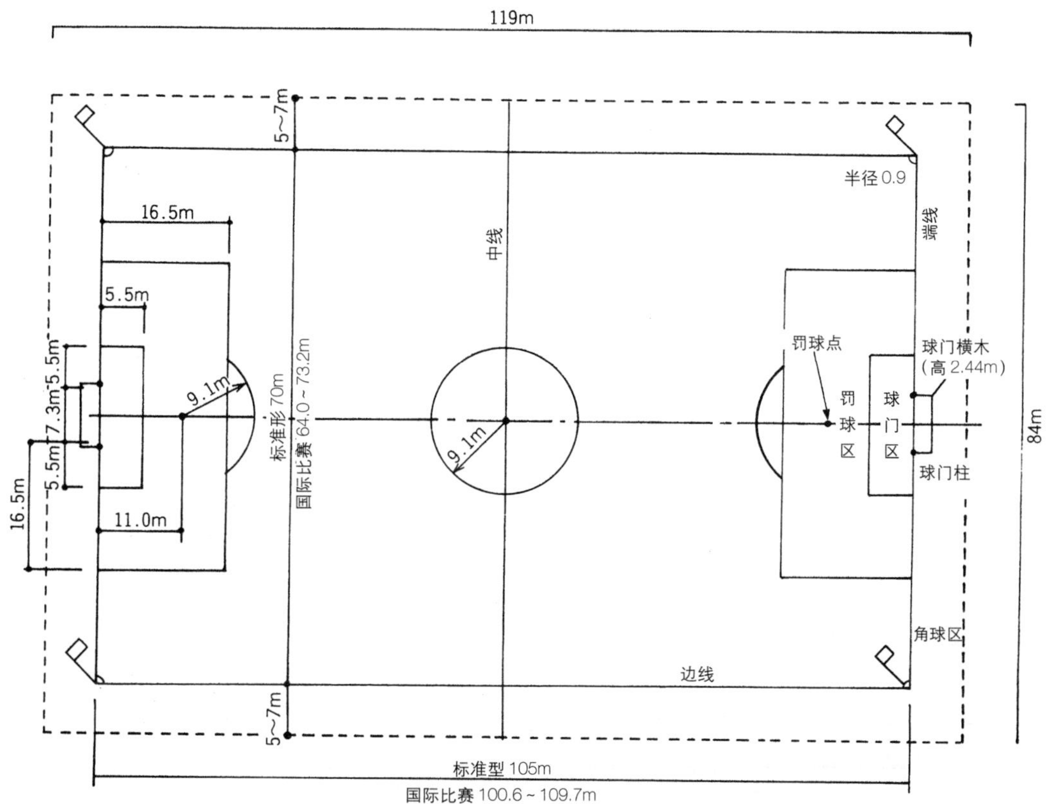

（※世界杯足球赛，奥林匹克运动会为 105m × 68m）

球

	号数	周长（cm）	重量（g）	内压（kg/cm²）
初中生以上者	5 号	68 ~ 71	396 ~ 453	0.6 ~ 1.1
小　学　生	4 号	62 ~ 65	300 ~ 350	

● 球状，使用皮质材料或规定规格的材质

球门

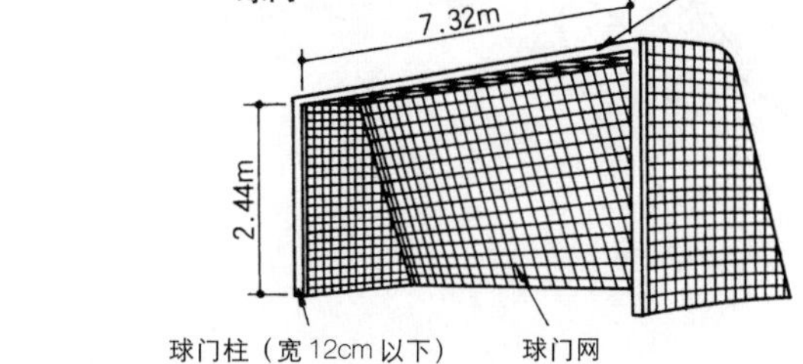

4　小足球场 (1 / 400)

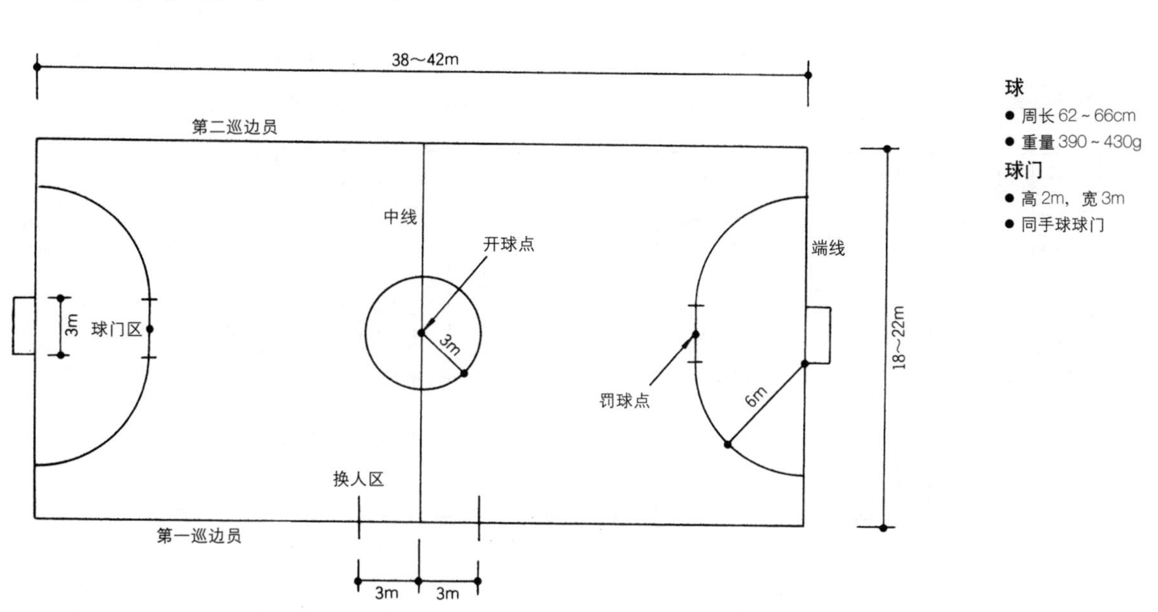

球
- 周长 62 ~ 66cm
- 重量 390 ~ 430g

球门
- 高 2m，宽 3m
- 同手球球门

5　英式橄榄球场 (1 / 1 000)

144m
边线
边线
5m线
15 m线
球门线
≤69m
5.6m
中线
10 m线
22 m线
球门
端区
端线
69m
5m
10m
≤22m
≤22m
≤28m
≤28m
≤22m
≤22m
≤100m

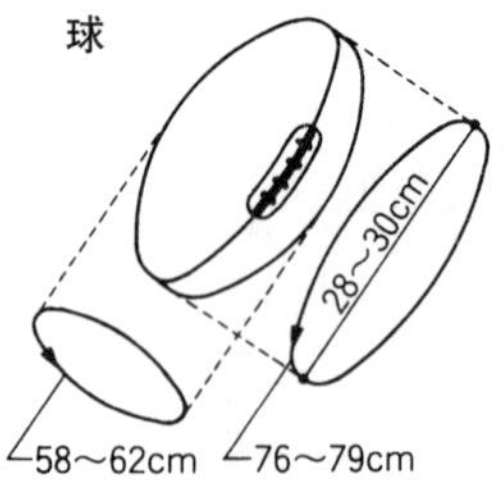

球
28～30cm
58～62cm
76～79cm

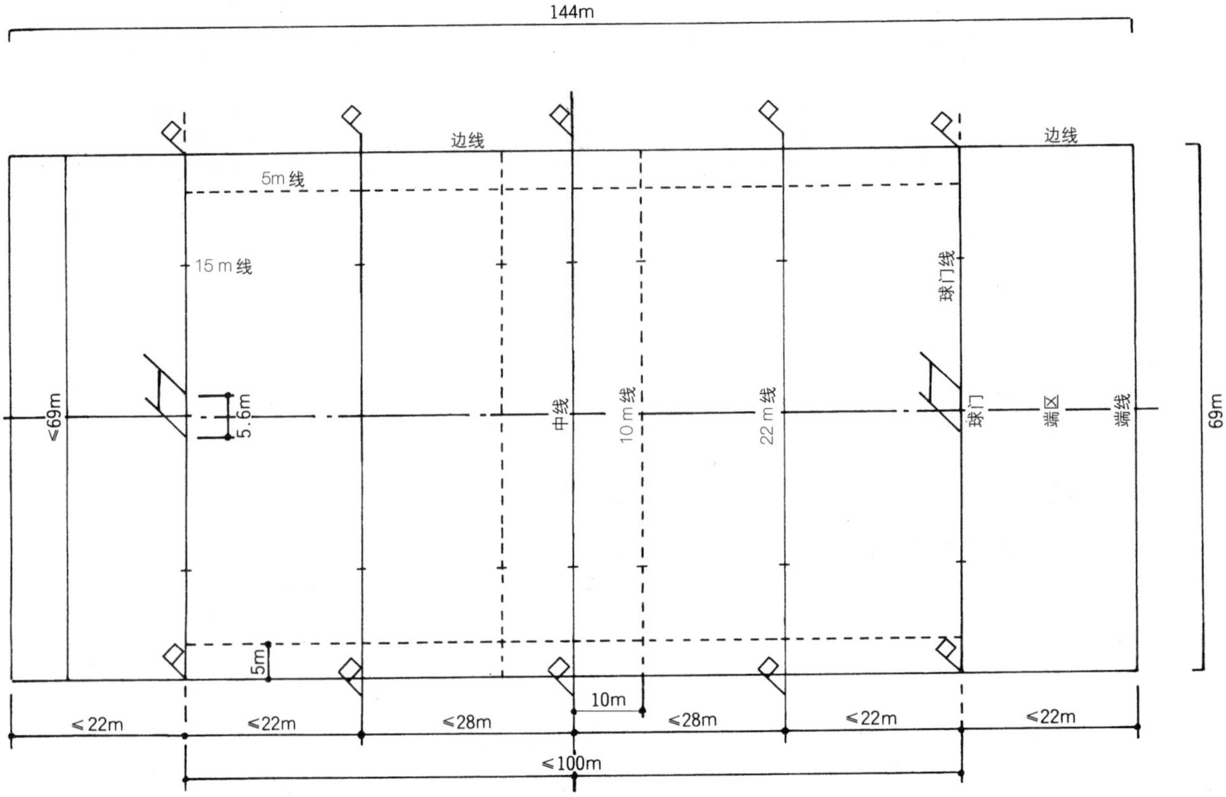

● 用4块人造革或合成树脂块缝制成椭圆形球

球门
球门横木
球门柱
3.4m 以上
3m
5.6m

6　美式橄榄球场 (1 / 1 000)

109.7m
9.14m
比赛场地
9.14m
边线
端线
球门线
边线区
端区
5.64m
内线
3码线
球门
48.76m
21.56m
边线区
18.23m

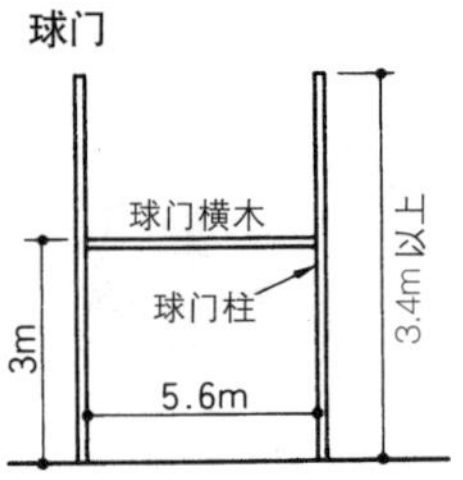

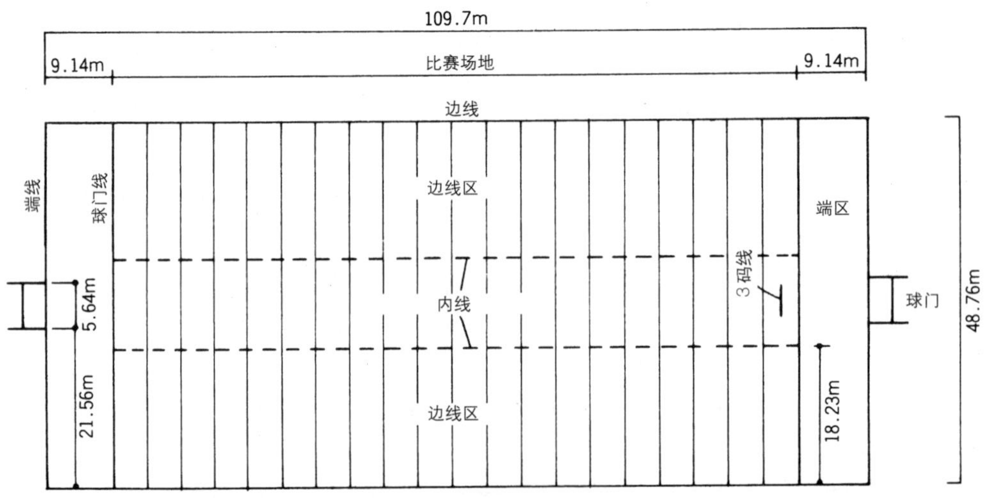

7　网球场（1 / 400）

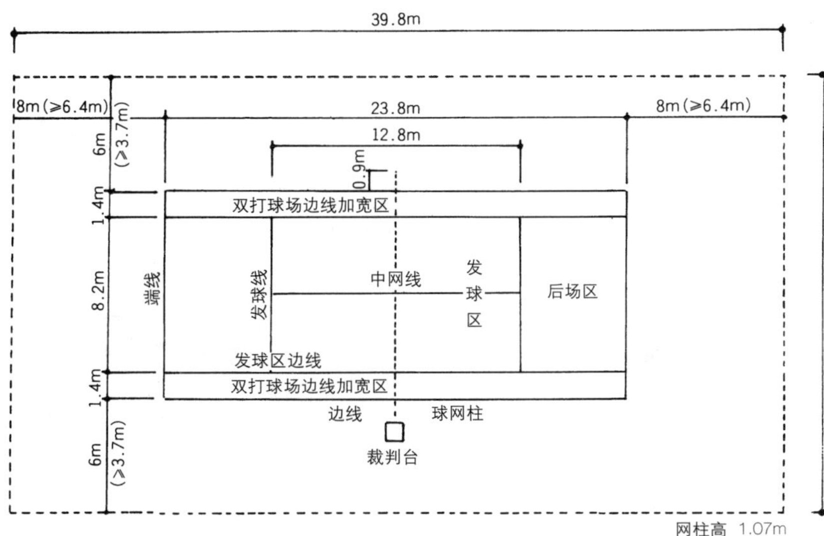

● 重量 56.7～58.5g

8　排球场（1 / 400）

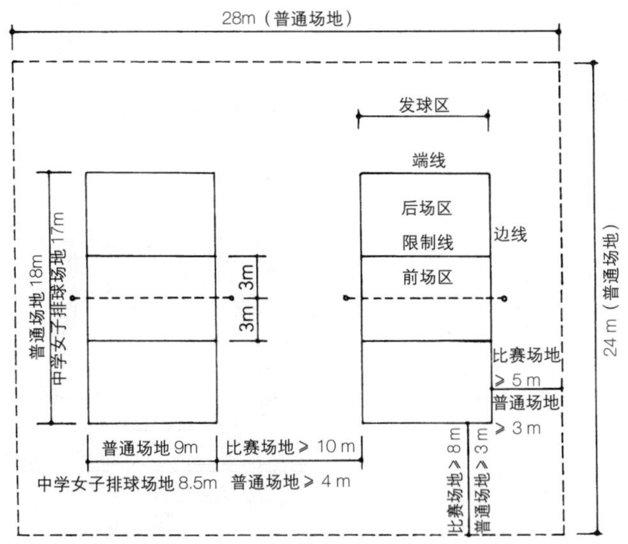

球

	号数	周长（cm）	重量（g）
初　中　生	4 号	62 ~ 64	240 ~ 260
高中生以上者	5 号	65 ~ 67	260 ~ 280

球网 · 标志杆

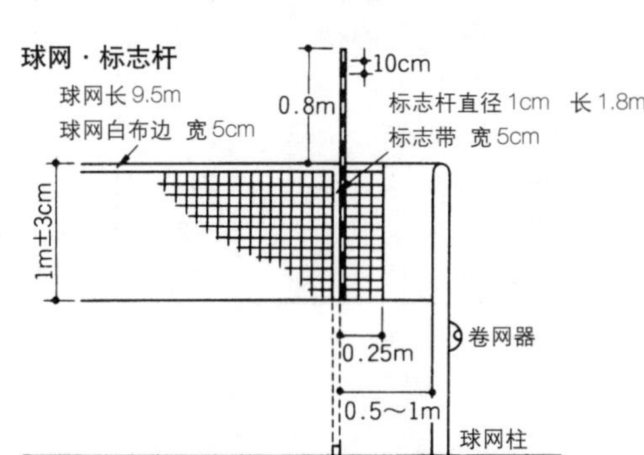

	球网高（m）
大学 · 普通　男子排球场	2.43
大学 · 普通　女子排球场	2.24
高中　男子排球场	2.40
高中　女子排球场	2.20
初中　男子排球场	2.30
初中　女子排球场	2.15

9　沙滩排球场（1 / 400）

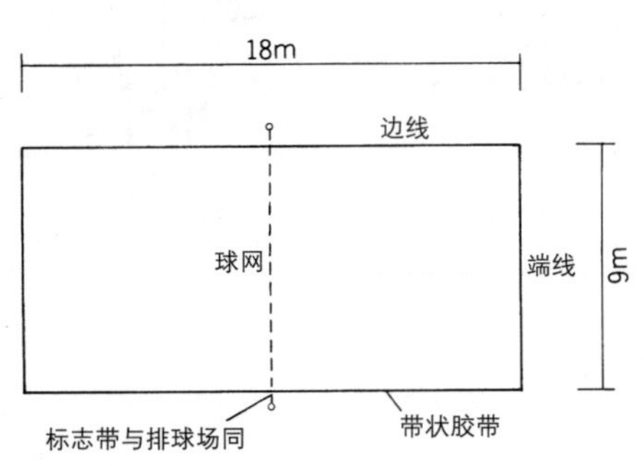

球

- F.I.V.B 公认的沙滩排球用球
- 周长 65 ~ 67cm
- 重 260 ~ 280g

网高

- 男子沙滩排球场 2.43m
- 女子沙滩排球场 2.24m

10 篮球场 (1 / 400)

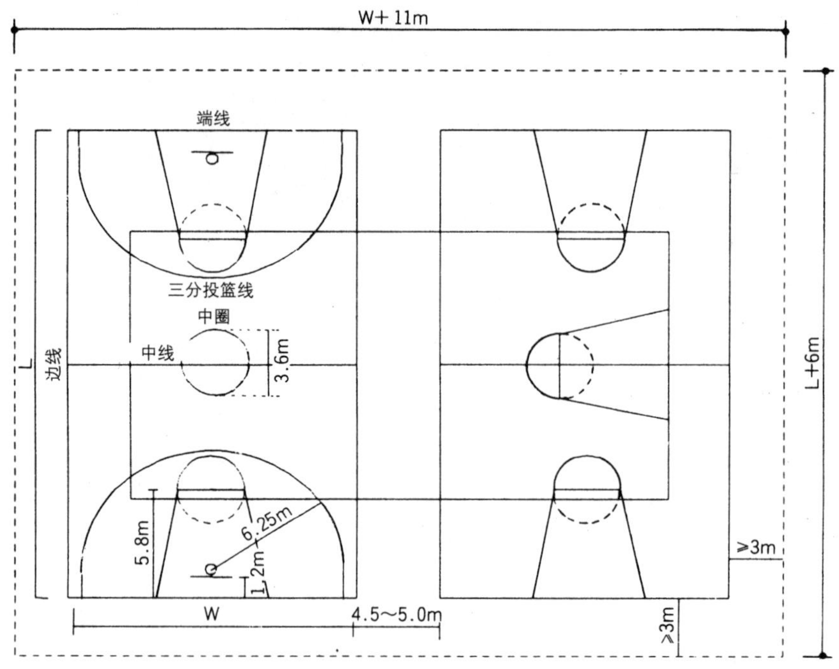

球

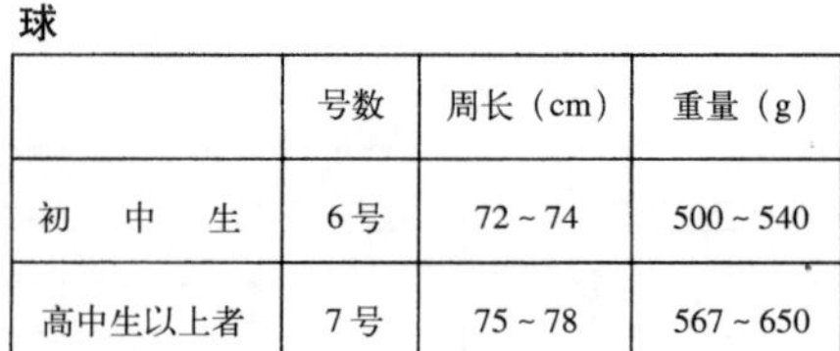

	号数	周长（cm）	重量（g）
初　中　生	6号	72～74	500～540
高中生以上者	7号	75～78	567～650

篮架与球篮

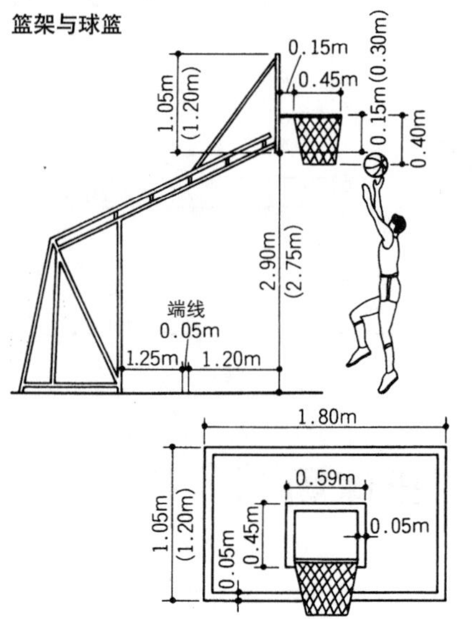

	L（m）	W（m）	球篮高（m）
大学・普通　男子篮球场	28	15	3.05
大学・普通　女子篮球场	26	15	3.05
高中　男子篮球场	26	15	3.05
高中　女子篮球场	24	14	3.05
初中	24	14	3.05
小学	22～24	12～14	2.60
国际比赛	28	15	3.05

罚球区（含罚球区线）

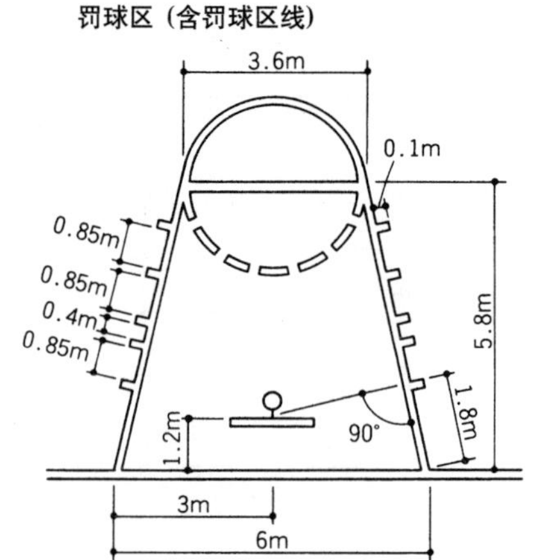

11 羽毛球场 (1 / 400)

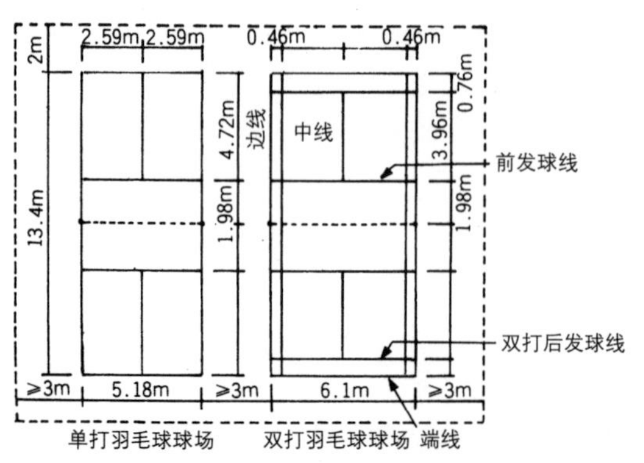

球网

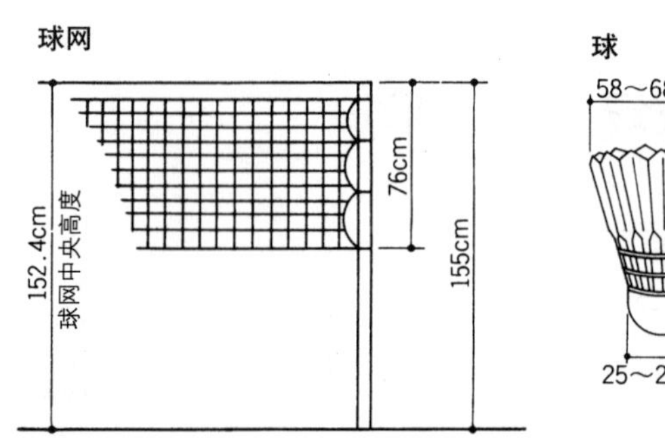

球

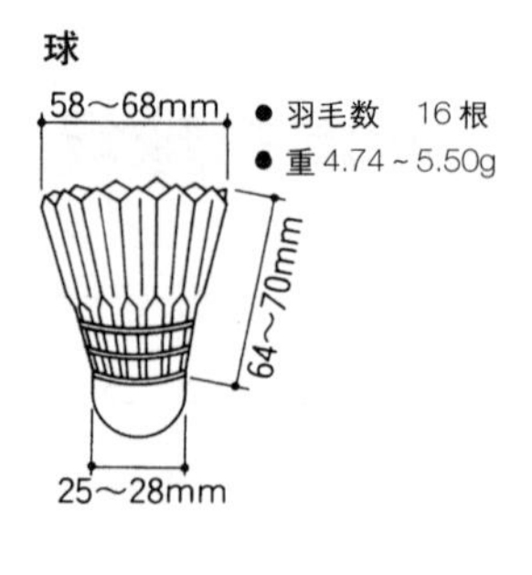

12 手球场 (1 / 400)

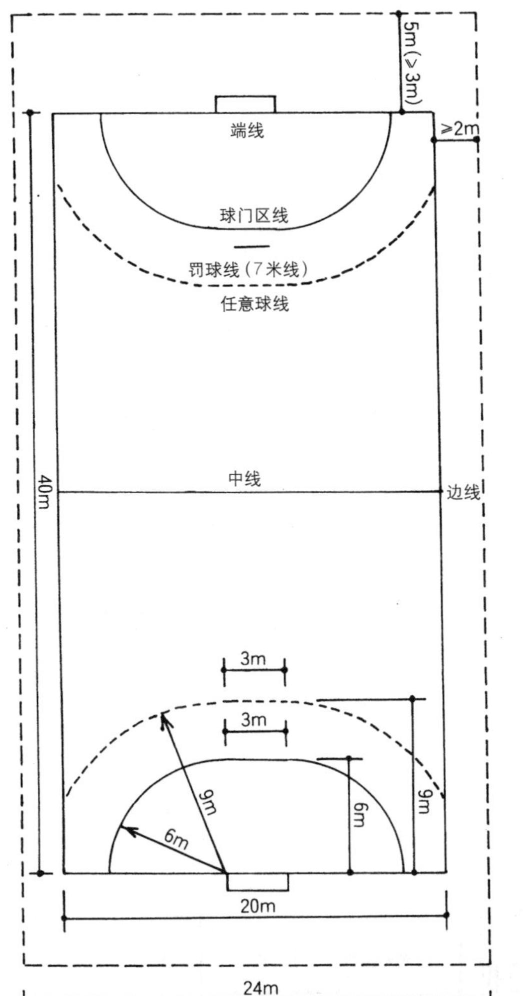

球

	重量（g）	周长（cm）
成年男子·高中生	425～475	58～60
女子及初中生	325～400	54～56

球门

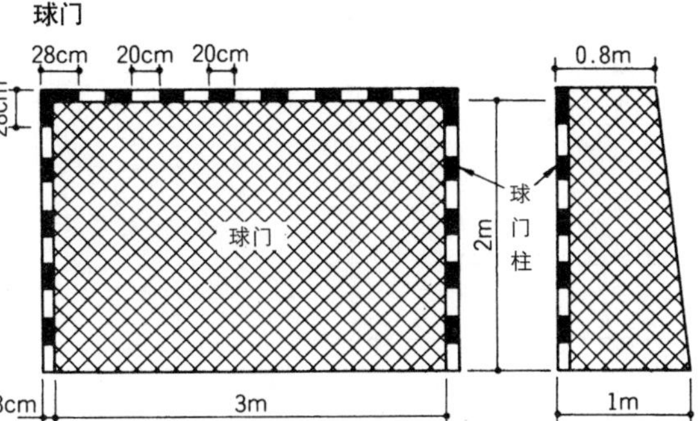

13 门球场 (1 / 400)

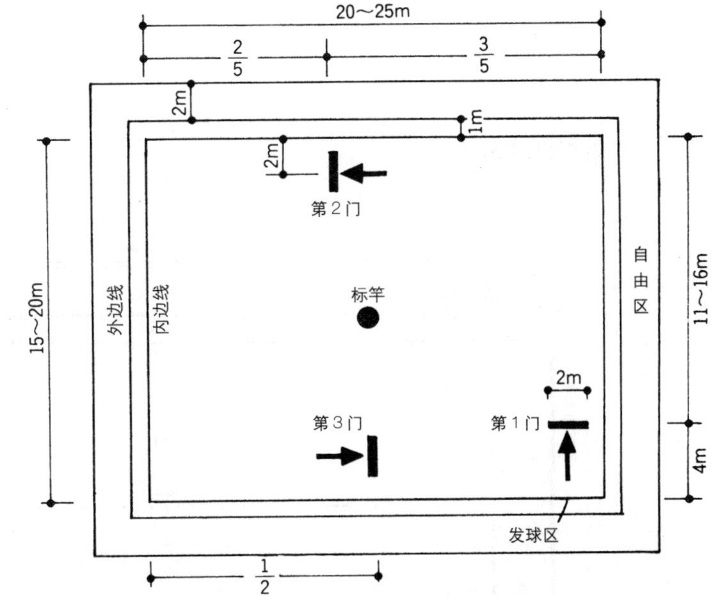

14 相扑比赛场(土俵)

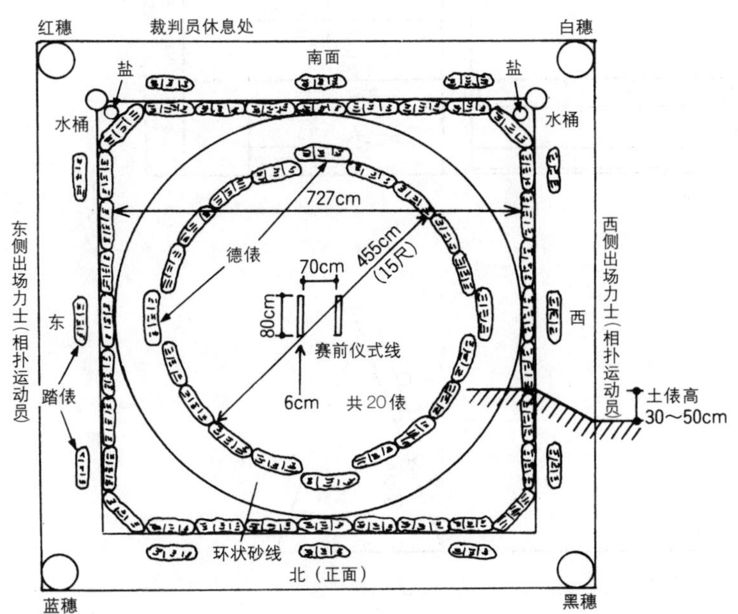

相扑比赛场地（土俵）的尺寸与数目

俵的种类		数目（俵）	长（cm）	宽（cm）
胜负俵	内俵	16	80	10
	德俵	4	66	10
外俵		28	63	10
角俵		4	57	10
踏俵		10	57	10
水桶俵		4		
合计		66		

15　剑道场 (1 / 200)

9～11m
场地边线
5～10cm
1.5m
30cm
50cm
1.4m
9～11m

16　柔道场 (1 / 200)

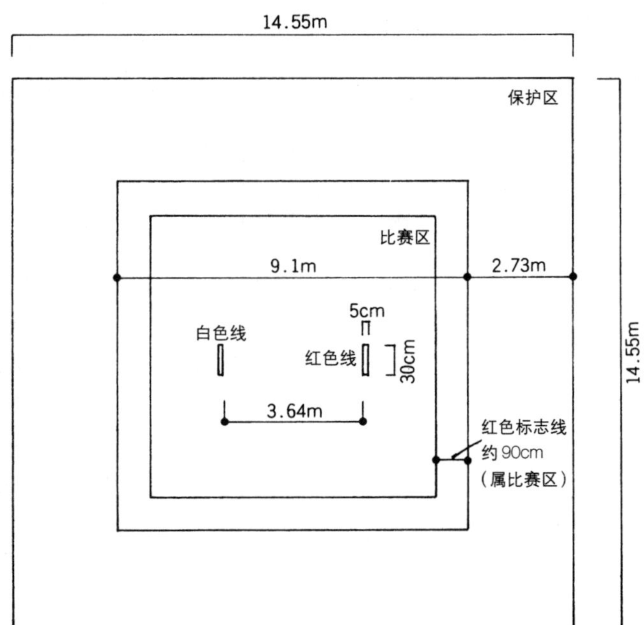

17　射箭场

近射程

● 射程 28m

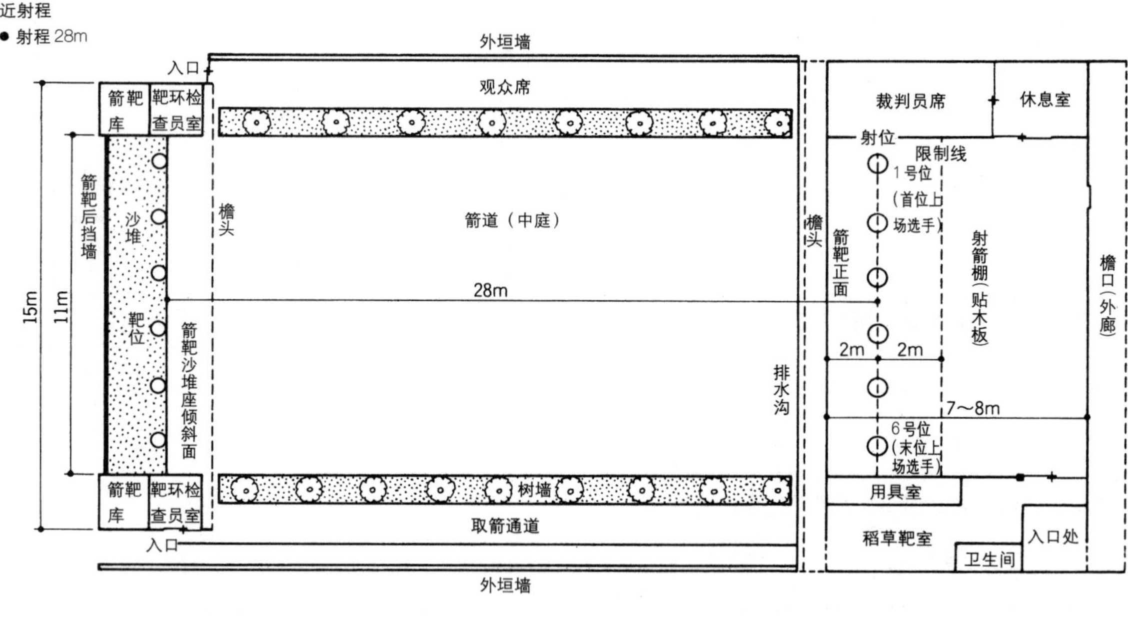

远射程

● 射程 60m

该射程 33 间（约 60 m）由江户时代在京都古寺“莲华王院三十三间堂”前举行射箭比武的距离演变而来。[“莲华王院三十三间堂” 中两柱间的距离为 1 间（约 1.818m），建筑物内 34 根柱间的距离共为 33 间]

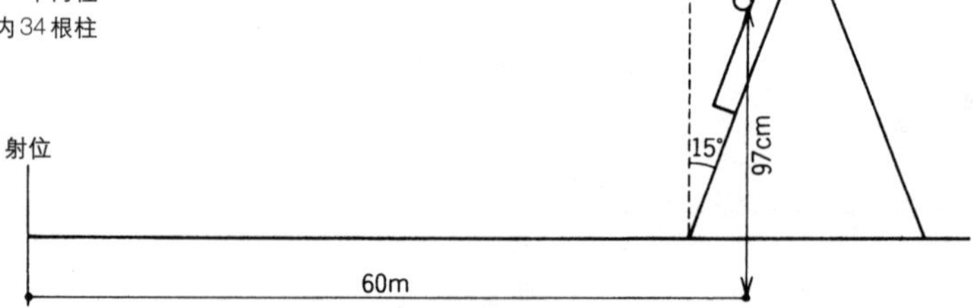

18 游泳池 (1 / 400)

≥1.2m
50m
泳道标志线
分道线浮标
5m线
10 m线
中线
10 m线
5m线
21m (2.5m×8+0.5m×2)

≥1.0m
25m
泳道标志线
分道线浮标
5m线
中线
5m线
13m (2m×6+0.5m×2)

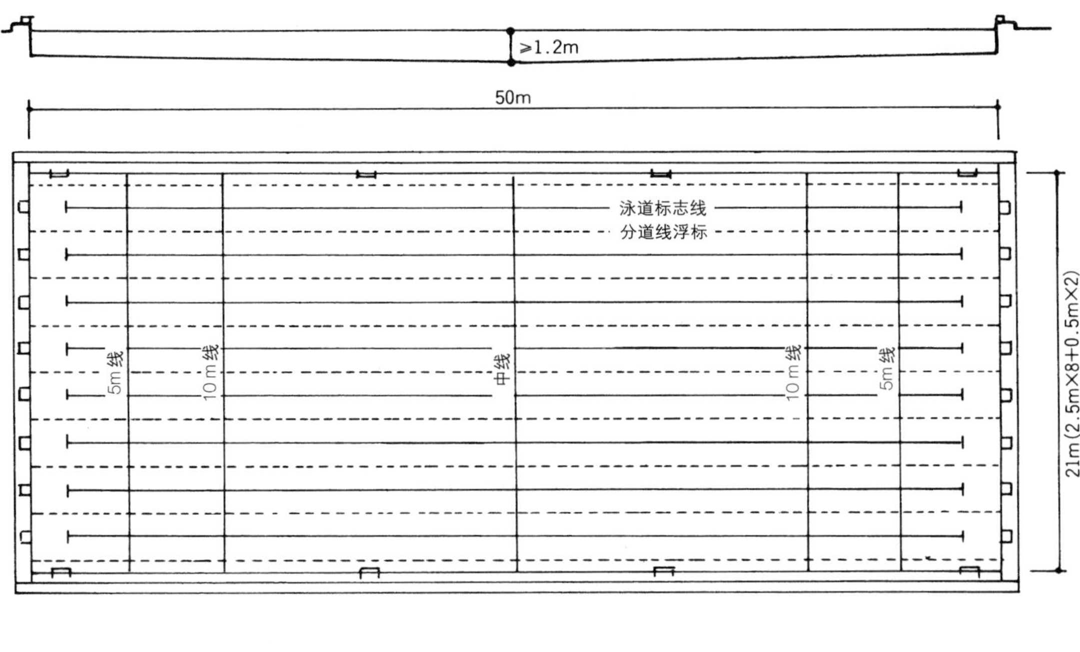

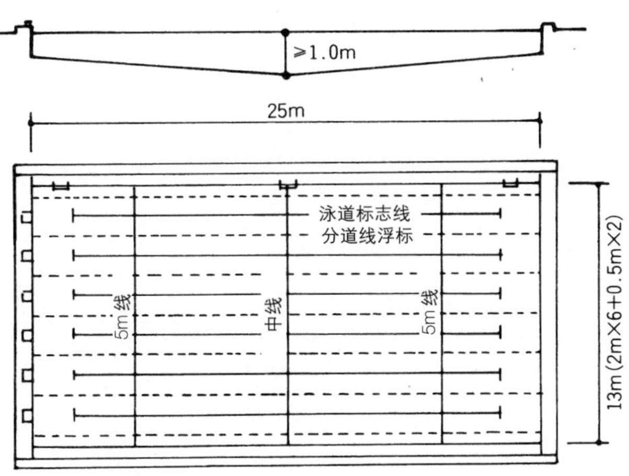

◇编辑委员会的组成◇

编辑主任　服部纪和　（竹中工务店董事　设计负责人）

执笔委员　西田达生

小笹　彻　岩本光司

白川裕信　高井启明

松冈俊之　桎村俊也

吉田克之　大宫由起夫

日野忠胤　西方　澄

竹中工务店设计部

著作权合同登记图字：01-2002-3934号

图书在版编目（CIP）数据

体育设施/(日)服部纪和著；陶新中，牛清山译.
—北京：中国建筑工业出版社，2004
(建筑规划·设计译丛)
ISBN 7-112-06866-5

Ⅰ.体… Ⅱ.①服…②陶…③牛… Ⅲ.体育建筑-建筑设计 Ⅳ.TU245

中国版本图书馆CIP数据核字(2004)第093103号

责任编辑：白玉美 率 琦
责任设计：郑秋菊
责任校对：赵明霞

SPORTS SHISETSU (Kenchiku Keikaku Sekkei Series 30)
Copyright © 1998 by HATTORI Norikazu
Chinese translation rights arranged with Ichigaya Publishing Co, Ltd., Tokyo
Through Japan UNI Agency, Inc., Tokyo

本书由日本市谷出版社授权翻译出版

建筑规划·设计译丛
体育设施
〔日〕 服部纪和 著
陶新中 牛清山 译
*
中国建筑工业出版社 出版、发行(北京西郊百万庄)
新 华 书 店 经 销
北京海通创为图文设计有限公司制作
北京建筑工业印刷厂印刷
*
开本：880×1230毫米 1/16 印张：10¼ 字数：390千字
2004年12月第一版 2004年12月第一次印刷
定价：**35.00**元
ISBN 7-112-06866-5
TU·6112 (12820)
版权所有 翻印必究
如有印装质量问题，可寄本社退换
(邮政编码 100037)
本社网址：http://www.china-abp.com.cn
网上书店：http://www.china-building.com.cn